中华伦理

源远流长

齐家治国

净化万方

四于九十有六

丙戌友

《中华伦理范畴丛书》总序

张立文

"内修则外理,形端则影直"。由山东曲阜孔子研究院发起编纂《中华伦理范畴》丛书,准备从中华民族传统伦理道德中撷取60个重要德目,并对每个德目自甲骨金文以至现代,进行全面系统研究,以凸显其文本之梳理,明演变之理路,辩现代之意义,立撰者之诠释的价值。撰写者探赜索隐,钩深致远,编纂者孜孜矻矻,兀兀穷年,为弘扬中华伦理精神和道德建设做出了贡献。

一、

何谓伦理?何谓道德?讲中华伦理不能不明乎此。从词源涵义来看,伦的本义是辈、类的意思,《说文》:"伦,辈也。从人,仑声。一曰道也。"段玉裁注:伦,引申之谓"同类之次曰辈"。《礼记·曲礼下》:"儗人必于其伦。"郑玄注:"伦,犹类也。"理的本意是条理,引申为道理。《说文》:"理,治玉也。从玉,里声。"《说文解字系传校勘记》引徐锴说:"物之脉理惟玉最密,故从玉。"理的本义是指玉、石的纹理。工匠依玉石的固有纹理,加以剖析雕琢,便是治玉,或曰理玉。天有天理,地有地理,人有人理,社会有条理,人事有事理,各有其理,便引申为原理。伦理的义蕴便是指事物的道理。《礼记·乐记》:"乐者通伦理者也。"郑玄注:"伦犹类也,理分也。"[①] 即为伦

《中华伦理范畴》丛书编委会

主　任：傅永聚
副主任：孙文亮　　张洪海
编　委：成积春　　陈　东　　马士远　　任怀国　　修建军
　　　　曹　莉　　王东波　　李　建　　王幕东　　周海生
　　　　滕新才　　曾　超　　曾　毅　　曾振宇　　傅礼白
　　　　仝晰纲　　查昌国　　于云翰　　张　涛　　项永琴
　　　　李玉洁　　任亮直　　柴洪全　　董　伟　　孔繁岭
　　　　陈新钢　　李秀英　　郑治文　　刘厚琴　　李绍强
　　　　张亚宁　　陈紫天　　刘　智　　朱爱军　　赵东玉
　　　　李健胜　　冀运鲁　　邱仁富　　齐金江　　王汉苗
　　　　王　苏　　张　淼　　刘振佳　　冯宗国　　孔德立
　　　　刘　伟　　孔祥安　　魏衍华　　王淑琴　　王曰美
　　　　何爱霞　　李方安　　孙俊才　　张生珍　　赵　华
　　　　赵溢阳　　张纹华
总　编：傅永聚　　韩钟文　　曾振宁
副总编：胡钦晓　　成积春　　陈　东

第二函主编：傅永聚　成积春　齐金江

国家社会科学基金项目
《中华伦理智慧与当代心态伦理研究》(07BZX048)
结题成果之一

节

李绍强

中国社会科学出版社

图书在版编目(CIP)数据

中华伦理范畴丛书. 第 2 函 / 傅永聚等主编. —北京：中国社会科学出版社，2012.12
ISBN 978-7-5161-0803-1

Ⅰ.①中⋯　Ⅱ.①傅⋯　Ⅲ.①伦理学—研究—中国
Ⅳ.①B82-092

中国版本图书馆 CIP 数据核字 (2012) 第 079380 号

出 版 人	赵剑英
责任编辑	冯春凤
责任校对	林福国等
责任印制	王炳图

出　　版	中国社会科学出版社
社　　址	北京鼓楼西大街甲 158 号（邮编 100720）
网　　址	http://www.csspw.cn
	中文域名：中国社科网　010-64070619
发 行 部	010-84083685
门 市 部	010-84029450
经　　销	新华书店及其他书店
印　　刷	北京华联印刷有限公司
装　　订	北京华联印刷有限公司
版　　次	2012 年 12 月第 1 版
印　　次	2012 年 12 月第 1 次印刷
开　　本	880×1230　1/32
总 印 张	130.125
插　　页	2
总 字 数	3336 千字
总 定 价	390.00 元（全九册）

凡购买中国社会科学出版社图书，如有质量问题请与本社联系调换
电话：010-64009791
版权所有　侵权必究

《中华伦理范畴》丛书总序

张立文

"内修则外理,形端则影直。"由山东曲阜孔子研究院发起编纂《中华伦理范畴》丛书,准备从中华民族传统伦理道德中撷取 60 个重要德目,并对每个德目自甲骨金文以至现代,进行全面系统研究,以凸显集文本之梳理、明演变之理路、辨现代之意义、立撰者之诠释的价值。撰写者探赜索隐,钩深致远,编纂者孜孜矻矻,兀兀穷年,为弘扬中华伦理精神和道德建设作出了贡献。

一

何谓伦理?何谓道德?讲中华伦理不能不明乎此。从词源涵义来看,伦的本义是辈、类的意思。《说文》:"伦,辈也。从人,仑声。一曰道也。"段玉裁注:伦,引申之谓"同类之次曰辈"。《礼记·曲礼下》:"儗人必于其伦。"郑玄注:"伦,犹类也。"理的本义是条理,引申为道理。《说文》:"理,治玉也。从玉,里声。"《说文解字系传校勘记》引徐锴说:"物之脉理唯玉最密,故从玉。"理的本义是指玉、石的纹理。工匠依玉石的固有纹理,加以剖析雕琢,便是治玉,或曰理玉。天有天理,地有地理,人有人理,社会有条理,人事有事理,各有其理,便引

1

申为原理。伦理的义蕴便是指人、事、物的道理。《礼记·乐记》："乐者通伦理者也。"郑玄注："伦犹类也，理分也。"① 即为伦类理分。

在一般意义上，伦理与道德紧密联系，伦理以道德为自己的研究对象，道德通过伦理而呈现，道的初义是指道路，《说文》："道，所行道也……一达谓之道。"道是人所经行的通达一定目的地的道路。道既是主体实存的人行走出来的，也是指引主体实存要到达一定地方而不发生偏差的必经之路，由此而引申为一种必然趋势，或人们必须遵守的原则和原理；道有起点和终点，其间有一定距离的路程，而引申为事物变化运动的过程。道的这种隐然的可被引申的可能性，随着人们在社会实践中对主体和客体体认的加深，道的隐然的内涵亦渐渐显示出来，而成为中华民族哲学思想的最重要的范畴。

道无见于甲骨文而见于金文，德有见于甲骨。② 金文《毛公鼎》在甲骨文"徝"（郭沫若：《殷契粹编》八六四，1937年拓本）的基础上加"心"字，作"德"。假如说甲骨文德意蕴着循行而前视，或行走而上视，那么，金文德字意味着人对自身行为和视觉认知的深入，譬如视什么？如何走？到那里？都与能想能思的心相联系，古人以心为五官之君，受心的支配，故演为《毛公鼎》的字形，于是《秦公钟》便作"德"，即为德字；又舍"彳"，《侯马盟书》作"悳"，《令孤君壶》作"悳"，"悳"或"惪"字，即古之德字。由"德"与"悳"的分别，《说文》训德为"升"，属彳部。段玉裁《说文解字注》："升当作登。《辵部》曰：'迁，登也。'此当同之……今俗谓用力徙前曰德，古语也。"又《说

---

① 《乐记》，《礼记正义》卷37，《十三经注疏》，中华书局1980年版，第1528页。

② 参见拙著《和合学概论——21世纪文化战略的构想》，首都师范大学出版社1996年版，第684页。

文·心部》训"悳，外得于人，内得于己也。从直从心。"德与悳同。《礼记·曲礼上》："道德仁义，非礼不成。"《韩非子·五蠹》："上古竞于道德，中世出于智谋，当今争于气力。"既有通物得理之意，又有协调人间修德的竞争之意。

追究伦理道德之词源含义，是为了明伦理道德意义之真。然由于时代的差异，价值观念的不同，各理解者、诠释者见仁见智，各说齐陈。或谓道德是指"人类现实生活中由经济关系所决定，用善恶标准去评价，依靠社会舆论、内心信念和传统习惯来维持的一类社会现象"[1]；或谓"道德是行为原则及其具体运用的总称"[2]；或谓"道德则就个人体现伦理规范的主体与精神意义而言"，"道德则重个人意志的选择"，"道德可视为社会伦理的个体化与人格化"[3]；或谓道德是"一种社会意识形式，是规定人们的共同生活和行为、调整人际之间和个人与社会之间的关系的原则、规范的总和"[4]。各人依据自己的体认，而有其合理性和时代的需要，但都就人与人、人与社会的关系来规定道德的内涵。

就伦理而言，或谓伦理是表示有关道德的理论，伦理学是以道德作为自己的研究对象的科学。[5] 或谓"伦理学（ethös）是哲学的一个分支。它研究什么是道德上的善与恶、是与非。伦理学的同义语是道德哲学。它的任务是分析、评价并发展规范的道德标准，以处理各种道德问题"[6]；或谓伦理就人类社会中人际关

---

[1] 罗国杰主编《伦理学》，人民出版社1989年版，第7页。
[2] 张岱年：《中国伦理思想研究》，上海人民出版社1989年版，第3页。
[3] 成中英：《中国伦理精神的历史建构序》，江苏人民出版社1992年版，第2页。
[4] 黄楠森、夏甄陶主编《人学词典》，中国国际广播出版社1990年版，第423页。
[5] 罗国杰主编《伦理学》，人民出版社1989年版，第4页。
[6] 《简明不列颠百科全书》第五卷，中国大百科全书出版社1986年版，第456页。

系的内在秩序而言，它侧重社会秩序的规范，可视为个体道德的社会化与共识化；① 或谓伦理学是哲学的一个分支学科，即关于道德的科学。伦理是中国古代用以概括人与人之间的道德原则和规范的。② 这些规定涉及社会秩序的规范和人与人之间的道德原则，以及善与恶、是与非的道德标准等问题，有其合理性；又以伦理学是哲学的分支学科，乃是根据学科分类来规定，它不属于伦理学内涵的表述。

现代西方伦理学，学派纷呈。如胡塞尔、舍勒、哈特曼的现象学价值伦理学；海德格尔、萨特的存在主义伦理学；弗洛伊德的精神分析伦理学；詹姆士、杜威的实用主义伦理学；鲍恩、弗留耶林、布莱特曼、霍金的人格主义伦理学；马里坦的新托马斯主义伦理学；弗罗姆的人道主义伦理学；弗莱彻尔的境遇伦理学；斯金纳的行为技术伦理学；马斯洛的自我实现伦理学。③ 就伦理学的方法而言，自英国亨利·西季威克1874年出版《伦理学方法》以来，它作为确证和建构伦理精神的价值合理性方法，说明伦理精神价值合理性方法的核心是价值选择和主体行为的程序合理性，是人们据以确定"应当"做什么或什么为"正当"的合理程序。西季威克所阐述的"自我本位"的价值合理性方法曾是英语世界中影响最大的道德哲学文献。然而，马克斯·韦伯《新教伦理与资本主义精神》的出版，却为确证伦理精神的价值合理性提供一种超越西季威克的新视野、新方法。韦伯认为，确证伦理精神价值合理性的标准和方法，是伦理与经济、社会发展的关系，以及主体所遵循的普遍的行为准则。这样便转西

---

① 成中英：《中国伦理精神的历史建构序》，江苏人民出版社1992年版，第2页。
② 《中国大百科全书·哲学卷》，中国大百科全书出版社1987年版，第515页。
③ 参见万俊人《现代西方伦理学史》，北京大学出版社1992年版。

季威克式行为的目的或效果的合理性为韦伯式的主体所遵循的行为准则的普遍性及其合理性,即转"伦理本位"为"关系本位"。被称为第二次世界大战后伦理学、政治哲学领域中最重要的理论著作的约翰·罗尔斯的《正义论》,他要在伦理与政治、伦理与经济等关系中建构"正义",作为社会的共同准则的普遍价值合理性。由于规则的普遍性与合理性,都必须在"关系"中确立,使罗尔斯陷入了两难;他在价值合理性的确证上超越了自我本位的抽象,却陷入了关系本位的抽象;他追求某种现实的具体,却陷入历史的抽象。这种"关系抽象",也是现代西方伦理学的价值方法内在的局限。针对这种局限,阿拉斯戴尔·麦金太尔诘难:"谁之正义?何种合理性?"麦金太尔认为,在历史传统和现实生活中,存在多种对立的正义和互竞的合理性,正义和合理性是一个历史的概念,没有超越一定历史传统的正义和共同体的普遍价值。伦理价值及其合理性,关键是主体的道德品质(美德),否则一定价值都不能成为行为准则。麦金太尔认为,罗尔斯的正义论缺乏人格或品质的解释力,传统的多样性使正义和价值合理性也具有多样性。尽管麦氏试图解构罗氏以正义为一种伦理价值的普遍性和合理性,即现实的合理性,而寻求真正的合理性,但麦氏自己却从罗氏的现实的"关系抽象"走入了历史的"关系抽象",最后回归亚里士多德以"美德"确证价值的合理性和现实性。[①]

21世纪的伦理学和伦理精神的价值合理性,应度越人类本位主义的存在主义的、精神分析的、实用主义的、人格主义的、新托马斯主义的、人道主义的、行为技术的、自我实现的伦理学,这种伦理学是在人类中心主义的观照下,把人与政治、经济、宗

---

① 参见樊浩《伦理精神的价值生态》,中国社会科学出版社2001年版,第7—17页。

教、人际的关系合理性作为伦理精神价值;也要度越伦理精神的价值合理性的利己主义、直觉主义、功利主义的"自我本位",以及"关系本位"的伦理学方法。之所以要度越,是因为其"天地万物与吾一体"的观念的缺失,是"天地之塞,吾其体;天地之帅,吾其性。民吾同胞,物吾与也"① 伦理价值合理性的丧失,而要建构"天人和合","天人共和乐"的伦理精神的价值合理性。

笔者曾在《和合学概论——21世纪文化战略的构想》一书中,提出道德和合与和合伦理学,便是企图弥补这些缺失,建构自然、社会、人际、心灵、文明间融突的和合伦理精神的价值合理性。在道德和合与和合伦理学的视阈中,道德不仅是人与人、人与社会、人的心灵及文明间关系伦理精神原则和行为规范,而且是人与宇宙自然间关系的伦理精神原则和行为规范。基于此,笔者规定道德是指协调、和谐人与自然、人与社会、人与人、人的心灵、不同文明间融突而和合的总和。

道德与伦理,两者不离不杂。伦理是指人与自然、人与社会、人与人、人的心灵、各文明间关系的伦辈差分中而成的次序和谐的道理、理则价值的合理性的和合。如孟子说:"人吃饱了,穿暖了,住得安逸了,如果没有教育,就与禽兽差不多。"圣人为此而忧虑,便派契做司徒的官,来管理教育,用人之所以为人的伦理价值合理性和行为规范来教化人民。"教以人伦:父子有亲,君臣有义,夫妇有别,长幼有序,朋友有信。"② 父子、君臣、夫妇、长幼、朋友的辈分及其之间的差分,这便是伦辈或"名分";亲、义、别、序、信,这就是伦辈之间关系的理则、道理或规范,它体现了伦理关系及其行为的价值合理性和中华民族的伦理精神。

---

① 《正蒙·乾称篇》,《张载集》,中华书局1978年版,第62页。
② 《滕文公上》,《孟子集注》卷五,世界书局1936年版,第39页。

二

中华民族伦理精神的价值合理性的合理性，就在于与时偕行的社会历史发展中，以其伦理精神价值的具体合理性适应现实社会的伦理道德的需要。现实应然需要的，就是合理的；但合理的，不一定就是现实需要的。中华伦理精神的价值合理性是在现实社会不断发展中不断丰富完善的。

（一）道废与伦理

伦理道德是现实社会政治、经济、文化精神之本，本立则道生；现实社会政治、经济、文化精神废，即断裂，则"道"亦废。由于其道废，使社会政治、经济、文化破缺和动乱，社会失序、政治失衡、伦理失理、道德失德，便要求建设伦理精神和行为规范。老子说："大道废，有仁义。""六亲不和，有孝慈，国家昏乱，有忠臣。"[1] 大道被废弃，才有仁义道德的建构；父子、兄弟、夫妇的不和睦，才要求孝慈道德的建构；国家陷于动乱，就需要有忠臣的道德。这里仁义、孝慈、忠是为了化解大道废、六亲不和、国家昏乱的道德伦理缺失和紧张的需要，这种需要是伦理精神的价值合理性应有之义。所以老子表述为"失道而后德，失德而后仁，失仁而后义，失义而后礼"[2]。这个失道、失德、失仁、失义的次序，不一定合理，但由其缺失而需要弥补、重建，这是与价值合理性相符合的。

孔老时处"礼崩乐坏"的时代，社会无序，伦理错位，臣弑其君，子弑其父，重利轻义。孔子对于这种违反伦理道德和礼

---

[1] 《老子》第18章。
[2] 《老子》第38章。

乐典章的事件,非常气愤:是可忍,孰不可忍!他要求做君主的要像君主的样子,做臣子的要像做臣子样子,做父亲的要像做父亲的样子,做儿子的要像做儿子的样子。这就是说君君、臣臣、父父、子子,各行其道,各尽其责,各安其位,各守其礼,这便是其伦辈名分的价值合理性。孔子对于传统伦理道德的破坏、断裂,既表示了强烈的不满,又显示了严重的忧患。作为当时维护国家秩序的典章制度的礼乐,既是社会伦理精神的体现,亦是人们行为规范。鲁大夫季孙氏僭用天子的礼乐。按当时的规定奏乐舞蹈,天子为八佾64人,诸侯六佾48人,大夫四佾32人(佾,朱熹注:"舞列也,天子八,诸侯六,大夫四,士二。每佾人数,如其佾数,或曰每佾八人,未详孰是。"一是每佾人数与佾数相等;二是每佾人数固定为八人,不受佾数而变化。现一般采用后说,并以服虔《左传解谊》:"天子八人,诸侯六八,大夫四八,士二八"为是)。季氏作为大夫只能用四佾,而他"八佾舞于庭",是严重违制的行为。同时仲孙、叔孙、季孙三家,在祭祀祖先时僭用天子的礼,唱着只有天子祭祀时才能唱的《雍》这篇诗来撤除祭品。这是违反伦理精神和行为规范的非合理性的活动,孔子对此持严肃的批判态度,而试图重建伦理精神和道德价值的合理性。为此,孔子重视"正名",他在回答子路治国以什么为先时说,要以纠正名分上的不合理为先,这是因为"名不正,则言不顺;言不顺,则事不成;事不成;则礼乐不兴;礼乐不兴,则刑罚不中;刑罚不中,则民无所措手足"[①]。名分上的不合理性就是指当时"礼崩乐坏"的季氏八佾舞于庭、觚不觚、君臣父子等违戾礼乐价值的不合理性的行为活动,这就造成了言语不顺理、事业不成功、礼乐不兴盛、刑罚不得当、人民的手足无所措的情境,社会就不会和谐安定。

[①] 《子路》,《论语集注》卷七,世界书局1936年版,第54页。

（二）治心与治身

老子、孔子用正、负不同的方面批判"礼崩乐坏"的典章制度和伦理道德的价值不合理性，并从不同方面试图建构伦理精神和行为规范的价值合理性。尽管他们各自作出了努力和贡献，但无能为力作出超越时代情势的改变，因而当时收效甚微。然而随着时代的发展，孔子儒家的伦理精神和行为规范逐渐显现其价值的合理性。

就德礼教化与法律刑政而言，孔子做了一个诠释："子曰：道之以政，齐之以刑，民免而无耻；道之以德，齐之以礼，有耻且格"[1]。"道"作"导"，引导；政指法制禁令；礼指制度品节。《礼记·缁衣篇》载，子曰："夫民，教之以德，齐之以礼，则民有格心；教之以政，齐之以刑，则民有遁心。"管理国家和人民，以政法来引导，用刑罚来齐一，人民只是避免罪恶，而没有廉耻心；用道德来教导，以礼乐来齐一，人民不但有廉耻心，而且人心归服。"为政以德，譬如北辰，居其所而众星共之。"[2]以道德来管理国政，就好像北斗星一样，众星都围绕着它，归顺它。意谓用道德价值力量来感化人民，而不用繁刑重罚，人民自然归顺。

政刑是外在法制禁令和刑罚，属于他律，是对于人民违犯法制禁令行为的处理，刑罚加诸身，要受皮肉之苦，人们不再受牢狱之苦而逃避犯罪，可能起到治身的功效，但不能治心，没有道德的廉耻心，就没有道德礼教的自觉，还可能重新犯罪或作出违反典章制度、伦理道德的事。德礼的教化和引导，是培养人民道德操行品节的自觉性，使其自觉向善，自然不会作出触犯法制禁

---

[1] 《为政》，《论语集注》卷一，世界书局1936年版，第4—5页。
[2] 同上。

令和违戾礼乐制度的行为,自觉做到非礼勿视,非礼勿听,非礼勿言,非礼勿动,便能"克己复礼为仁"①。克制自己,使自己的视听言动都符合礼,就是仁。克制自己就属于自律,自律依靠道德自觉,而不靠他律法制禁令;克制自己是治心,树立善的道德伦理价值观,法制禁令只能治身,治身并不能辨别善恶是非,而不能不作出违反礼乐的行为;治心是治内,心是视听言动行为活动的支配者,有仁爱之心,有"己所不欲,勿施于人"的善心,这是根本、大本。治身是治外,外受制于内,所以治身相对治心而言是枝叶,根深叶茂,根固枝壮。这就是为什么需要培育伦理精神、行为规范的价值合理性的所在。

(三)民族与世界

在当前经济全球化、技术一体化、网络普及化的情境下,西方强势文化以各种形式、无孔不入地横扫全球,东方及其他地区在西方强势文化的冲击下,逐渐被边缘化,乃至丧失了本民族传统文字语言,一些国家、民族在实行言语文字改革的旗号下,走向西化,造成本民族传统文化的断裂,年青一代根本看不懂本国、本民族古代语言文字、经典文本、史事记载。一个民族、国家的思想灵魂的载体,民族精神的传承,自立的根本,是与这个国家、民族的固有传统文化分不开的。民族传统文化载体的丧失和断裂,随之而来的是这个民族的民族精神和民族之魂的沦丧,民族之根的枯萎。一个无根的民族,无民族精神的民族,无民族之魂的民族,只能成为强势民族的附庸,其民族精神、民族之魂也会被强势民族精神、民族之魂所代替。从世界多元文化而言,这种趋势的持续,是可悲的。

一个无文化之根的民族,其价值观念、伦理道德、思维方

---

① 《颜渊》,《论语集注》卷六,世界书局1936年版,第49页。

式,乃至风俗习惯(包括传统节日)都可能被强势文化的价值观念、伦理道德、思维方式、风俗习惯所代替。当下所说的与世界接轨,实乃与西方强势文化接轨,这种接轨的结果,若按西方二元对立的思维定势来观照,必然导致非此即彼、你死我活的格局,强势文化要吃掉、消灭弱势文化,名之曰生存竞争,适者生存,为其强食弱肉的合理性作论证。民族精神、民族之魂,是这个民族之所以成为这个民族的根本标志,是这个民族主体性的凸显。世界是多元的,民族文化是多彩的。在世界文化的百花园中,多元民族文化竞放异彩,构成了绚丽多姿、生气盎然境域。这就是说,各民族文化思想、价值观念、伦理道德、思维方式、风俗习惯都是世界百花园中的一员或一份子,尽管当前有大小、强弱、盛衰之别,但应该互相尊重、谅解、友好、帮助,做到和生和长、和立和达。假如世界文化百花园中只有一花独放,只有一种文化思想、价值观念、伦理道德、思维方式、风俗习惯,那么,这个世界就是"声一无听,色一无文,味一无果,物一不讲"[①]的世界,不仅是可悲的,而且必走向毁灭。从这个意义上说,民族的即是合理的,多元的即是合法的。换言之,民族的即是世界的,世界的即是民族的,若无民族的也即无世界的。这就是民族精神和行为规范的价值合理性。

(四)传统与现代

自近代以降,西方列强疯狂地、卑鄙地侵略中华民族。中华民族出于人道主义的要求而抵制鸦片毒品贸易,西方列强竟然发动鸦片战争,中国被迫签订丧权辱国的不平等条约。此后各西方列强纷纷发动侵略战争,迫使清政府签订一个又一个丧权辱国的不平等条约,这就极大地刺痛中华民族,一批具有"国家兴亡,

---

[①] 《郑语》,《国语集解》卷十六,北京,中华书局2002年版,第472页。

匹夫有责"的使命感和担当感的有识之士,为救国救民,由君主立宪的变法而转为推翻君主专制的革命,他们的思想武器既有"中体西用"的,也有"西体中用"的。到了五四运动,他们在西方科学和民主的旗帜下,提出了"打倒孔家店"和"文学革命"、"道德革命"的口号,激烈地批判和打倒孔子和传统文化,这样便掀起了古今、中西、新旧之辩,实即传统与现代的论争。

陈独秀以非此即彼、二元对立的思维,提出:"要拥护那德先生,便不得不反对孔教、礼法、贞节、旧伦理、旧政治;要拥护那赛先生,就不得不反对旧艺术、旧宗教;要拥护德先生又要拥护赛先生,便不得不反对国粹和旧文学。"① 在左拥护、右拥护西方科学和民主的同时,便已承诺了西方科学和民主伦理精神和行为规范的价值合理性和合法性,否定了中华民族传统文化思想、伦理道德、文学艺术、政治礼法的价值合理性。在西方科学和民主的热潮中,中华民族的传统文化,特别是儒学面临着情感化的无情的打倒和批判。鲁迅在《狂人日记》中说:我翻开历史一查,"每页上都写着'仁义道德'几个字。我横竖睡不着,仔细看了半夜,才从字缝里看出字来,满本都写着两个字是'吃人'!"为此,打"孔家店"的老英雄吴虞便说:"孔二先生的礼教讲到极点,就非杀人吃人不成功,真是惨酷极了!一部历史里面,讲道德说仁义的人,时机一到,他就直接间接的都会吃起人肉来了。"② 中华民族传统的"仁义道德",不仅不具有价值合理性,而且是杀人吃人的"软刀子"和凶手!

在这种情境下,人们不可避免地把中华民族传统的"仁义道德"与西方现代的科学民主对立起来,在此两者之间,只能

---

① 陈独秀:《陈独秀文章选编》,三联书店1984年版,第317页。
② 《对于礼孔问题之我见》、《吴虞集》,四川人民出版社1985年版,第241页。

采取拥护一方而反对另一方的立场，而不能有其他选择，这就使中华民族自身的主体文化受到无情的炮轰。然而破了所谓"旧伦理"、"旧文学"、"国粹"、"旧艺术"，由什么新伦理、新国粹、新艺术等来代替？其实文化、伦理、礼乐、文学、艺术就像黄河之水，大化流行，生生不息。传统文化的破坏，就像黄河的断流，不流的黄河就不成为黄河，中华民族丧失了传统文化，亦即不成为中华民族。民族文化是一个民族的标志和符号，是这个民族的民族精神的表现，是这个民族的民族之魂的载体。中华民族与其自身传统文化、伦理道德、价值观念、行为方式、风俗习惯等的关系，犹如人自身与其影子的关系，我们不能做"出卖影子的人"。德国一个年青人为了从魔术师那里换取"福神的钱袋"，他出卖了自身无价之宝的影子，他虽然得到了用之不竭的钱袋，在金榻上睡觉，人们称他为伯爵先生，挽着美人的手臂散步，但他见不得阳光、月光乃至灯光，当人们发现他没有影子时，就会离开他，孩子们非难他，把他看成是没有影子的怪物。他终日忧心忡忡，毫无快乐可言，也失去了一切幸福，最后他宁愿放弃一切，不惜任何代价也要把影子赎回来。[①] 我出生在浙江温州，少时候大人告诉我们小孩，千万不要丢掉自己的影子，若丢了影子，就是给魔鬼摄去了，人就死了。所以小孩们在有光地方走路，总要回头看看自己的影子在还不在。这个"故事"启示我们：人不能为了钱财而出卖影子，换言之，一个民族也不能为了某种利益的需要而丢掉传统文化、民族之魂。

其实，一个民族的传统文化、民族精神、民族之魂已潜移默化地渗透到这个民族大众的血液里、行为中。它像孔子所说的

---

① ［德］阿德贝尔特·封·沙米索（1781—1838）是德国浪漫主义作家。《出卖影子的人》（原名《彼得·史勒密的奇怪故事》），人民文学出版社1987年版。

"不舍昼夜"地与时偕行，不断地吮吸中外古今的文化资源，融突而和合为新思想、新观念或新儒学等。从"逝者如斯夫"来观照，每个阶段、时期的文化，都既是传统的又是现代的，至今概莫能外。因此，传统与现代决非断裂的两橛，亦非无关联的两极。传统与现代的核心及其关节点是人，"人是会自我创造的和合存在"。当现代人在体认传统文化、解读传统文本、诠释话题故事时，就赋予了传统文化、传统文本、话题故事现代性，从这个意义上说，传统的即是现代的，传统的伦理精神和行为规范便蕴涵着现代的价值合理性。

在道废与伦理、治心与治身、民族与世界、传统与现代的相对相关、冲突融合中，显示了中华民族伦理精神和行为规范价值的现代性、合理性和适应性。这就是说，虽然为道屡迁，但能唯变所适。中华民族的伦理精神和行为规范在与时偕行的诠释中，不断地开出新意蕴、新内涵，而成为当今需弘扬的伦理精神和行为规范。

三

中华民族伦理精神和行为规范既在现代理性法庭上宣布了自己价值的合理性，那么，价值合理性必须在伦理精神和行为规范中寻找自己适当的或应有的位置，以表现自己的内涵、性质、价值和功能。山东曲阜孔子研究院发起编纂《中华伦理范畴》丛书，从中华民族伦理道德中撷取仁爱忠恕礼义、廉耻中信和合、善勇敬慈诚德、孝悌勤俭修志、圣公洁贞敏惠、乐毅庄正平温、友强容智道顺、良格省新恭直、博节健实恒明、忧质行美刚气等60个德目进行探讨研究，有致广大而尽精微之志，求弘道统而高素质之效，其志其效可敬可佩。

作为总序，不可能简述此60个德目，而只能从中华民族伦理范畴的"竖观"、"横观"、"合观"的"三观"中，呈现中华民族伦理精神和60个德目的特质：即伦理范畴的逻辑结构性，范畴的思维整体性，范畴的形态动静性，范畴历时同时的融合性，范畴的内涵生生性，构成了中华民族伦理精神和行为规范价值合理性的谱系和血脉。

（一）伦理范畴的逻辑结构性

伦理范畴的逻辑结构，并非是观念、心意识或瞬间的杜撰，也非凭空的想象，而是中华民族长期对于人与自然（宇宙）、人与社会、人与人、人的心灵之间融突以及其互相交往活动的协调、和谐的体认，是对于国与国、民族与民族、文明与文明之间交往活动融突而后和合、平衡协调处置的体悟，而后提升为伦理概念范畴。

中华民族伦理范畴尽管多元多样，但有其一定的逻辑结构。所谓逻辑结构是指中华民族概念范畴的逻辑发展及诸范畴间内在的联系，是在一定社会经济、政治、文化、思维结构中，所构建的相对稳定的结构方式。① 伦理作为一种理论思维形态和行为交往规范，是凭借概念、范畴、模型等逻辑结构形式，有序地整合各信息的智能过程。伦理概念既显现了生存世界事物元素的类别形态，又体现了意义世界意义主体的价值追求，这才是合理的，才能在逻辑世界（可能世界）中现实地存在着，并释放其虚拟功能。范畴是概念的类，它间接地显现生存世界事物类别之间的关系，体现意义世界中的价值追求，呈现逻辑世界中的合用原则。伦理范畴只有满足两方面需求，才是合用的：一是在体认上显现了事物类别形态间的关系网络；二是在践行上体现了意义主体对价值的追求。否则范畴将被主体从智能活动中淘汰出去，成

---

① 参见拙著《中国哲学逻辑结构论》，中国社会科学出版社1989年版，2002年修订版，第1—57页。

为纯粹的、历史的文字形式。

中华民族伦理精神和行为规范价值合理性宗旨,是止于和合、和谐。和合、和谐是伦理精神的价值核心。由此核心而展开伦理范畴的逻辑次序,按照和合学的"三观"法,伦理范畴是遵循人心——家庭——人际——社会——世界——自然的顺序逻辑系统。《大学》"在明明德,在亲民,在止于至善"三纲领和格物、致知、诚意、正心、修身、齐家、治国、平天下八条目中,其修身以上属内圣修养功夫,正心以上又可作为所以修身的内容和根据,修身以下是外王功夫,是可践履的措施。修身是从内圣至外王的中介,它把内圣与外王"直通"起来,而没有"曲成"的意蕴。诚意、正心是修心的伦理范畴。

人心是中华民族伦理范畴逻辑结构顺序的起点、关键点。朱熹认为君主正心就能正朝廷,朝廷正就能正百官,百官正就能正万民,万民正就能正天下。淳熙十五年(1188),朱熹借"入对"之机,要讲"正心诚意",朋友们劝戒说"'正心诚意'之论,上所厌闻,戒勿以为言,先生曰:'吾生平所学,惟此四字,岂可隐默以欺吾君乎!'"[①]朱熹认为帝王的心术是天下万事的大根本,国家盛衰、政治好坏、社会邪正均取决于帝王的心术。他说:"人主之心一正,则天下之事无有不正,人主之心一邪,则天下之事无有不邪。如表端而影直,源浊而流污,其理必然者。"[②] 又说:"故人主之心正,则天下之事无一不出于正,人主之心不正,则天下之事无一得由于正。"[③] 朱熹出于忧患意识,而直指正君心,以此为大根本。对于每个人来说,心也是自己为人处事的大根本,心的邪正、善恶是支配自己行为活动的原动

---

① 黄宗羲:《晦翁学案》,《宋元学案》卷四十八,第1498页。

② 《己酉拟上封事》、《朱熹集》卷十二,四川教育出版社1996年版,第490—491页。

③ 《戊申封事》、《朱熹集》卷十一,第462页。

力，心善而行善，心正而行正，心邪而行邪，心恶而行恶。

孟子从性善出发，主张"人皆有不忍人之心，先王有不忍人之心，斯有不忍人之政"①。什么是不忍人之心？孟子举例说，有人突然看见一个小孩要跌到井里去，人人都会有同情心，这种怵惕恻隐的心，不是为了与小孩的父母结交，也不是为了在乡里朋友中博取名誉，亦不是厌恶小孩的哭声，而是出于每个人都普遍具有的怜恤别人的心情。这样看来，如果一个人没有同情心、羞耻心、辞让心、是非心，简直不是个人。此四心依次便是仁、义、礼、智的萌芽。这是从尽心知性、存心养性的视阈来讲心的。心应具有仁、义、礼、智、正、诚、爱、志、善的伦理道德范畴。这些范畴既是人的心性修养，也是处理人与自然、社会、人际、心灵、文明间交往的原则、规范。

仁与义，是指族类情感与合宜理性。中华民族生存方式是在族类群体性交往活动中实现族类亲情或泛爱众，"人皆有不忍人之心"，便是仁者爱人的世俗族类情感的内在心性根据。人从自我主体或类主体出发，施爱于他者或天地万物，构成他者和天地万物一体之仁的系统。在人类仁爱的情感中，蕴涵着人在天地万物中主体伦理价值的实现。义是指个体和类主体施爱于自我、他人、自然、社会、文明的"合当如此"和有序有度的合宜，是伦理价值的合理性。此其一。其二，仁与义是指为人的价值取向与为我的价值取向。仁为爱人，爱他人、他家、他国。义是端正自我，注重自我道德、人格、情操的修养。从伦理精神来观，仁是由内在心性外推，由己及人及物，义是由外在需求而内化端正自我。其三，仁与义是指理想人格与价值标准。作为仁人在任何情况下都不违仁，乃至"杀身成仁"。义是当个体利益与整体利益发生冲突时，为实现伦理价值理想，而"舍生取义"。

---

① 《公孙丑上》，《孟子集注》卷三，世界书局1936年版，第24页。

诚，《大学》讲诚意、意诚。朱熹注："诚，实也。意者，心之所发也。"他在《中庸》注中说："诚者，真实无妄之谓。"人之伦理道德意识应是诚实不欺之心，即真心，从真心出发而有真言、真行，而无谎言、欺诈。无论是程颐说诚应"实有是心"，还是王守仁说的"此心真切"，都是指真心实意。

真诚的伦理精神是止于善。朱熹说："实于为善，实于不为恶，便是诚。"① 真实无妄的心，即是善心。孔子讲"己所不欲，勿施于人"的心，孟子讲的四端之心，皆为善心，而与邪恶之心相冲突。而需改恶从善，"化性起伪"，以达人心和善。

人生于父母，与父母有着不可分的血缘基因的关系，便构成一个家庭。家庭内父母、兄弟、姐妹、夫妇、子女的交往是最频繁的、最亲密的，因为人一生下来，便首先面对家庭成员，并成为家庭中的一员，形成家庭成员间的伦理关系。一个人的意诚、心正、身修的道德节操品行，首先便体现在家庭伦理的行为规范之中。"商契能和合五教，以保于百姓者也。"② 契是商的始祖，帝喾的儿子，舜时佐禹治水有功，封为司徒。五教是指"父义、母慈、兄友、弟恭、子孝，内平外成"，"舜臣尧……举八元，使布五教于四方，父义、母慈、兄友、弟恭、子孝"③。于是孝、悌、恭、慈、友、贞等，意蕴着家庭伦理精神和行为规范的价值合理性。

伦理范畴的逻辑结构由人心和善到家庭和睦，推演到人际和顺。孟子讲："人之有道也，饱食暖衣，逸居而无教，则近于禽兽。圣人忧之，使契为司徒，教以人伦：父子有亲，君臣有义，夫妇有别，长幼有序，朋友有信。"④ 此意蕴亦见于《尚书·舜

---

① 《朱子语类》卷六十九。
② 《郑语》，《国语集解》卷十六，中华书局2002年版，第466页。
③ 《左传》文公十八年，《春秋左传注》，中华书局2002年版，第638页。
④ 《滕文公上》，《孟子集注》卷五，世界书局1936年版，第39页。

典》："契，百姓不亲，五品不逊，汝作司徒，敬敷五教，在宽。"这样便从家庭的父子、兄弟、夫妇关系扩大为君臣、朋友、老幼的人际交往活动的伦理关系及其道德原则和行为规范，君臣关系是父子关系的扩展，所以父、君对子、臣是义，子、臣对父、君是孝、忠。在家为孝子，在国为忠臣，"孝子出忠臣"。在这里仁义礼智既是心的修养，也体现为人际关系的行为规范。"子张问仁于孔子。孔子曰：'能行五者于天下为仁矣。''请问之。'曰：'恭、宽、信、敏、惠。恭则不侮，宽则得众，信则人任焉，敏则有功，惠则足以使人。'"① 此五德目作为仁的伦理精神和道德规范的体现，仁由心的修养，行之家庭，进而人际之仁；孝由家庭的伦理行为规范，而推之敬的人际伦理；孝若作为能养父母来理解，就与犬马无别，其别在于孝敬。敬作为伦理道德规范，既是对父母的，也是对他人的、社会的。

人际的伦理道德关系，构成一个社会的基本关系，仁、义、礼、智、信伦理道德进入社会，也成为社会的伦理原则和行为规范。孔子和孟子都认为治理国家社会最佳选择是德治。"以德服人者，中心悦而诚服也。"② 德治的核心是"仁政"，孟子认为，如果"以不忍人之心，行不忍人之政，治天下可运之掌上"。③ "仁政"根本措施是"制民之产"，使民有恒产而有恒心，即给人民五亩之宅，种桑树，养家畜，50 和 70 岁就可以衣帛食肉了，物质生活就有了保障，此其一；其二，"王如施仁政于民，省刑罚，薄税敛，深耕易耨"④；其三，如行仁政，便会成为世人所归，"今王发政施仁，使天下仕者皆欲立于王之朝，耕者皆欲耕于王之野，商贾皆欲藏于王之市，行旅者皆欲出于王之涂，

---

① 《阳货》，《论语集注》卷九，世界书局1936，第74页。
② 《公孙丑上》，《孟子集注》卷三，第23页。
③ 同上书，第25页。
④ 《梁惠王上》，《孟子集注》卷一，第4页。

天下之欲疾其君者皆欲赴愬于王。其若是，孰能御之！"①仕者、耕者、商贾、行旅等都到齐国发展，齐国便可迅速强大起来；其四，加强伦理道德教化。"谨庠序之教，申之以孝悌之义，颁白者不负于戴于道路矣"②，"壮者以暇日修其孝悌忠信，入以事其父兄，出以事其长上"③。这样，人民安居乐业，遵道守礼，社会安定和谐。

《管子》认为，国家社会的倾与正、危与安、灭与复同伦理道德有重要关系，被视为国之四维。"国有四维，一维绝则倾，二维绝则危，三维绝则覆，四维绝则灭……何谓四维，一曰礼，二曰义，三曰廉，四曰耻。"④ "四维张，则君令行"，"四维不张，国乃灭亡"⑤。四维乃国家命运所系，所以"守国之度，在饰四维"⑥。这是国家社会和谐稳定、长治久安的保证。

伦理的范畴逻辑结构由治国而进入平天下。"天下"观念，可理解为当今的"世界"。汉语世界是从佛教语汇中吸收来的，梵文为 loka，音译"路迦"。《楞严经》四，"何名为众生世界？世为迁流，界为方位。"世即为过去、未来、现在三世，界为东南西北、东南、西南、东北、西北、上下，是时间和空间的概念，相当于宇宙的概念；后汉语习用为空间的概念，相当于天下。世界（天下）是由各地区、各国、各民族、各种族组成的，它们之间尽管存在强弱贫富、社会制度、价值观念、宗教信仰、风俗习惯等的差分和冲突，而需要遵循国际道义规范。得道多助，失道寡助。国际道义即国际伦理要公平、正义、和平、合

---

① 《梁惠王上》，《孟子集注》卷一，第7页。
② 同上书，第8页。
③ 同上书，第4页。
④ 《牧民》，《管子校正》卷一，世界书局1936年版，第1页。
⑤ 同上。
⑥ 同上。

作。不杀人的仁恕伦理,不偷盗的公平伦理,不说谎的诚信伦理,不奸淫的平等伦理,以建构和谐世界。

人类世界和谐的和,即口吃粟,"民以食为天",人人有饭吃,天下就太平;谐,从言皆声,可理解为人人能发声讲话,天下就安定。前者是人的生存权,后者是言论自由权。两者具备,在古代就可谓和谐世界。然而近代以来,人类对宇宙自然征伐加剧,使自然天地不堪重负,生态失去了平衡,造成环境污染,资源匮乏,土地沙化,疾病肆虐,天灾频发,人与自然的冲突愈来愈尖锐。人与宇宙自然应该建构道德的、中庸的、仁爱的、和美的伦理规范,在天地万物与吾一体的视阈中,"仁民爱物","民吾同胞,物吾与也"①。天为父,地为母,天地宇宙自然是养育人类的父母,人类也应以对待自己的父母一样对待宇宙自然,在自然伦理、环境伦理、生态伦理中,规范人类行为,建构天人共和共乐的和美天地自然。

伦理范畴的各德目,可按其性质、内涵、特点、功能,依逻辑层次安置。在整个逻辑结构层次间可以交叉互通;在一个逻辑结构层次内既有中华伦理精神德目,也有伦理行为规范德目,以及道德节操、品格、修养等德目。

(二) 伦理范畴的思维整体性

中华伦理范畴的思维整体性是指以某个范畴为核心,以表现思维主体与思维对象内在整体或外在整体的概念范畴群或概念范畴之网,进而凸显思维主体与思维对象内在和外在的规定、关系以及其间的互相联系、渗透、会通、融突等形式。由于伦理范畴的性质、功能的差分,可以构成几个概念范畴群,诸概念范畴群的殊途同归,分殊而理一,构成中华伦理范畴的整体性。

---

① 《正蒙·乾称篇》,《张载集》,中华书局1978年版,第62页。

中华伦理范畴思维整体性的根据，是天地万物与吾一体的整体性思维模型，它纵贯、横摄、和合由人心到自然六个逻辑结构层次；它沉潜于中华民族心灵结构、价值观念、伦理道德、审美意识、行为规范、风俗习惯之内，表现在主体的对象化与对象的主体化之中。这种伦理范畴的整体性的思维模式，在伦理主体的客体化与客体的伦理主体化，人的对象化、物化与对象、物的人化，即在人化与物化中，把伦理主体与客体、对象、自然圆融起来，使客体、对象、自然具有了人的形式，于是天地自然便是人化了的天地自然，从而使中华伦理范畴具有天地万物与吾一体的整体性，因此，中华伦理范畴能贯通、圆融为整体。

范畴的思维整体性，并非排斥思维差分性，物以类聚，人以群分，群分才有类聚，群分是类聚的体现，类聚是群分的归宿。60德目可分为六个逻辑结构层次，此六个逻辑结构层次即构成六个群。如人心伦理范畴目群的爱、良（知）、耻、善、志、毅、格、省、正（心）、省、诚、乐、圣、忧等；家庭伦理范畴德目群的孝、悌、慈、敬、勤、俭、友、贞、温等；人际伦理范畴德目群的仁、义、礼、智、信、恭、宽、敏、惠、恕、直、中、宽等；社会伦理范畴德目群的忠、廉、德、公、洁、庄、勇、节、健、实、恒、明、质、行、刚、气等；世界伦理范畴德目群的和、合、强、美等；自然伦理范畴德目群的顺、道、和等。这种德目群的划分是相对的，而非绝对，其间许多伦理范畴德目是互渗、互补、互换、互转的，譬如善作为善心、善意、善良、善动机是心的伦理范畴，作为善行、善处、善举、善事便是家庭、人际、社会、世界的伦理范畴；又譬如和，作为人心伦理范畴为和善，作为家庭伦理范畴要和睦，作为人际伦理范畴为和顺，作为社会伦理范畴为和谐，作为世界伦理范畴为和平，作为自然宇宙伦理范畴为和美。和美即是各美其美，美人之美，美美与共，天人和美的境界，这是和的终极价值和终极境界。

由此群分伦理范畴，方聚为整体性的类的伦理范畴系统，这种系统的思维形式，彰显了中华伦理范畴的思维整体性。

(三) 伦理范畴的形态动静性

如果说中华伦理范畴的逻辑结构性，揭示了伦理范畴之间的关系、性质及其逻辑次序、结构方式，直面逻辑意蕴；伦理范畴的思维整体性，呈现伦理范畴内在与外在德目群以及其间的互相联系、渗透、会通、融突的形式，直面思维模式，那么，伦理范畴的形态动静性，是指伦理范畴一种存有的状态，它直面状态形式。

中华伦理范畴随着历史时代的发展，变动不居，为道屡迁，呈显为四种形态：动态形式，静态形式，内动外静形式，内静外动形式。

就"气"伦理范畴而言，殷商至春秋，气是云气、阴阳之气、冲气，具有自然性，伦理性缺失。因而许慎《说文解字》释为："气，云气也，象形。"云气之形较云轻微，其流动如野马流水，多层重叠。甲骨文气亦可训为乞求、迄至、终迄等意思。气后来作氣，《说文》释："氣，馈客刍米也，从米气声。"馈客刍米，是天子待诸侯之礼。《左传》认为气导致其他事物的变化，分为阴、阳、风、雨、晦、明六气，过了便生寒、热、末、腹、惑、心疾病，以六气解释自然、社会、人生各种现象产生的原因，从中寻求其间联系的秩序，避免失序。《国语》认为阴阳二气失序，就会发生地震等灾异，乃至亡国。战国时，气由自然性向伦理性转变，如果说儒家孔子以气为血气、气息的话，那么，孟子提出"浩然之气"，它与"义"、"道"相配合，它集义所生，具有伦理道德意蕴，主体通过"善养"的道德修养，来充实扩充，以塞于天地之间。它既是动态形成，亦是内动外动形式。

秦汉时期，《黄帝内经》、《淮南子》、扬雄、张衡、王充等继承先秦气的自然性，而发为元气、精气，探索阴阳调和的原理，基本属内静外动形式。《淮南子》认为阴阳、天地及人的形、气、神的合和协调是万物和人发展变化的原因。"执中含和"是社会稳定、人民和谐的原则。董仲舒认为气既具有自然性，亦具有情感性、道德性，"阴阳之气，在上天，亦在人。在人者为好恶喜怒，在天者为暖清寒暑。"① 从人体结构看，腰之上下分阳阴；从伦理精神言，阳气"博爱而容众"，阴气"立严而成功"。"君臣、父子、夫妇之义，皆取诸阴阳之道。"② 其间虽有阳贵阴贱、阳尊阴卑之别，但最终要达到阴阳"中和"的境界。"中和"是天地间终极的伦理精神。扬雄认为人性善恶混，修善为善人，修恶为恶人，"气也者，所以适善恶之马也与？"③去恶从善，要依阴阳之气的变化而修身养性。

魏晋南北朝时期，气继续沿着自然性和伦理性演化外，由于受玄学、佛教、道教的横向影响，气的涵义向生命本原、物的实质、行气养生、道德修养乃至入禅工夫开展。隋唐时，佛道日盛，儒教渐衰。然而从王通到韩愈、柳宗元、刘禹锡，他们把气纳入伦理道德领域，凸显"和气"、"灵气"、"正气"、刚健纯粹之气的伦理精神。

宋元明时，是中国学术思想的"造极期"。理既是天地万物的终极根据，又是人类社会的终极伦理。程（颐）朱（熹）虽以理先气后，但气是理的挂搭处、安顿处。二程（程颢、程颐）认为，气有清浊、善恶、纯繁之分，"唯人气最清"，但人的气

---

① 《如天之为》，《春秋繁露义证》卷十七，中华书局1992年版，第463页。
② 《基义》，《春秋繁露义证》卷十二，中华书局1992年版，第350页。
③ 《修身》，《法言义疏》五，中华书局1987年版，第85页。

质有柔刚。由于"气有善、不善"①。不善的就是恶气。人的道德品质的善恶便来源于气禀，禀得至清之气为圣人，禀得至浊之气为愚人。但人可以通过学习，改变气质，复性为善。朱熹绍承二程，认为阴阳之气，变化无穷，其动静、屈伸、往来、升降、浮沉之性未尝一日相无。气蕴含著清浊、昏明、纯驳的成分，禀清明之气而无物欲之累为圣人，禀清明之气而未纯全而微有物欲之累为贤人，禀昏浊之气而又为物欲所蔽为愚、为不肖。圣贤愚之分决定于禀气不同，人之伦理精神、道德行为规范亦来自先验的禀气。元代许衡学本程朱，他认为阴阳之气表现为五行之气，体现天地之德，五行之性。天地阴阳五行之气有仁义礼智信五德、五性，人相应地有五德和君臣、父子、夫妇、长幼、朋友五伦：仁是温和慈爱，义是决断合宜，礼是敬重为长，智是分辨是非，信是诚实无欺。人的伦理道德品格来自气禀。吴澄学本程朱，他认为人因阴阳五行之气而有形，形之中具有"阴阳五行之理，以为健顺五常之性"（《答田副使二书》,《吴文正公集》）。五常指仁义礼智信道德规范，以及君臣、父子、兄弟、夫妇、朋友五行之理。五常中仁、礼为健、为阳，义、智为顺、为阴，信兼两者之性。五行之理中君、父、兄、夫为尊、为阳，臣、子、弟、妇为卑、为阴，朋友兼两者之理。以阴阳五行之气探究五常五伦道德精神及其行为规范。

明清时，程朱道学来自心学和气学两方面的挑战。湛若水批评朱熹把道心与人心二分的观点，认为"人心道心，只是一心"，那种把道心说成出乎天理之正，人心出乎形气之私是不对的。论心，是就心与气不离而言，道心是指形气之心得其正而已，不是别有一心。王守仁集两宋以来心学之大成，以"良知"为心之本体，以心的良知论气，认为"元

---

① 《河南程氏遗书》卷二十一下，中华书局1981年版，第274页。

气、元精、元神"三位一体，构成气为良知流行动静的思想，良知是一种伦理精神和道德意识，良知只是一种未发之中的状态，静而生阴，动而生阳，阴阳一气也，动静一理也，良知蕴含动静阴阳，元气作为良知的流行，或为善，或为恶，受志的制约，志立气和，养育灵明之气，去昏浊习气，便能神气清明，心与万物同体，良知湛然灵觉，而达仁人圣人道德终极价值境界。

王廷相继承张载"太虚即气"的思想，批评程朱理本论。他认为气为造化的宗枢，气有阴阳动静，它是万物的根源，有气有天地，有天地而有夫妇、父子、君臣，然后才有名教道德的建立。吴廷翰批评程朱陆王，认为人为气化所生，气凝为体质为人形，凝为条理为人性，"性之为气，则仁义礼知之灵觉精纯者是已"①。仁义礼智的灵觉既是阴阳之气，亦是道德精神，所以他说："天为阴阳，则地为柔刚，人为仁义，本一气也。"② 天地人三才为气，阴阳、柔刚、仁义本于气。王夫之集气学之大成，"理即是气之理，气当得如此便是理，理不先而气不后，天之道惟其气之善，是以理之善"③。气是根源范畴，源枯河干，无气即无心性天理。阴阳浑合、交感，合为一气，气有动静，动静为气之几，方动而静，方静而动，静者静动，非不动。气处于变化日新之中，"气日新，故性亦日新"④。气规定着人性的善恶价值。人性即气质之性，气是人的生命之源，质是气在人身的凝结，气无不善，性无不善；质有清浊厚薄不同，所以有性善与不

---

① 《吉斋漫录》卷上，《吴廷翰集》，中华书局1984年版，第24页。
② 同上书，第17页。
③ 《读四书大全说》卷十，《船山全书》第六册，岳麓书社1991年版，第1052页。
④ 《读四书大全说》卷七，《船山全书》第六册，岳麓书社1991年版，第860页。

善之别。王夫之以气为核心，诠释人性的伦理道德之理。戴震接着王夫之讲："气化流行，生生不息，仁也。"① 气化生人物以后，而各有其性，并有偏全、厚薄、清浊、昏明之别，气是人性的来源和根据，有仁的伦理精神，便互涵为义、礼、智、诚伦理道德和行为规范。这便是戴震所说的以"理言"与以"德言"，前者指仁义礼之仁，后者指智仁勇之仁，其实为一。

中华伦理范畴是动中有静，静中有动，动为静动，静为动静，动静互涵、互渗、互补、互济，而使中华伦理范畴结构、内涵、形态通达完满境界。

（四）伦理范畴历时同时的融合性

中华伦理范畴的形态动静性，侧重于范畴历时态的演化，其纵观与横观、历时态与同时态是互相融合、互相促进，而达相得益彰的状态。伦理各范畴之间上下左右、纵横异同，错综复杂，构成一网状形态，网上的每个纽结，都是上下左右的凝聚点、联络点、驿站，再由此凝聚点、联络点、驿站向四周辐射、扩散，构成一畅通无阻、四通八达的范畴逻辑之网。从这个意义上说，伦理范畴是人们对于宇宙、社会、人际、心灵之间关系长期生命体认的结晶，是对于个人、家庭、国家、民族之间关系深沉智慧洞见的提升。

每个伦理范畴的形态动静运动，都处于历时态和同时态之中。历时态和同时态可以养育、发展、丰富伦理范畴，也可以使其破坏、废弃、断裂。因而协调、融突好伦理与政治、经济、文化的关系，理性地调整、平衡好伦理范畴之网各方面关系，是使伦理范畴在历时和同时态中不遭破坏、废弃、断裂的措施。在这里，协调、融突、调整、平衡、蕴含价值观念、思维方法，由于

---

① 《仁义礼智》，《孟子字义疏证》卷下，中华书局1961年版，第48页。

价值观念和思维方法的偏激，亦会造成伦理道德范畴被批判、扔掉、打倒，导致中华伦理精神沦丧、行为规范迷失，乃至人们手足无所措，礼仪之邦而无礼仪的状况。

礼作为伦理范畴，是在历时性和同时性中得以体现的，礼的起源，历来众说纷纭：一是事神致福说。许慎《说文解字》："礼，履也，所以事神致福也。"《礼记·礼运》认为礼之初是致其敬于鬼神，王国维诠释为"奉神之酒醴谓之醴"，"奉神人之事通谓之礼"①。礼是奉神致福的祭祀行为，祭祀鬼神的仪式，有一定礼仪之规，后便约定俗成为礼。二是礼尚往来说。《礼记·曲礼》："礼尚往来，往而不来非礼也，来而不往亦非礼也。人有礼则安，无礼则危。"② 礼尚往来包含"礼物"和"礼仪"两个层面，礼物往来是物品交易活动，礼仪是交往规范。三是周公制礼作乐说。孔子说，殷因于夏礼，周因于殷礼，可见夏商已有其礼，周公在损益夏商之礼后而作周礼。四是礼皆出于性。栗谷（李珥）在《圣学辑要》中引周行已的话："礼经三百，威仪三千，皆出于性。"③ 礼出于本真的人性，而非出于伪装饰情或礼品交换行为。礼在历时性和同时性中都有不同的体认，但一般都把它作为礼仪行为规范。

孔子处"礼崩乐坏"的时代，礼仪行为规范遭严重破坏，不仅礼乐征伐自诸侯出，而且子弑父、弟弑兄等违礼的行为层出不穷，致使孔子是可忍，孰不可忍！在这个同时态中，本来作为"天之经也，地之义也，民之行也"，"上下之纪，天地之经纬

---

① 王国维：《释礼》，《观堂集林》卷六，《王国维遗书》（一），上海古籍书店1983年版，第15页。

② 《曲礼上》，《礼记正义》卷一，中华书局1980年版，第1231—1232页。

③ 《圣学辑要》（二），《栗谷全书》（一）卷二十，韩国成均馆大学校大东文化研究院1985年版，第442页。

也，民之所以生也"的礼，已与揖让、周旋之礼有别。前者已超越礼的形式，即仪的揖让、周旋的层次，而提升为天经地义、民之所以生的形而上的终极层次，赋予礼以终极价值。孔子是在这样的时态中，体认礼的价值，呼喊不可"违礼"。然而，礼作为"国之干"也好，"身之干"也好，"所以正民"也好，都是主体人外在的东西，是以外在的力量规定礼的性质、作用、功能，以及主体人应如何的行为规范，并非出于主体人自身的自觉。为了使外在的礼的行为规范成为主体人的自觉的行为活动，必须获得内在伦理精神、道德意识的支撑，于是孔子援入仁的伦理道德范畴，并以仁为礼的本质的体现。"子曰：'人而不仁，如礼何？'"[1] 无仁，如何来对待礼仪制度，这是化解外在违礼行为与内在道德意识分裂、紧张的一种选择，只有把道德意识与行为规范、内与外、仁与礼融合起来，置于同时态的状态中，礼才能转化为一种主体自觉的道德行为。孔子说："克己复礼为仁，一日克己复礼，天下归仁焉。为仁由己，而由人乎哉？"[2] 一切违礼的行为都出于某种私利、权力、功利的欲望，克制自己的欲望，使自己的行为自觉地符合礼，凡非礼的都不去视听言动，就是仁，这样仁与礼圆融。既然实践仁的道德全凭自己的自觉，那么，实践礼的道德规范也出于自己的自觉。这样，外在礼的他律性同时也具有了内在的道德自律性。

仁与礼在同时态的互渗、互补中，又在历时态的演变中，获得了丰富和发展。孟子绍承孔子，他把仁义礼智都纳入伦理精神、道德意识中。他认为"人皆有不忍人之心"，所谓不忍人之心是指人人皆有怵惕恻隐的心。由此看来如果一个人没有恻隐心、羞恶心、辞让心、是非心，简直就不像个人，"恻隐

---

[1] 《八佾》，《论语集注》卷二，世界书局1936年版，第9页。
[2] 《颜渊》，《论语集注》卷六，第49页。

之心，仁之端也；羞恶之心，义之端也；辞让之心，礼之端也；是非之心，智之端也"①。礼作为辞让之心，是人作为一个人所不能欠缺的，否则就是"非人也"，这就是说，礼的伦理精神是"人皆有"的道德心，是人性所本有的。礼的辞让之心的自然流出，即是主体道德心自觉又自然的表现。这样孔子的"仁者爱人"和孟子的"人皆有不忍人之心"，在"礼崩乐坏"、天下无道的情境下，为"复礼"的合法性、合理性作了理论的诠释。

如果说孟子从人性善的价值观出发，导向内律与外律、仁与礼的圆融，那么，荀子从人性恶的价值观出发，导向外律的礼与法的圆融。这种圆融，孟子实以仁节礼，仁体礼用；荀子援法入儒，以儒为宗，以礼统法。荀子认为礼有五方面的性质和功能：(1)作为行为规范而言，礼是衡量人之好坏的标准，国家有道无道的尺度，治国的规矩。他说："礼者，人主之所以为群臣寸、尺、寻、丈检式也。"②"礼之所以正国也，譬之犹衡之于轻重，犹绳墨之于曲直也，犹规矩之于方圆也，既错之而人莫之能诬也。"③"隆礼贵义者其国治，简礼贱义者其国乱。"④ 这是国家强弱的根本；从这个意义上说，礼是政事的指导，是处理国政的指导原则："礼者，政之挽也。为政不以礼，政不行矣。"⑤ (2)作为伦理道德而言，礼体现了伦理精神和道德行为。"礼也者，贵者敬焉，老者孝焉，长者弟焉，幼者慈焉，贱者惠焉。"⑥ 在人伦关系上，对贵、老、长、幼、贱者，要尊敬、孝顺、敬

---

① 《公孙丑上》，《孟子集注》卷三，世界书局1936年版，第25页。
② 《儒效》，《荀子新注》，第111页。
③ 《王霸》，《荀子新注》，第171页。
④ 《议兵》，《荀子新注》，第233页。
⑤ 《大略》，《荀子新注》，第445页。
⑥ 同上书，第442页。

爱、慈爱、恩惠，体现了忠孝仁义的道德原则，并使之定位，"礼以定伦"①，即指君臣、父子、兄弟、夫妇之伦，都能遵守符合其伦的道德规范；(3) 作为礼的性质来看，"礼有三本，天地者，生之本也。先祖者，类之本也。君师者，治之本也。"② 三者是生存、人类、治国的根本。礼有三本而有分与别，"辨莫大于分，分莫大于礼，礼莫大于圣王"③。人与人之间的分别，最重要的是礼，即等级名分。"礼也者，理之不可易者也。乐合同，礼别异。"④ 礼体现着贵贱上下的等级差分，这是其不可改变的原则。这个不可易者，便是终极之道。"礼者，人道之极也。"⑤ (4) 作为可操作的礼仪制度，包括婚、葬、祭等各种礼仪，如"亲近之礼"，男子亲自到女方迎娶的礼节。"丧礼者，以生者饰死者也。"⑥ 但"五十不成丧，七十唯衰存"⑦。(5) 作为礼与法的关系来看，"礼义生而制法度"⑧。"明礼义以化之，起法正以治之。"⑨ 以礼义变化本性的恶，兴起人为的善，并以法度来治理。治国的根本原则，在礼与法，"明德慎罚，国家既治四海平"⑩。礼法兼施，"隆礼尊贤而王，重法爱民而霸"⑪。前者可以称王于天下，后者可以称霸于诸侯。这种礼法融合的礼治模式，开出汉代"霸王道杂之"的"汉家制度"，凸显了中华

---

① 《致士》，《荀子新注》，第226页。
② 《礼论》，《荀子新注》，第310页。
③ 《非相》，《荀子新注》，第56页。
④ 《乐论》，《荀子新注》，第338页。
⑤ 《礼论》，《荀子新注》，第314页。
⑥ 同上书，第322页。
⑦ 《大略》，《荀子新注》，第442页。
⑧ 《性恶》，《荀子新注》，第393页。
⑨ 《性恶》，《荀子新注》，第395页。
⑩ 《成相》，《荀子新注》，第416页。
⑪ 《天论》，《荀子新注》，第277页。

伦理范畴历时态与同时态的融合性。

（五）伦理范畴的内涵生生性

中华伦理范畴大化流行，生生不息。"天地之大德曰生"，"生生之谓易"。天地间最根本、最伟大的德性，就是生生。生生是为变易，生生的变易是新事物、新生命不断的化生。换言之，即是中华伦理新范畴的化生和范畴新内涵的开出。

从孔子"仁"的伦理范畴新内涵的开出表层结构的具体意义，深层结构的义理意义及整体结构的真实意义来看仁内涵的生生性。就表层结构而言，仁是爱人，《论语》"爱人"三见，讲治国要爱护百姓，君子学道则爱人，其基本语义是人与人之间关系的一种行为规范或道德标准。进而如何实践"仁者爱人"，孔子要求从自己做起，"为仁由己"，从正面说自己"欲立"，"欲达"，也使别人"立"和"达"；从负面说，"己所不欲，勿施于人"。"己欲"与"己所不欲"，"立人达人"与"勿施于人"，从正负两个方面说明实践"仁者爱人"的要求。

"为仁由己"，要求每个人要"克己"，即约束自己，使自己的视听言动合乎礼，这便是仁，如何进行仁的道德修养？从正面说"刚毅木讷近仁"[①]，是正面的应然价值判断，从负面说"巧言令色，鲜矣仁"[②]，这是负面的不应然价值判断。由自己的道德修养"仁"，推致家庭的父子、兄弟、夫妇之间，便是"孝弟也者，其为仁之本与"[③]，再由家庭推致天下，"能行五者于天下为仁矣"[④]。此五者便是指恭、宽、信、敏、惠。构成了从约束自我—家庭—社会—天下的道德行为规范。仁便从内在的道德意

---

① 《子路》，《论语集注》卷七，世界书局1936年版，第58页。
② 《学而》，《论语集注》卷一，第1页。
③ 同上。
④ 《阳货》，《论语集注》卷九，第74页。

识和伦理精神转化为伦理道德行为规范,这是一个从内到外的化生过程。

"仁"从表层结构的具体意义而开出深层结构的义理意义,是把孔子仁的伦理精神和行为规范从句法和语义层面超越出来,置于宏观的时代思潮之中,来透视微观伦理范畴义理。仁是孔子思想的核心范畴,它与各伦理范畴联结,由各纽结而构成网状形式,抓住网上的纲领,便可把孔子思想提摄起来,也可以进一步体认仁的伦理价值。譬如说仁与礼融合渗透,礼的尚别尊分、亲亲贵贵的意蕴作用于仁,使仁在处理人与人之间关系,便不能普遍地、无差等地贯彻"仁者爱人"的"泛爱众"的伦理精神,而受到墨子的批评。从范畴的联系中,反求伦理范畴的涵义,更能体贴伦理范畴真义。

从伦理范畴的网状结构贴近其真义,开展为从时代思潮的整体联系中体贴其意蕴,体现伦理范畴内涵的吐故纳新,新意蕴化生。譬如《国语》讲:"杀身以成志,仁也。"① 孔子说:"志士仁人,无求生以害仁,有杀身以成仁。"② 又《左传》僖公三十三年载:"德以治民,君请用之;臣闻之:'出门如宾,承事如祭,仁之则也'。"③ 孔子说: "出门如见大宾,使民如承大祭。"④ 再《国语》载:"重耳告舅犯。舅犯曰:'不可,亡人无亲,信仁以为亲……'"⑤ 孔子说: "君子笃于亲,则民兴于仁。"⑥ 由此可见,孔子"仁"的学说是与时代政治、经济、礼乐制度相联系,是当时一种社会思潮的呈现;是在"礼崩乐坏"

---

① 《晋语二》,《国语集解》卷八,中华书局2002年版,第280页。
② 《卫灵公》,《论语集注》卷八,世界书局1936年版,第66页。
③ 《春秋左传注》,中华书局1981年版,第1108页。
④ 《颜渊》,《论语集注》卷六,世界书局1936年版,第49页。
⑤ 《晋语二》,《国语集解》卷八,中华书局2002年版,第295页。
⑥ 《泰伯》,《论语集注》卷四,世界书局1936年版,第32页。

的冲突中，企图援仁复礼，重建伦理精神、礼乐制度的努力；孔子仁的义理智慧在时代的振荡中获得新生命。

"仁"再由深层结构的义理意义而开出整体结构的真实意义。"仁"作为伦理范畴，在与时偕行的大浪中，被冲刷、淘尽了一切外在的面具和装饰，而显露出真实的相貌。战国初，墨子从两个方面批评孔子"仁"的思想。《墨子·非儒下》载："儒者曰：'亲亲有术，尊贤有等，言亲疏尊卑之异也。'"① 施仁有此异，则爱人有差等。结果是"各爱其家，不爱异家"，"各爱其国，不爱异国"。这种异，便是有别，别则"相恶"，故此，墨子主张"兼相爱"，"兼即仁矣，义矣"②。"别"与"兼"，为孔墨仁学之分。另墨子认为，儒者以古言古服合乎礼，然后仁。他主张"仁人之事者，必务求兴天下之利，除天下之害"③。礼之道义与兴利除害的功利之分。在这里，墨子所批评的是孔子仁的深层结构的义理意义，但从表层结构的具体意义来看，孔子的"泛爱从"与墨子的"兼相爱"并无语义上的差别。

孟子对墨子的批评提出反批评："杨氏为我，是无君也；墨氏兼爱，是无父也。无父无君，是禽兽也。"④ 说明为什么爱有差等亲疏之别。荀子亦认为，"贵贱有等，则令行而不流；亲疏有分，则施行而不悖……故仁者仁此者也"⑤。批评墨子"有见于齐，无见于畸"⑥ 之失。秦的速亡，仁的伦理精神获得了价值合理性的论证。两宋时，伦理精神和道德规范提升为道德形而上

---

① 《晋语二》，《国语集解》卷八，中华书局2002年版，第295页。
② 《兼爱下》，《墨子校注》卷四，中华书局1993年版，第178页。
③ 《非乐上》，《墨子校注》卷八，第379页。
④ 《滕文公下》，《孟子集注》卷六，世界书局1936年版，第48页。
⑤ 《君子》，《荀子新注》，中华书局1979年版，第408页。
⑥ 《天论》，《荀子新注》，第280页。

学，仁在生生不息中获得新义。理学的开山周敦颐说："天以阳生万物，以阴成万物。生，仁也；成，义也。"[①] 仁育万物，而有生意。程颢说："万物之生意最可观，此元者善之长也，斯所谓仁也。"[②] 仁所体现的万物生命的生意，是天地生生之理的所以然，于是他把仁放大，以体验仁者以天地万物为一体的境界。朱熹集周敦颐、张载、二程道学之大成，发为"仁也者，天地所以生物之心，而人物之所得以为心者也"[③]。如桃仁、杏仁，此仁即为桃、杏生命之源，亦是桃、杏之所以为桃、杏的根据。这种伦理范畴生生不息的新意，是伦理精神和道德价值合理性生命力的体现，是伦理范畴的内涵生生性呈现。

中华伦理范畴在和合学"竖观"、"横观"、"合观"的视野下，其逻辑的结构性、思维的整体性、形态的动静性、历时同时态的融合性、内涵的生生性都得到了充分的展示，中华民族伦理精神和道德行为规范的价值合理性也得到了完善的说明。《中华伦理范畴》丛书的出版，将为弘扬中华民族传统文化，实现中华民族伟大复兴作出贡献，这也是一项利在当代，功在后世的重大文化工程。

是为序。

2006 年 8 月 30 日
于中国人民大学孔子研究院

---

① 《顺化》，《周敦颐集》卷二，中华书局 1984 年版，第 22 页。
② 《河南程氏遗书》卷十一，《二程集》，中华书局 1981 年版，第 120 页。
③ 《克斋记》，《朱文公文集》卷七十七。

《中华伦理范畴》第二函前言

傅永聚　齐金江

中华文化是伦理型文化。以儒家伦理道德为显著特色的中华伦理是中华民族文化和精神的内核与载体，是中华民族五千年生生不息、绵延峥嵘的源头活水；在建设有中国特色的社会主义事业进程中，继承和弘扬中华民族优秀的伦理道德，是建设中华民族共有精神家园的重要切入点，是全面实现社会和谐的重要保障；从当代中华民族生存的国际环境看，中华伦理是东方文化和智慧的杰出代表，是在多元文化相互激荡、多元思想猛烈交锋的新的历史条件下，保持中华民族强大竞争力和凝聚力，促进中华民族和平发展，实现中华民族伟大复兴的强大思想武器和坚实基础。

一、以儒家伦理道德为显著特色的中华伦理是中华民族文化与精神的内核与载体，是中华民族五千年生生不息、绵延峥嵘的源头活水。

中国是世界文明古国之一，且是文明唯一不曾中断者。中华民族从诞生之日起就十分注重伦理道德建设，使民族文化具有伦理型的典型特征。先秦时期伟大的思想家老子、孔子、孟子、荀子等都曾为中华伦理的价值体系构建作出了重大贡献。尤其是孔子，其思想积极入世，以仁为核心，以和为贵，以礼为约束，以道德高尚的君子人格为楷模，其影响跨越时空，成为中华礼乐文化的重要根据、价值观念的是非标准和伦理道德的规范所在。孔子是当之无愧的中华文化符号，他的一系列思想构成中华文化的基本精神。汉代以来，孔子为代表的儒家思想成为中华主流文化，儒家的伦理道德遂成为中华民族传统文化的主干。中国统一稳定、疆域辽阔、经济发达、文明先进，曾领先世界文明两千年。中华影响远播海外。受中华伦理道德熏陶培育成长起来的政治家、文学家、军事家、思想家、教育家如群星璀璨，民族英雄凛然千古，成为炎黄子孙千秋万代的丰碑。只是在近代，由于资本主义和帝国主义列强的侵略，民族灾难深重，我们才暂时落伍了。19—20世纪中叶中华民族所受的苦难和耻辱，在世界民族史上是罕见的。但中华民族一直在反抗、在斗争。历经磨难而不亡，说明我们的民族有一种坚韧不拔、自强不息的精神。

人类历史的发展是不平衡的，跳跃性的，先进变落后，落后变先进也是一种历史规律。"雄鸡一唱天下白"。中国共产党领导新中国成立，中国人民站起来了！尤其是改革开放以来，在邓小平理论指引下中国发展迅速，综合国力增强，政治、经济地位发生了翻天覆地的变化，中国人民正在信心百倍地建设现代化社会主义。强大的政治、经济呼吁强大的文化，呼吁人的高尚道德的养成。通过弘扬中华民族优秀的伦理道德，提升国人素质，优化国人形象，确立优秀伦理道德在华人文化中的特色地位，可以得到不同文化背景、不同宗教信仰的群体的共同认可。这对于发扬光大中华文化、实现祖国统一大业、实现中华民族的伟大复兴都具有重要的现实意义和深远的历史意义。

二，在建设有中国特色的社会主义事业进程中，继承和弘扬中华民族优秀的伦理道德，是建设中华民族共有精神家园的重要切入点，是全面实现社会和谐的重要保障。

近代以来，中国饱受西方列强侵凌，经济落后，积贫积弱，传统文化一时成为替罪之羊。在全盘西化、民族虚无主义妖雾迷漫之时，嘲笑、批判、搞倒搞臭传统文化一度成为最革命、最时髦的心态。从盲目不加分析地打倒孔家店，到"文化大革命"破四旧、批林批孔，人们在干着挖掘自己民族文化之根的傻事。"文化大革命"过后，一代人的道德品质沦丧，几代人的道德品质受损，礼仪之邦一时间竟要从礼仪 ABC 起补课。尤其近几十年来，由于西方强势文化携其具有鲜明征服特色的价值观念不断有意识地涌入，中华民族传统的道德伦理受到猛烈的冲击，社会上下思想领域中普遍存在着信仰失范、价值观念扭曲、道德滑坡、精神迷惘和庸俗主义、世俗化盛行、拜金主义泛滥等一系列问题。对此，党和国家领导人一直给予高度重视，屡屡发出警语。

早在改革开放之初，邓小平同志就严厉地指出："一些青年男女盲目地羡慕资本主义国家，有些人在同外国人交往中甚至不顾自己的国格和人格，这种情况必须引起我们的认真注意。我们一定要教育好我们的后一代，一定要从各方面采取有效的措施，搞好我们的社会风气，打击那些严重败坏社会风气的恶劣行为"①；"如果中国不尊重自己，中国就站不住，国格没有了，关系太大了"②；"中国人要有自信心，自卑没有出路"③；他反复强调物质文明与精神文明一起抓，两手都要硬，否则，"风气如果坏下去，经济搞成功又有什么意义？"

江泽民同志十分重视用中华优秀传统道德伦理教育下一代，他说："在抓紧社会主义物质文明建设的同时，必须抓紧社会主义精神文明建设，坚决纠正一手硬、一手软的状况"④；"必须继承和发扬民族优秀文化传统而又充分体现社会主义时代精神，立

---

① 《邓小平文选》第 2 卷，第 177 页。
② 《邓小平文选》第 3 卷，第 332 页。
③ 同上书，第 326 页。
④ 《在党的十二届四中全会上的讲话》载《江泽民文选》第 1 卷，第 61 页。

足本国而又充分吸收世界文化优秀成果，不允许搞民族虚无主义和全盘西化"[①]；"任何情况下，都不能以牺牲精神文明为代价去换取经济的一时发展"[②]；"保持和发扬自己民族的文化特色，才能真正立足于世界民族之林。我们能不能继承和发扬中华民族的优秀文化传统，吸收世界各国的优秀文化成果，建设有中国特色的社会主义文化，这是事关中华民族振兴的大问题，事关建设有中国特色社会主义事业取得全面胜利的大问题"[③]。

　　胡锦涛总书记更是从中华民族优秀传统文化中汲取营养，提出了科学发展观、以人为本、社会主义和谐社会建设的一系列重要理念，尤其是社会主义荣辱观的提出，在全社会和全体公民中引起强烈反响。以热爱祖国为荣，以危害祖国为耻；以服务人民为荣，以背离人民为耻；以崇尚科学为荣，以愚昧无知为耻；以辛勤劳动为荣，以好逸恶劳为耻；以团结互助为荣，以损人利己为耻；以诚实守信为荣，以见利忘义为耻；以遵纪守法为荣，以违法乱纪为耻；以艰苦奋斗为荣，以骄奢淫逸为耻。"八荣八耻"是中国传统文化价值的进一步发展，现实性和可操作性很强。对于全社会，特别是青少年思想道德教育意义重大。十七大正式提出了建设中华民族共有精神家园的宏伟历史任务，而中华优秀传统伦理道德就是我们的民族之根。

　　我在8年前写过一篇文章，名字叫"日积一善，渐成圣贤"，这句话今天仍不过时。人的潜意识中亦即本性中总有为恶的一面。换句话说，人是既可以为恶也可以为善的。一个人一生当中，一点坏事也没有做过的，可以说没有；但所做的坏事好事

[①]《当代中国共产党人的庄严使命》，载《江泽民文选》第1卷，第158页。

[②]《正确处理社会主义现代化建设中若干重大关系》，载《江泽民文选》第1卷，第74页。

[③]《宣传思想战线的主要任务》，载《江泽民文选》第1卷，第507页。

总有一个比例。就社会上的芸芸众生来说,完完全全的君子可能一个也找不到,但基本上属于君子的或基本上属于小人的有一个明显的界限。人生一世,所做的好事多,就基本上是个好人;而所做的恶事多,就基本上是个坏人。我们每人每天都在做事,为自己,为他人,为社会,为人类。在做每一件事情之前,你是怎么想的?是想做善事还是做恶事?是一种什么心态支配着你去做成善事或者是恶事,这就牵涉一个人的道德修养水平,牵涉人生观、价值观这个根本问题。法律是刚性的他律,舆论监督是柔性的他律,而道德修养属于自律。具体到每一个人,自律永远是道德修养的基础,也是他律的基础。自律受法律的威慑,但更重要的是内里自觉修养的功夫。因此,儒家伦理所揭示的仁义礼智、忠孝廉耻、和合勇毅等一整套人之为人的大道理就成为流传千古的向善弃恶的道德规范。日积一善,慢慢接近于道德高尚的境界;日为一恶,就会不断向小人的队伍靠拢。诚然,让每个人都成为君子是不现实的;但是,通过优秀伦理文化的教育和普及,不断提高绝大多数人的"君子化"水平则是可能的,也是现实的。季羡林先生说过一句非常中肯的话:"能为国家、为人民、为他人着想而遏制自己本性的,就是有道德的人。能够百分之六十为他人着想百分之四十为自己着想,就是一个及格的好人。"[①]语重心长,应该引起人们的深思。

三,从当代中华民族生存的国际环境看,中华伦理是东方文化和智慧的杰出代表,是在多元文化相互激荡、多元思想猛烈交锋的新的历史条件下,保持中华民族强大竞争力和凝聚力、促进中华民族和平发展、实现中华民族伟大复兴的强大思想武器和坚实基础。

当今世界,既有多元化、多极化的客观需求,又有强权独

[①] 季羡林:《季羡林谈人生》,当代中国出版社2006年版,第6页。

霸、政治高压、经济封锁和文化扩张的客观现实。这就是中华民族走向现代化所面临的国际生存环境。你必须强大，可人家不愿看到你强大，而压制你强大的武器不仅有政治的、经济的，更有文化的、思想的。在这种环境下，民族精神、民族文化越来越成为一个民族赖以生存和发展的精神支柱。精神颓废、委靡不振的民族必然失去其自主、独立、生存的资格，必然走向衰亡。儒家思想在其2500年的发展中，孕育了中华民族精神，担当了建构民族主题精神的重任，它以和合发展、生生不息的生命与生存智慧维系着中华民族的绵延和发展，影响着东方文化体系的形成壮大，成为东方文化智慧的杰出代表。这是其他三大文明古国的精神传统所不能比拟的。孔子与穆罕默德、耶稣和释迦牟尼一起被称为缔造世界文化的"四圣哲"和世界名人之首。孔子既属于中国，也属于世界，他的思想既是历史的又是跨时代的。在多元文化并行，多种思想激烈交锋的时代背景下，儒家文化就是中华民族的声音，就是文化对话的资格。在文化传播的态度上，既要主张"拿来主义"，又要力行"送去主义"，现在我们国家设立在世界上的250多所孔子学院，就是主动送出去的例证。当然，孔子学院主要发挥的是语言传播的功能，今后应加强孔子思想传播的内容。因为思想传播比语言传播更为深邃。

中华传统伦理思想内涵丰富，包罗万象。我们对前人的研究进行了系统的反思和归纳，将其总结为64个德目，即仁、爱、忠、恕、礼、义、廉、耻、中、信、和、合、诚、德、孝、悌、勤、俭、修、志、圣、公、洁、贞、庄、正、平、温、友、强、容、智、道、顺、良、格、博、节、健、实、恒、明、忧、廉、行、美、刚、气、善、勇、敬、慈、敏、惠、乐、毅、省、新、恭、直、慎、雅、理、利（见《联合日报》2006年8月10日第3版）。首批选取了仁、和、信、孝、廉、耻、义、善、慈、俭等10个德目进行研究，已由中国社会科学出版社于2006年12

月出版发行。

《中华伦理范畴》第一函甫出，学术界给予了鼎力支持和高度评价。著名国学大师季羡林先生在301医院抱病亲笔为之题词：中华伦理，源远流长；东方智慧，泽被万方；并委托秘书打电话给总编，说"感谢你们为中华民族文化复兴事业做了一件大好事"。中国人民大学著名学者张立文先生冒着酷暑、挥汗如雨，一气呵成洋洋两万多字的长文，称"《中华伦理范畴》丛书从中华民族传统伦理道德中撷取六十多个重要德目，并对每个德目自甲骨文以至现代，进行全面系统研究，以凸显集文本之梳理，明演变之理路，辨现代之意义，立撰者之诠释的价值，撰写者探赜索隐，钩沉致远，编纂者孜孜矻矻，兀兀穷年"；"这是一项利在当代、功在后世的文化工程，将对进一步证实中华伦理精神的价值合理性产生深远的影响，并对弘扬中华民族传统文化，实现中华民族伟大复兴作出应有的贡献"。原中共中央政治局委员、国务院副总理谷牧、姜春云和原国务委员王丙乾纷纷致函祝贺，认为"《中华伦理范畴》丛书的出版发行，对于弘扬中华民族精神，提高民族人文素质，全面翔实地展现中华民族的优秀传统伦理道德，积极推进社会主义道德建设具有重要的现实意义"。国际儒联主席叶选平先生慨然为丛书题写了书名。台湾著名学者刘又铭、张丽珠、郭梨华等在《光明日报》上撰写文章，认为："中华传统伦理文化源远流长，《中华伦理范畴》丛书对六十多个范畴进行系统的梳理和研究，气势磅礴，意义深远实乃填补学界空白之作"；"《中华伦理范畴》丛书的第一函出版发行，令人鼓舞"；"《中华伦理范畴》付梓印行，实乃学界盛事，作者打通中西之隔，超越唯物论与唯心论之争，高屋建瓴，条分缕析，用力之勤，令人感佩"。主流媒体分别以《海峡两岸学者笔谈中华伦理范畴》、《人能弘道、非道弘人》、《弘儒学之道、为生民立命》和《人文学者为生民立命的人间情怀》等为题发表了评论。《中华伦理范畴》丛书已经先后获得济宁市2007年社会科学优秀成果一等奖；山东省高校2007年社会科学优秀成果一等奖和山东省2008年哲学社会科学优秀成果一等奖。所有这些荣誉都给我们这个学术团队的辛勤劳动以充分肯定，也坚定了我们迅速编撰第二函的决心。我们接着精选了节、智、明、谦、美、正、中、乐、公等9个基本范畴，按照第一函的体例，对这9个伦理范畴的含义、实质及在历史上的发生、演变进行了系统的介绍、阐述和论证，力求完整地呈现出它们本来的面目、意义和社会价值。

——关于"节"。节可称为节操，包含气节和操守两个方面的内容。在《易·序卦》中，"其于木也，为坚多节"。可见节对于良木的重要作用，它可以连接并加固植物的各个部分，使植物变得更加坚韧，而不易弯曲、折断。由于节的特殊地位，"节"通常用来形容人坚韧不拔、高风亮节、不屈不挠的高贵品格。左思《咏史》中"功成耻受赏，高节卓不群"就反映了人心不为名利、爵位所动的精神品质和道德修养。高尚的节操被历朝历代所肯定和赞赏，载入史册，流芳百世。节操与仁义、信义、忠义、廉耻等伦理概念紧密联系在一起，它们之间的内涵相互渗透、相互补充，为"节"的内容注入了丰富而新鲜的血液和生机。节操作为一种思想观念，在秦统一以后才逐步显现，先秦时期那些为国君、宗族效命的思想如殉君、死节、侠义等意识逐渐扩大为民族主义、爱国主义以及遵纪守法等思想，气节、节操与坚持正义、英勇不屈、洁身自好、品行端正等优秀品格联系在一起。在儒学成为中国主流文化后，在其日益影响下，节操观念不断发展和修缮，成为中华传统伦理范畴之一。节操的思想自古有之，考诸历史典籍，孔子、孟子等先期儒学大师未明确提出"节"的概念，直到北宋时期，程颐开始提出"节"，并对"节"从贞节的角度进行阐述，指出"饿死事小，失节事大"，其中的"节"就包含了人诸多的道德层面。历经宋元理学家的提倡和赞颂，明清时期的贞节观念逐步浓厚，贞节观成为束缚古代妇女自由的枷锁和镣铐，影响深远。各类古籍直接论述气节、操守的相对较少，只散见于典籍中的一些名人笔记，例如苏武："屈节辱命，虽生，何面目以归汉"[1]；颜真卿："吾守吾节，死而后已"[2]；韩愈："士穷乃见节义"[3]；刘禹锡："烈士之所以异于恒人，以其仗节以死谊也"[4]；苏轼："豪杰之士，必有过人之节"[5]；欧阳修："廉耻，士君子之大节"[6]；文天祥："时穷节乃见，一一垂丹青"[7]。节操包含仁、义、忠、信、廉、耻等诸多内容，它是一个综合性很强的范畴，不成一个完备的系统。概括来讲，节操观念是具有仁、义、忠、信、廉、耻等内容的儒家伦理范畴，它形成于先秦秦汉时期，贯穿于整个中国传统社会，无论治世还是乱世，它拥有强大的张力和表现力，凝聚着中华民族思想文化的精华，涵盖了传统文化最有价值的核心范畴。节操在中国古代法律伦理化的过程中，被吸收融入许多法律规定中，如有人叛国投敌，亲属要受到惩处；贪赃枉法，最高可处以死刑。在传统中国，利用伦理道德约束的氛围和有关法律规定，使人们自觉或不自觉地受到节操观念的影响，保持高尚的气节操守受世人仰慕、失节则受万世万代唾弃的思想深入人们的心灵之中，士大夫对自己的气节与名节尤为爱惜，看得宝贵，认为此"节"关乎当下和身后名，把它看得比性命还要重要。节操观念在现代

---

[1] 《汉书·苏建传附苏武传》。
[2] 《旧唐书·颜真卿传》。
[3] 《柳子厚墓志铭》。
[4] 《上杜司徒书》。
[5] 《留侯论》。
[6] 《廉耻说》。
[7] 《正气歌》。

社会可以发挥它道德约束的巨大作用。在社会舆论方面，坚持爱国主义、民族气节、廉洁奉公可敬，让人人都认同缺乏职业道德、丧失气节可耻，并由此形成浓厚的社会氛围，不仅中国要建设法治化社会，也要以德治为补充和依托，弘扬高尚的道德操守、民族气节与高度的社会责任感。

——关于"智"。其基本的含义是智慧、聪明。《说文》云："智，识词也。从白，从亏，从知。"《释名》曰："智，知也，无所不知也。"仁、义、礼、智、信是儒家伦理学说的重要内容，孔子说："仁者安仁，知者利仁。"子贡说："学不厌，智也；教不悔，仁也。"《孙子兵法》云："将言，智、信、仁、勇、严也。"孟子说："是非之心，智也。"智是社会生产力不断发展的产物，智包含人对是非对错的分辨能力，战争中所表现出的机智和谋略，也是智的一种，智也是"知"，知识之意。《论语·子罕》曰："智者不惑，仁者不忧，勇者不惧。"孟子认为"仁义礼智根于心"。智与仁义、诚信、勇、勤等概念和范畴紧密联系，儒、道、法、兵、名、墨家都在不同程度上分别论述了"智"的内涵和外延。《中庸》云："好学近乎知（智），力行近乎仁，知耻近乎勇。"认为智、仁、勇是"天下之达德"。在中国古代的兵法中，"智"占据了重要的内容，智对战争的胜负起了决定性作用，"兵不厌诈"与指挥者的智慧是分不开的，兵道即诡道，更充分说明了智的变化性对指导战争的积极作用。战时要把握战争的规律，创造有利于己方的作战阵容，即时掌控敌方的兵事变更，争取战斗的主动权。春秋战国是百家争鸣、众家之智角逐历史舞台的重要时期，从那时起，中国的智谋文化开始萌动，并逐渐成长和发展，智观念的形成与发展，推动了我国思想文化的发展与繁荣，奠定了古代科技的良好基础，对当时社会改革的深入与进步起到了有效且有力的作用。战国时期，养士风气日浓，出现了许多著名的有识之士和纵横家，如惠施、苏秦等。

汉代崇尚智的学者如司马迁、刘向等，他们在书中褒扬了许多智慧之士，三国时期的诸葛亮与周瑜是智慧的使者与化身，明清是充满智慧的时代，当时的文人学者、贤哲仁人、能工巧匠不绝于世，出现了《益智编》、《智品》、《经世奇谋》、《智囊》四大智书，《智囊自叙》认为："人有智犹地有水，地无水则为焦土，人无智则为行只。智用于人，犹水行于地，地势坳则水满之，人事坳则智满之。"到了近代，有识之士为开发民智进行了艰苦卓绝的努力和改革，严复认为鼓民力、开民智、新民德三者为自强之道。维新派与洋务派不断认识到开民智的重要意义，加强学校的教育。新文化运动的倡导者与共产党人更是在开发民智，提高国民文化素质上作出了努力和改革。智对于现代社会的意义不言而喻，人类的智慧在社会生产力的发展中起到了重要作用，智在现代人际交往、现代商战、现代法制建设等诸多方面有其独特的地位和意义。智不是孤立的世界，现代的智要与普遍的社会道德、仁义联系起来，才能发挥它积极的作用，创造出更多的社会价值。

——关于"明"。"明"，由日月二字组成。《易·系辞下》云："日往则月来，月往则日来，日月相推而明生焉。""明"，就是在日月的照耀下，世界一片光明的意思。古人把清楚明白的事物称为"明"，把显著的、一目了然的事物称为"明"，把站高看远之人称为"明"。《尚书·太甲》云："视远惟明。"人们把看透事物的本质称为"明察秋毫"，把能够认识事物本质的人称为"贤明"，或尊称为"明公"，把能够勤于国务、明辨是非的帝王称为"明君"。"明"在社会生活中的引申义就是说，所有的人和事物，都在日月的照耀下，明明白白，一目了然。它是儒家伦理学说的重要内容，是几千年来中国人民的渴望和追求。儒家学说对"明"有深刻的理解和认识，自儒家学说的先驱周公至明清儒家学者，都对"明"做了阐释。儒家的经典《尚书》

中记载了"明德慎罚"、"明四目、达四聪"、"视远惟明"、"圣人不以独见为明"等观念,孔子则提出"举直错诸枉,则民服;举枉错诸直,则民不服",汉代董仲舒,宋代的二程、朱熹,明代的王阳明皆在先秦儒家"明"观念的基础上,对"明"进一步阐述,但总的说来,是希望国家政务都处在光明正大之中。"明"既包括"明德"、"明君",也包括吏治清明、军纪严明等。"明德"就是要修己、正己,"明君"就是要明察狱讼。"明"体现在国家官员的任用方面,就是必须要任人唯贤,以保证吏治的清明。吏治清明、择贤而任,是儒学的重要内容。军纪严明也是古代"明"观念的重要内容,中国最早的兵书《司马法》提出,军中号令要严明,长官要有仁爱之心的兵学原则。《孙子兵法》更是强调了军纪严明的主张。到了近代,当西方资本主义列强用洋枪大炮轰开古老中国的大门时,一部分先知先觉的中国人开始清醒,他们意识到:中国要想富强,必须走西方之路。林则徐、龚自珍、魏源等提出"明耻"观念,康、梁变法提出"君主立宪"的主张,这都体现出近代中国知识分子的"明"的思想,但并未提出以民主制代替专制的主张。中国资产阶级革命运动兴起后,主张以暴力推翻专制,孙中山先生更是提出了"天下为公"、"主权在民"的思想。革命党人的"公理之未明,以革命明之"的理论对几千年封建专制统治下的中国是空前的,想通过"主权在民"实现政府的廉明、官吏的清明、财政的透明,这与封建社会的"明君"、"明臣"是完全不同的概念,他们代表了近代先进中国人的"明"的思想。现代中国在改革开放的大背景下,更需要"明"的观念。特别是对于权钱交易、暗箱操作、"官本位"等社会不良风气的抵制,更是需要树立"明"的观念和"明"的行为,呼唤"明"的思想和作风,这才是建立现代文明社会的途径。

——关于"谦"。其基本的含义是谦让。谦让之德是一种道德自律,是处世原则的重要部分。它要求人们在道德标准上严于律己,宽以待人;在人际交往中要尊重他人,要有卑己尊人的态度和行为。谦让之德不仅是儒家伦理范畴的组成部分,也是中华民族璀璨的传统文化特征之一。《周易·谦卦》以卑释谦:"谦谦君子,卑以自牧也。"朱熹释之:"大抵人多见得在己则高,在人则卑。谦则抑己之高而卑以下人,便是平也。"[1] 由此可见,谦让可以理解为较低并谦虚地评价自己,同时对别人的心理和行为要较高地看待。《尚书·大禹谟》中说:"满招损,谦受益,时乃天道。"其中的"谦"含有谦逊戒盈的内容。"谦"也通"慊",有满足、满意的意思。《大学》云"所谓诚其意者,毋自欺也,如恶恶臭,如好好色,此之谓自谦"。"谦"不仅是一种伦理范畴,它也是一个哲学概念,中国人历来追求的"谦谦君子"之崇高人格,实际上是积极进取与谦虚自抑的完美结合。《周易》中说:"谦:亨,君子有终","初六:谦谦君子,用涉大川,吉。"《老子》说:"持而盈之,不如其已;揣而锐之,不可长保。金玉满堂,莫之能守;富贵而骄,自遗其咎。功遂身退,天之道也。"[2] 其意是,碗里装满了水,不如停止下来;尖利的金属,难保长久;金玉满堂,没有守得住的;富贵而骄傲,等于自己招灾;功成名就,退位收敛,这是符合自然规律的。他告诫人们要虚己游世,谦虚恭让,方能长久。孔子说:"君子有九思;视思明,听思聪,色思温,貌思恭……"[3] 大意是说,君子在修身达己的过程中,常要考虑容貌态度是不是谦虚恭敬,并论证了谦虚恭敬与礼的密切关系,"恭而无礼则劳,慎而无礼则葸,勇而无礼则乱,直而无礼则绞"[4]。《国语》中晋文公说:

---

[1] 《朱子语类》卷七十。
[2] 《老子》第九章。
[3] 《论语·季氏》。
[4] 《论语·泰伯》。

13

"夫赵衰三让不失义。让，推贤也。义，广德也。德广贤至，又何患矣。请令衰也从子。"赵衰数次谦让不失仁义，且有助于国家选贤任能，是个人美德与魅力的一种彰显形式。孟子说："无恻隐之心，非人也；无羞恶之心，非人也；无辞让之心，非人也；无是非之心，非人也。"① 王符认为谦让的品质是人之安身立命的重要依据，"内不敢傲于室家，外不敢慢于士大夫，见贱如贵，视少如长"②。谦让与个人修身、政治素养方方面面的紧密联系，更说明了其在中华传统文化中的特殊地位和社会价值。谦让的态度有利于冲淡人际交往中的各方面冲突，促进团队精神的形成，进一步增强群体和各阶层间的凝聚力。儒学认为谦让是一切道德观念的基础，"让，德之主也。让之谓懿德"③。谦让之德对推进我国道德环境建设，形成和谐而文明的社会氛围有积极的作用。《菜根谭》认为："处世让一步为高，退步即进步的张本；待人宽一分是福，利人实利己是根基。"可见谦让的美德能构筑起和睦温馨的人际往来之桥，通过对"谦"的体悟，人类必能通向和谐而幸福的家园。

——关于"美"。其基本的含义是"以美立善"的伦理美。作为伦理美的"美"是一种"宜人之美"，即从审美角度出发而阐发出对人的"终极关怀"，它指向人的现实生活，与人的生命、生活休戚相关。"美"成为追求人类合规律的自觉与自由的和谐统一，人的社会活动应是"合乎人性"的，能够充分引起精神愉悦、审美情趣的美好享受与舒适体验。中华民族的"美"、"善"观念是从图腾崇拜以及巫术礼仪与原始歌舞中萌发诞生的。"美"、"善"观念在"以人和神"中萌动，在"神人

---

① 《孟子·公孙丑上》。
② （汉）王符：《潜夫论·交际》。
③ 《左传·昭公十年》。

以和"中孕育,在"以众为观"中萌芽。《论语》中写道:"知者乐水,仁者乐山。知者动,仁者静。知者乐,仁者寿。"在其中孔子充分阐述了一种自然的审美情感,在《论语·八佾》中"子谓韶,'尽美矣,又尽善也。'谓武,'尽美矣,未尽善也。'"子曰:"里仁为美。择不处仁,焉得知?"孟子将性善之美、浩然正气、充实之美和与民同乐等方面归纳阐释,引发了人们对美、善至高境界的追求与向往。道法自然、上善若水、大音希声、虚壹而静的道德修养无一不探到美与善的丰富实质,美的内涵与外延包罗万象,"天地有大美而不言","乐行而志清,礼修而行成,耳目聪明,血气和平,移风易俗,天下皆宁,美善相乐"。董仲舒在《俞序》中引世子的话说:"圣人之德,莫美于恕。"同时他也论及了道德之美:"五帝三皇之治天下……民修德而美好","士者,天之股肱也。其德茂美不可名以一时之事","德不匡运周遍,则美不能黄。美不能黄,则四方不能往","此言德滋美而性滋微也"。董仲舒把德与美联系起来,德之美,即德之善。《淮南子》曰:"当今之世,丑必托善以自解,邪必蒙正以自辟。"因此,书中认为假、丑、恶,应予以揭露,同时在社会上提倡真、善、美,期待建立起真、善、美基础上的伦理美。伦理美的核心是"真"而不是"伪",是"质"而不是"文"。中国传统伦理美思想是以儒、道、墨、法等各家伦理道德传统为主要内容的伦理美思想与行为规范的总和。它不仅影响了中国历代人们的价值观念与行为方式,同时也成为衡量人们行为的准则与分辨德行修养的客观依据。修身内省、完善人格、重视情操的伦理美思想,有利于构建和谐社会和人们自我价值的提升,追求人际关系的和谐和强调人伦关系中的"美",有助于社会良好道德氛围的塑造,"天人合一"的伦理美能够保持人与自然的和谐共存,"贵中尚和"、"协和万邦"的伦理美思想是指导和谐社会、恰当处理各类关系的道德准则,"志存高远"、"自强不息"、"修己以敬"等伦理美观念丰富了人们的思想视野与道德境界。

——关于"正"。"正"与"中"、"直"意义相近,常与"邪"对举。其原初含义为走直路,其基本含义为正中、平正、不偏斜,合规范、合标准,纯正不杂,使端正、治理、修正等。其中正中、平正、不偏斜具有本体意义,治理、修正则具有方法意义。在中华传统伦理道德中,"正"既是个人身心修养的内容与方法,也是处理人与人、人与社会关系的原则和规范,在修身、齐家、治国三个层面有着不同的伦理意蕴。我国先民很早就有"正"的观念,而尧、舜、禹、汤、周文王、周武王自律、躬行、示范、用贤、惩恶的言行可视为"正"范畴的萌芽。"正"的范畴是在殷周之际的社会变革中伴随着西周伦理思想的建立而产生的,西周伦理思想中敬德、克己、用贤等思想可视为"正"范畴的源头。春秋战国时期,百家争鸣,儒、墨、道、法各学派在修身、齐家、治国方面有着不同的见解,从而丰富了正的思想。《大学》从理论上揭示了修身、齐家、治国的内在逻辑联系,使正的思想得以系统化。秦汉以降,"罢黜百家,独尊儒术",赋予先秦儒家正心、正己、正人、正名思想以正统地位,其在修心、修身、齐家、治国方面的作用,被历代思想家所阐发,从而使正的思想得以发展和完善。与此同时,司马迁、诸葛亮、魏征、王安石、岳飞、文天祥、郑成功、谭嗣同、孙中山等志士仁人用自己的正言正行,甚至生命诠释了正的含义。历经变迁,"正"范畴在今天对民众、对国家依然具有重要的现实意义,具体表现在儒家"正己正人"的德治传统与以德治国方略,"正己率民"的官德思想与党员领导干部的思想道德建设,"尚贤"传统与党的干部队伍建设,孔子"正名"思想与社会的可持续发展,传统正气观与新时代的党风建设等方面。

——关于"中"。对于"中"字的含义,学术界有不同的诠释。《说文》曰："内也。从口、丨，上下通。"王筠《文字蒙求》曰："中，以口象四方，以丨界其中央。"唐兰《殷墟文字记》说最早的"中"是社会中的徽帜，古代有大事则建"中"以聚众。王国维《观塘集林》释"中"为古代投壶盛筹码的器皿。郭沫若在《金文诂林》中认为"一竖象矢，一圈示的"，像射箭命中之说。还有人认为是古战场中王公将帅用以指挥作战的旗鼓合体物之象形。可以看出的是，早在原始氏族社会时期就有了"中"的观念，在这种观念中，蕴涵了一种因力而中的价值取向，是部众必须依附听从的权威和统治，具有政治、军事、文化思想上的统率作用，进而意味着一切行为必须依附的标准所在。当然，这种观念仅仅表现为一种传统习惯而已，人们还没有把"中"上升到伦理道德的范畴。后来随着社会的发展，"中"就逐渐用来规范人们的思想行为。到了三代时期，执中的王道思想开始形成。三代相传的要点，就在于"执中"的王道思想。到了商代，"中"已然被作为一种美德要求于民，同时，也预示着后世"忠"字出现的契机。周朝进一步发展了"中"的思想，明确提出了"德中"的概念。周公把"中"纳入"德"作为施政方针，周公的"中德"思想，主要包括明德和慎罚两个方面。在孔子以前，中的观念在中国古代文化中早已形成了传统。虽然他们还没有将"中"和"庸"连缀使用，但我们已可以看出两个字字义的高度契合性。孔子则正式提出了"中庸"的伦理范畴，他视"中庸"为"至德"。这种"至德"首先体现为公允地坚守中正的原则，以无讨无不及为特征。纵观中庸问题的发展历史，我们可以对中庸之道作如下概括：中庸之道是儒家的最高哲学范畴，是儒家的道德准则和思想方法。首先，中庸是一种"至德"。中庸的核心是"诚"，作为德行规范，广泛作用于社会、思想道德以及自然各领域。其功用则表现为"正己"、"正人"和"成己"、"成物"。"诚"在中庸中有两大特质：一是由下而上，为天人合一之道；一是由内而外，为内圣外王之道。作为德行理论，中庸之道教育人们进行自我修养，把自己培养成至仁、至诚、至善、至德、至道、至圣、合内外之道的理想人格和理想人物，以达到"致中和，天地位焉，万物育焉"天人合一的境界。其次，中庸之道作为一种思想方法，它含有"尚中"、"尚和"两个方面。"尚中"，即崇尚中正不偏之意。它既是一种方法原则，又包含对行为结果的要求。"尚和"，强调矛盾事物的统一、和谐。"尚和"还含有"中和"的意义。其中，"和"是"中"的目标和结果，"中"是"和"的前提和保证；无"中"便无"和"，"中"与"和"互相联系、相互依存。但是，"和"仅体现了事物的表层状态，而"中"则作为事物的本质和精神内藏于事物之中。《中庸》认为："中也者，天下之大本也；和也者，天下之达道也。"又认为："致中和，天地位焉，万物育焉。"由此可知，中庸之道亦是中和之道，然而亦为天地之道，亦为人行事之道。它合一天人，使自然界和人类社会和谐无间，从亲亲之仁出发，以人的道德自律为途径，以"致中和"为其宗旨，最终达到内圣外王的理想境界。中庸之道作为一种政治与道德形态，对于中国社会的和谐和发展以及维系几千年的统一，起到了极其重要的作用。因而，行中庸，执中道，致中和，便成为中国传统文化的核心内容之一，中庸思想、中和情结，时时刻刻地影响着我们个人和社会。今天，我们全面而客观地评价中庸之道，深刻地理解和把握其合理内容及实质，汲取其思想精华，对于推动当今中国现代化的进程和社会主义道德建设有重要的意义。同时，当今世界，在全球一体化的发展趋势之下，中庸思想和价值观对全球化的价值思维也有着指导意义。

——关于"乐"。乐是一种心理状态，包括人的内心、人与人、人与自然和社会的幸福情感交流。如何看待幸福快乐即幸福快乐观是人生观系统中关于幸福快乐的根本观点和看法，也是产生并形成幸福快乐感的关键。迄今虽然中国伦理思想家对幸福快乐的理解见仁见智，但他们对如何达到和实现幸福快乐这种完满状态，却作过大量的思考。他们探讨了义利、理欲、苦乐、荣辱等幸福维度，并由此构成了不同历史时期各具特色的幸福快乐论。先秦时期，既有儒家以道德理性满足为乐的道义幸福快乐论，又有墨家以利他为乐和法家以建功立业为乐的幸福快乐论，还有道家以无为自由为乐的自然幸福快乐论。汉代儒家董仲舒强化了道德理性对于幸福的决定性，强调了以纲常秩序为美的道义幸福快乐论。魏晋玄学家主张以性情自然、精神自由、行为放达为乐的自然幸福快乐论。宋明理学家片面深化了道德理想主义，其幸福内涵的价值取向完全抛弃了感性幸福，走向了纯粹的道德理性单维。晚明时期出现了彰显自我的幸福快乐论。清代思想家在批判宋明理学家极端道义幸福论的基础上，重构了理欲、义利、公私关系，形成了多维度均衡的幸福快乐论。近代，面对救亡图存的历史重任，新学家提倡道德革命，借鉴西方的幸福快乐论和功利主义等思想形成了求乐免苦的幸福快乐论，但并没有从根本上背离传统幸福快乐论的大方向。

儒家所倡导的道义幸福快乐论在中国传统伦理文化中占有统治地位，对中国人追求幸福快乐生活的影响最为深远，并与以苦为人生起点的西方伦理观相判别。从先秦时期的孔子、孟子，到宋明时期的程颐、程颢、朱熹、陆九渊、王阳明，都思考了获得幸福快乐的方式和途径，都认为幸福快乐必须内求于己。除了追问幸福的含义以及实现幸福的方法外，儒家对于德与福之关系的思考也是不绝如缕的。首先，儒家坚持以高尚为乐，认为乐于行道，乐于助人，才能有君子道德的造诣，达到心灵和谐的境界；其次，儒家在强调道德幸福和精神幸福的同时，也特别强调社会的共同幸福，认为自我独乐不如"天下皆悦"，力倡"先天下之忧而忧，后天下之乐而乐"，所谓修身、齐家、治国、平天下之理论，其旨亦在求得普天下人的共同幸福快乐。因而儒家就建立了道德、精神的快乐与普天下人的共同快乐两个方面的幸福快乐标准。儒家强调人如果没有理性和美德就不会有幸福快乐，认为幸福快乐就在于善行，就在于为社会整体利益而行动之同时，又强调为完善德行而"一箪食，一瓢饮"的乐道精神，注重个人德行的完善和人生的不朽以及强调平治天下的大志与追求社会的共同幸福快乐，把个人的幸福快乐包容于普天下民众的幸福快乐之中。儒家传统幸福快乐观在诠释幸福的内涵上不仅仅重视人的主观内在感受，更重视个人幸福同自然、他人、社会的相互关联，这与现代和谐社会思想的理路是基本一致的，对今天的人生和社会依然颇具启迪意义。

——关于"公"。重视"公"是中华伦理的一个重要特征，"先公后私"、"崇公抑私"已经成为中华伦理的基本道德要求。"公"作为一种道德理念，不仅贯穿于中华传统伦理的过去、现在和将来，而且在某种程度上已经内化到中华民族的集体记忆中，成为中华伦理道德的一大特色。正如刘畅先生所说的那样："崇公抑私，是传统文化中最活跃的思想因子，公私观念，是古代思想史中至关重要的论证母题，相对于其他范畴来说，具有提纲挈领的意义，牵一发而动全身。"[①] 因而，探究"公"范畴的内涵及其发展历程对于研究中国伦理思想有重要意义。"公"观念不仅对中国古代社会产生了重要影响，即便在当今社会，"公"观念也没有褪色，反而显示出强大的生命力，获得了新的生长点。"公天下"的理念是中国社会的崇高理想，早在先秦时期"公天下"的观念就已经萌芽，比如《慎子·威德》写道："故立天子以为天下，非立天下以为天子也；立国君以为国，非

---

① 刘畅：《中国公私观念研究综述》，《南开学报》（哲社版）2003年第4期。

立国以为君也。"慎子的意思很明白,那就是立君为公,应该以天下为公。这一思想和明末清初思想家王夫之的"不以天下私一人"具有异曲同工之妙。"公天下"的理想被后世思想家不断提及,《礼记·礼运》描绘的那个"天下为公"的大同世界是对"公天下"的最好诠释。唐太宗所说:"故知君人者,以天下为公,无私于物。"[①] 柳宗元认为秦设郡县乃是公天下的行为:"然而公天下之端,自秦始。"[②] 顾炎武强调"合天下之私以成天下之公";王夫之反对"家天下",主张"公天下",认为"天下非一姓之私",应"不以天下私一人"。近代以来,"天下为公"的思想仍然备受推崇,众所周知,"天下为公"是孙中山先生毕生奋斗的最高理想。尽管这些关于"公天下"或"天下为公"的思想论述的角度和具体内涵有差异,但是毫无疑问都表达了对"公天下"的向往。既然公私问题如此重要,历代思想家自然非常重视,几乎历史上重要的思想家都对公私问题发表过自己的看法。也正因为公私问题在漫长的历史中不断被探讨辨析,所以"公"观念的内涵也随着时代发展不断被赋予新的内容,呈现出历史演变的阶段性。可以说,我国社会思想的发展史,就是公私关系的历史,是公、私观念产生、发展、嬗变及辨别的过程。"公"观念的发展大致经历了形成、发展、激荡、转型等几个时期。邓小平继承并发展了马克思主义公私观。为了适应中国国情和时代要求,邓小平突破传统,对公私问题进行了深入思考,开创性地提出了共同富裕的思想。他指出:"社会主义的本质就是解放生产力,发展生产力,消灭剥削,消除两极分化,最终达到共同富裕。"[③] 但是在此过程中又不可能平均发展,所以要一部

---

① (唐)吴兢:《贞观政要·公平第十六》,裴汝诚等译注《贞观政要译注》,上海古籍出版社2007年版,第154页。
② 《封建论》,载《柳河东全集》,中国书店1991年版,第34页。
③ 《邓小平文选》第3卷,人民出版社1993年版,第373页。

分人先富起来，以先富带动后富，他还强调在这一过程中要兼顾公平与效率。江泽民、胡锦涛等对"公"观念也有很多论述。江泽民在继承邓小平的经济共同富裕的基础上，开创性地提出了精神层面的共同富裕。进入21世纪以来，公观念又有进一步的发展，特别是和谐社会思想的提出是对传统公观念的一大突破。党的十六届六中全会提出要"按照民主法治、公平正义、诚信友爱、充满活力、安定有序、人与自然和谐相处"①的原则来建设社会主义和谐社会，民主原则的提出体现了以民为本的思想，"公平正义"则体现了对公平的追求，这标志着从原来注重效率逐渐向注重公平的重大转向，是对"公"思想的又一个重大突破。

到此，《中华伦理范畴》已经相继出版了19个德目，它们之间既是相对独立的，又是紧密联系的，构成一个完整的体系。为了共同的目标，每一卷的作者都勤勤恳恳、呕心沥血，付出了艰辛的劳动，在此谨向他们致以深深的谢意！

正当《中华伦理范畴》第二函杀青之际，世界陷入了次贷危机的泥沼之中。次贷危机，其实是一场信誉危机，本质上仍是伦理道德的危机。惊恐之中，重温1988年1月诺贝尔物理奖获得者、瑞典科学家汉内斯·阿尔文的"人类要生存下去，就应该回到25个世纪前，去汲取孔子的智慧"的演讲和镌刻在联合国大厅里的孔老夫子的"己所不欲，勿施于人"、"己欲立而立人，己欲达而达人"的教诲，应该给人们一些启迪吧！

《中华伦理范畴》总结的是中华民族千百年来所继承和弘扬的做人的大道理。它是每一个想做君子而不想做小人的人的道德约束和修养圭臬。伦理道德虽然并称，但道德主要是每个人内心

---

① 《中共中央关于构建社会主义和谐社会若干重大问题的决定》，人民出版社2006年版，第5页。

的活动，而伦理有为全社会的人规范行为的作用。因此，普及中华民族优秀伦理，对于全社会成员的道德自律既具有普遍的指导作用，又具有某种意义上的他律作用。有自律和他律两个方面的保障，国人的素质才会提高。

让我们每个人都明白做人的道理，用中华民族优秀的传统伦理去规范一言一行，努力去做一个道德高尚的人。每个人都从身边的小事做起，从自身做起；多做善事，少做乃至不做恶事。

愿我们共勉。

戊子隆冬于曲园寒舍

目 录

前言 ……………………………………………………（ 1 ）
第一章 节操观念的理论依据 ……………………………（ 1 ）
　第一节 西周时期与节操有关的道德思想的产生 ……（ 1 ）
　　一 道德观念出现的历史条件 ………………………（ 1 ）
　　二 "修德配命"以使道德自觉 ……………………（ 3 ）
　　三 "敬德保民"以实行德治主义 …………………（ 5 ）
　第二节 春秋战国时期与节操有关的道德思想 ………（ 7 ）
　　一 春秋道德观念的变化 ……………………………（ 7 ）
　　二 孔子的"仁"构成了节操观念的核心 …………（15）
　　三 孟子的四德说和性善论扩大了节操观的内涵 …（36）
　　四 荀子的人性论构成节操观礼法规范内容 ………（46）
　　五 墨子的"兼爱"和"义利"观为节操理论
　　　　作了补充 …………………………………………（51）
　第三节 两汉时期与节操有关的道德思想 ……………（55）
　　一 董仲舒的道德思想使节操观更适于大一统的
　　　　需要 ………………………………………………（55）
　　二 西汉中期至东汉末年"三纲五常"道德观的确立 …（59）
　第四节 魏晋南北朝隋唐时期与节操有关的
　　　　道德思想 …………………………………………（60）
　　一 魏晋玄学强调节操观的自然性 …………………（60）
　　二 隋唐时期三教融合推动了节操观世化的发展 …（64）

1

第五节　宋元明清时期与节操有关的道德思想 ……… （65）
　　一　两宋理学完善了节操观的修养思想 …………… （65）
　　二　明清"知行合一"与强调个性对节操观的
　　　　影响 ……………………………………………… （76）
　　三　近代道德思想的演变与节操观的完善 ………… （83）

第二章　节操观念的内涵 ……………………………… （85）
　第一节　节操与仁义 ………………………………… （85）
　　一　节操与以人为本 ……………………………… （85）
　　二　节操与遵守社会规范 ………………………… （91）
　　三　节操与理想人格 ……………………………… （93）
　第二节　节操与信义 ………………………………… （98）
　　一　节操与诚信 …………………………………… （98）
　　二　节操与社会责任感 …………………………… （101）
　第三节　节操与忠义 ………………………………… （103）
　　一　节操与"杀身成仁"、"舍生取义"观 ……… （103）
　　二　节操与大丈夫气概 …………………………… （114）
　第四节　节操与廉耻 ………………………………… （117）
　　一　节操与廉洁 …………………………………… （117）
　　二　节操与知耻 …………………………………… （121）

第三章　节操观念的贯穿古今 ………………………… （129）
　第一节　各为其主的先秦时期 ……………………… （129）
　　一　晏婴 …………………………………………… （129）
　　二　蔺相如 ………………………………………… （131）
　第二节　彰显大一统豪情的两汉时期 ……………… （133）
　　一　汲黯 …………………………………………… （133）
　　二　苏武 …………………………………………… （135）
　　三　盖宽饶 ………………………………………… （138）
　　四　鲍宣 …………………………………………… （140）

五　董宣 …………………………………………（141）

六　第五伦 ………………………………………（143）

七　班超 …………………………………………（144）

八　杨震 …………………………………………（146）

九　张纲 …………………………………………（148）

十　李膺 …………………………………………（150）

十一　陈蕃 ………………………………………（152）

十二　李固 ………………………………………（155）

十三　范滂 ………………………………………（156）

第三节　天下纷扰的魏晋南北朝时期 ……………（158）

一　诸葛亮 ………………………………………（158）

二　刘毅 …………………………………………（161）

三　祖逖 …………………………………………（163）

四　吴隐之 ………………………………………（165）

五　王猛 …………………………………………（167）

六　高允 …………………………………………（169）

七　苏琼 …………………………………………（171）

八　裴侠 …………………………………………（172）

九　辛公义 ………………………………………（173）

第四节　显露繁盛气象的隋唐时期 ………………（175）

一　魏征 …………………………………………（175）

二　狄仁杰 ………………………………………（179）

三　徐有功 ………………………………………（181）

四　宋璟 …………………………………………（182）

五　韩休 …………………………………………（184）

六　张巡 …………………………………………（185）

七　颜真卿 ………………………………………（188）

八　郭子仪 ………………………………………（190）

3

九　裴度 …………………………………………… (193)
第五节　南北对峙而归于一统的宋辽金元时期 ……… (194)
　　一　曹彬 …………………………………………… (194)
　　二　李沆 …………………………………………… (195)
　　三　吕蒙正 ………………………………………… (196)
　　四　杨业 …………………………………………… (198)
　　五　陈希亮 ………………………………………… (199)
　　六　杜衍 …………………………………………… (200)
　　七　包拯 …………………………………………… (201)
　　八　范仲淹 ………………………………………… (204)
　　九　欧阳修 ………………………………………… (209)
　　十　王安石 ………………………………………… (211)
　　十一　宗泽 ………………………………………… (212)
　　十二　陈东 ………………………………………… (214)
　　十三　赵立 ………………………………………… (215)
　　十四　岳飞 ………………………………………… (217)
　　十五　虞允文 ……………………………………… (222)
　　十六　辛弃疾 ……………………………………… (224)
　　十七　文天祥 ……………………………………… (224)
第六节　夕阳黄昏的明清时期 ………………………… (226)
　　一　于谦 …………………………………………… (226)
　　二　薛瑄 …………………………………………… (229)
　　三　王恕 …………………………………………… (231)
　　四　刘大夏 ………………………………………… (232)
　　五　沈錬 …………………………………………… (234)
　　六　杨继盛 ………………………………………… (234)
　　七　海瑞 …………………………………………… (235)
　　八　周顺昌 ………………………………………… (239)

九　郑成功 ……………………………………（241）
　　十　阎应元 ……………………………………（244）
　　十一　于成龙 …………………………………（245）
　　十二　林则徐 …………………………………（247）
　　十三　关天培 …………………………………（250）
　　十四　谭嗣同 …………………………………（252）
　　十五　秋瑾 ……………………………………（254）
第四章　守节与失节、矛盾与困惑 ………………（258）
　第一节　义与利、荣与辱 …………………………（258）
　　一　道义与欲望的定位 …………………………（258）
　　二　善恶、荣辱的价值取向 ……………………（261）
　第二节　人格的关键作用 …………………………（265）
　　一　家庭与社会环境的影响 ……………………（265）
　　二　人格的差异 …………………………………（269）
第五章　节操观念的现代意义 ………………………（273）
　第一节　节操观念的现代诠释 ……………………（273）
　　一　伦理化的中国传统法律 ……………………（273）
　　二　中西伦理和法律思想比较 …………………（277）
　　三　节操观念的现代诠释 ………………………（282）
　第二节　节操观念在现代的培养与发扬 …………（287）
　　一　节操观念的制度化和规范化 ………………（287）
　　二　节操观念在现代社会的作用 ………………（289）
　　三　节操观念的历史地位 ………………………（291）
主要参考文献 …………………………………………（293）

5

前　言

　　所谓节操包含气节和操守两方面的内容。关于"节"的含义，据《辞海》（上海辞书出版社1979年缩印本）第552页解释：节是植物茎上着生叶与分枝的部分，有些植物的节略为膨大，较为明显，如竹、甘蔗等；节起了一个连接和加固的作用，关节明显的植物较为坚韧，不易折断。《易·序卦》曰："其于木也，为坚多节。"指的就是这个意思。动物的骨骼衔接处也叫节，功能和植物相同。由于节的特殊作用，在社会生活中逐渐被用来形容人的坚忍不拔、英勇不屈的优秀品格，如气节、节操、高风亮节等；如左思《咏史》诗云："功成耻受赏，高节卓不群。"高尚的节操观念就直接反映了某人所具有的精神力量和道德品质，从而被社会所肯定，被史籍所褒扬。节操观念作为一种思想意识应该是在秦统一以后才正式出现。先秦时期一些为国君、宗主效命的狭隘思想如殉君、死节、侠义等逐渐被大一统后的民族主义、爱国主义以及遵纪守法等思想所代替，气节、节操也就变成一种坚持正义、英勇不屈、洁身自好、品行端正的代名词。在儒学被定为一尊并成为中华主流文化后，在儒学的影响下，节操观念日益发展和完善，终于成为传统伦理范畴之一。（本书不论述妇女贞节问题）

　　节操观念虽然是伦理范畴之一，但考诸史籍，孔子、孟子、荀子等儒学创立者均未直接提到"节"，两汉至隋唐各儒学大师也很少涉及，只有北宋理学家程颐开始论述"节"，但却是从贞

1

节的角度,所谓"饿死事小,失节事大"。经过宋元理学家的提倡,明清时期贞节观日益浓烈,贞节(贞操)成为束缚妇女的精神枷锁,而直接论述气节、节操的却很少。因此,节操观念作为伦理范畴之一,虽然形成一种社会共识和志士仁人遵守的道德,但并没有形成一个独立的理论体系,只散见于史籍中的一些名人记载,如苏武:"屈节辱命,虽生,何面目归汉!"(《汉书·苏建传附苏武传》)颜真卿:"吾守吾节,死而后已"(《旧唐书·颜真卿传》);韩愈:"士穷乃见节义"(《柳子厚墓志铭》);刘禹锡:"烈士之所以异以恒人,以其仗节以配谊也"(《上杜司徒书》);苏轼:"豪杰之士,必有过人之节"(《留侯论》);欧阳修:"廉耻,士君子之大节"(《廉耻说》);文天祥:"时穷节乃见,一一垂丹青"(《正气歌》)。所以包含有仁、义、忠、信、廉、耻等多种内容的节操观念是一个综合性很强的范畴,我们只有从与之有关的伦理范畴中去分析、论证,才能窥其全貌。

第一章 节操观念的理论依据

第一节 西周时期与节操有关的道德思想的产生

一 道德观念出现的历史条件

中国传统伦理思想包括仁、义、礼、智、信、忠、孝、中、和、节操等。这些伦理范畴凝聚着中华民族思想意识的精华,是中国传统文化最重要的组成部分。这种影响深远的伦理思想是在人类进入文明社会以后才逐渐形成的。在原始氏族社会时期,由于生产力的低下和物质财富的匮乏,人们崇尚"天下为公,选贤与能"与平等互助,"讲信修睦"等朴素道德风尚,以适应原始共产主义的生产方式。因此人们的道德生活仅仅是一种自发的传统习惯,并不具有自觉的道德意识,诸如氏族成员要维护本集团的利益,不能背叛自己的血缘家族,干好自己分内的工作等。这种自然习惯和人类天性以后逐渐发展成为中国古代重要的伦理思想。

原始社会末期,随着私有制的产生和阶级的分化,中国社会开始迈入文明社会的门槛。但是由于洪水泛滥和部落联盟之间的战争,没等到阶级对抗的加剧和社会大分工的出现以摧毁氏族血缘家族,而是提前形成以宗法血缘为纽带的父家长制的城堡国家。[1] 如此不但对中国古代的经济结构和传统经济的走向形成重

---

[1] 齐涛主编:《中国古代经济史》绪论,山东大学出版社1999年版,第18—19页。

要影响，而且左右了中国古代伦理思想的发展进程。

夏、商是中国早期的奴隶制国家，历史资料的缺乏使人们认为"殷俗尚鬼"，鬼神崇拜主宰着殷人的政治生活和精神生活。他们"尊神"、"事神"、"先鬼而后礼"（《礼记·表记》），从而压抑了对"人道"的自觉，虽然或有对道德的某些零碎、粗浅的认识，却不可能创造出有理论、成体系的伦理思想。① 除此之外，夏商时期松散的邦联式统治，中央王畿与众多方国缺乏统一的政治经济联系，也是其有体系伦理思想未能产生的重要原因。夏朝是中国第一个奴隶制国家，但始终是一个城邦联盟，夏后氏与同姓及异姓族邦是各自独立的，夏朝仅仅是这个联盟较为稳定的盟主。商代开始有了以王都为中心伸展出去的国土，即王畿，号称"邦畿千里"，这是商朝直接统治区域，内有众多子族政权和臣族政权，周围则有大量的族邦。这些族邦有的和商王同姓，而更多的则是异姓。他们或是商王分封出去的，或是原来就有的，与商王的关系则是大多友好、少数敌对或关系时好时坏。无论是何种关系，它们都是相对独立的族邦，商王对它们来说只是天下之共主而已。这种关系使得商朝统治者很难将其思想意识统一起来。

西周灭商后，建立了以宗周和成周为王畿的统治中心，然后向四方大规模封邦建国，分封诸侯，其中大部分为周之同姓，另外有少部分姜、姒等异姓夹杂其间，周王又与之结成婚姻同盟关系，则同姓为叔伯、异姓为甥舅。按"授民授疆土"获得土地和人口的诸侯再按嫡庶关系层层分封，从而形成天子、诸侯、卿大夫、士多级宗法关系。这种社会结构与以血缘为纽带的氏族遗制相结合为特点而建立的典型宗法等级制度，具有两大明显特

---

① 参见朱贻庭主编《中国传统伦理思想史》，华东师范大学出版社1989年版，第1—2页。

点：一是生产资料所有制的王有形式，即所谓"溥天之下，莫非王土；率土之滨，莫非王臣"(《诗·小雅·北山》)。奴隶主贵族的土地国有，禁止买卖。二是奴隶的血缘族团性质，即被征服的部落以种族奴隶的形式臣服，从而保有自己的家室和土地。西周比商代更大的王畿和分邦建国以及与异姓诸侯的联姻，使得西周族邦联合体更加巩固。在这个氏族群体和个体之间森严的等级体制中，个人的地位仅仅体现在对公共土地财产的占有上，而毫无独立性可言。这种个体对集体的绝对依附关系，使得个人长期难以割断其与血缘共同体的纽带，从而在经济乃至意识上缺乏独立性，这是西周等级宗法制的又一特点。

西周宗法等级制度的严密和中央王权统治的加强，使周人产生了为维护和巩固这一制度的宗法道德规范和伦理思想，诸如立宗子、固大宗、别嫡庶、定继统、正尊卑、分贵贱、序世系、敬祖宗等。而殷纣亡国的教训给西周统治者以强烈震动，激发周公旦等政治家、思想家对社会道德生活的自觉意识，促使他们从"殷鉴"中吸取教训，从而导致西周伦理思想的创立和诞生。

二 "修德配命"以使道德自觉

关于殷商卜辞"德"字的意义，许多专家认为与"伐"字相通，就是征伐的结果。所以"德"又与"得"相通，是指得到或占有奴隶及财富之义。于是"有德"也就成了奴隶主贵族的一种美德，而获得了道德意义。[①]《盘庚》中的"无有远迩，用罪伐厥死，用德彰厥善"就证明殷商奴隶主把获得和占有奴隶及财富的各种手段、才能、品德赋予"善"(美德)的价值。

---

① 参见《中国哲学》第八辑《殷周奴隶主阶级"德"的观念》，三联书店1982年版。

因此商纣王声称"我生不有命在天"(《尚书·西伯戡黎》)。即自己是天命的直接继承者,在上天的意旨下可以掌握权力,坐享其成,对上天仅以庄严隆重的祭祀作为回报。而民众对他们的付出和服从也是一种上天的意旨,是必须和无条件遵守的。虽然殷人的"德"与道德范畴相距尚远,但商代的一些贤明之士还是初步将"德"(得)纳入一种道德规范,如祖己说,"民有不若德,不听罪,天即乎命正厥德"(《尚书·高宗肜日》)。意即上天会纠正某些人的不良品德。祖伊也说,"惟王淫戏,用自绝,故天弃我"。(《尚书·西伯戡黎》)意即由于商王荒淫无度,招致上天抛弃商人。"他们的言论就意味着,上天并非无条件把权力交给商王,如果不是具备道德的行为,有人格神地位的上天就要出来干预,甚至从商王手中剥夺以前所赋予的统治权。这是商代开明人士开始意识到道德的作用:只有在人间实行道德行为,上天才会把权力交给商王。也就是说,不但应管束他人,也应来管束统治者自己。这是商人在中国历史上,把道德的依据归于上天的最初尝试。"①

到了西周时期,仍然将获得和占有奴隶及财富称为"德",所谓"既阻我德,贾用不售"(《诗·邶风·谷风》),"有孚,惠我德。"(《易·益九五》)前一德字指获得财富,后一德字指获得俘虏。同样,周人将获得土地、民众的方法、才能、品德等也称为"德"。和殷人不同,周人认为统治民众的权力并非直接从天接受,而是有了"德"才能永保天命,因此周人提出了"修德配命"的思想,"德"就此获得了道德的意义。正如郭沫若所说:"周人的'德'不仅包含着正心修身的工夫,并且还包含有治国平天下的作用。便是王者要努力于人事,不使丧乱有缝

---

① 邓思平:《经验主义的孔子道德思想及其历史演变》,巴蜀书社2000年版,第28页。

隙可乘；天下不生乱子，王命也就时常保存着了。"① 为此周人就要"修德"、"敬德"，所谓"无念尔祖，聿修厥德，永言配命，自求多福"（《诗·大雅·文王》）。"惟王其疾敬德，王其德之用，祈天永命。"（《尚书·召诰》）"修德"、"敬德"是获得"天命"、国祚的人为根据。周人认为殷人正是因为"惟不敬厥德，乃早坠厥命"。（同上书）因而周人可以推翻殷商，取而代之，所谓"非我小周敢弋殷命，惟天不畀"。（同上书）殷人的丧失天命，说明"命不于常"（《尚书·康诰》），天命不是固定不变的，只是根据地上的帝王能否"修德"、"敬德"而转移的。周人夺权的借口说明他们对道德有了新的认识，这种认识虽然在殷商即有，但只是少数开明人士的非官方观点，而周代几乎整个统治阶层都意识到道德的巨大政治作用；这种人事对天命的主动反映了周人对人类道德生活的某种自觉。

三 "敬德保民"以实行德治主义

周人认为殷纣亡国是由于"不知稼穑之艰难，不闻小人之劳，惟耽乐之从"（《尚书·无逸》）；"俾暴虐于百姓，以奸宄于商邑。"（《尚书·牧誓》）最后造成众叛亲离，国灭身亡。周人从这一认识中进一步得到了"敬德保民"的思想。正所谓周人"其所以祈天永命者，乃在德与民二字……文武周公所以治天下之精义大法胥在于此。"（王国维：《殷周制度论》）从"修德配命"到"敬德保民"，周人的思想有了很大的深化和发展。这种把天命与民众直接联系起来的认识对以后民本思想和仁爱观念的出现产生了巨大的影响。因此周公深有体会地告诫说："小人难保，往尽乃心，无康好逸豫，乃其义（治）民。"（《尚书·

---

① 郭沫若：《先秦天道观之进展》，载《青铜时代》，科学出版社1957年版，第22页。

康诰》)"皇天既付中国民越疆土于先王,肆王惟德用,和怿先后迷民。用怿先王受命。已!若兹监。""欲至于万年,惟王子子孙孙永保民"(《尚书·梓材》)。这些话的意思是说,民众是难以保存的,只有尽心尽力,戒禁奢俗,才能保民治民。上天既然把中国的民众疆土托给先王,现在国王只有实行德政,殷民才会诚心臣服于我们的统治。先王所受的天命才会久远地保持下来。要使我们的统治千秋万代,只有让王的子孙后代永远保有并治理好民众。周人所提倡的"敬德"、"修德",只是对王者的要求,所谓"先哲王德"、"大德"、"元德"、"文祖德",这是美德方面,恶德则有"桀德"、"受(纣)德"、"暴德"等,因此主要指君德、政德。这"显然带有浓厚的贵族色彩,与后来(如儒家)的'德'比较,不具有社会的普遍性。但是,他们对于君德作用的认识,无疑地已经具备了后来儒家所主张的意义,即具备了后来儒家所主张的'德治主义'的雏形"。[①]

这种"敬德"主要包括对祖、对己、对民三方面。对祖和上天要"明德恤祀"(《尚书·多士》),即谨慎地祭祀先祖和上天,严格遵守祭祀的仪式礼节并要有恭敬之心。对己要注重自身的品德修养。周公告诫康叔(封)说:"呜呼!封,敬哉!无作怨,勿用非谋非彝,蔽时忱。丕则敏德,用康乃心,顾乃德,远乃猷裕。乃以民宁,不汝瑕殄。"(《尚书·康诰》)周公强调治国要谨慎而不要存有怨恨情绪,不要采用不合国家大法的政策和措施,从而隐蔽了自己的诚心。要修养品德,安定心思,检验德行,深谋远虑,使民众安心康宁,如此就不会因过错被推翻。这些修养虽然主要是要求统治者的,是原始氏族社会氏族首领以其道德权威统一全氏族成员意志和行动力量的宗法制形式遗留,但

[①] 朱贻庭:《中国传统伦理思想史》,华东师范大学出版社1989年版,第15页。

毕竟对道德作用的认识有了更深层的发展；这种对自身品德修养的要求逐渐由王德、君德向王位以下的统治者过渡，使他们也具有王者的品德，从而形成一种统摄全社会的伦理思想，后来的儒家伦理思想即是这种君德在社会上的扩大和在内容上的完善总结。第三对民要实行德政，即所谓"惠民"。一方面对无依无靠的鳏寡小民要爱护照料，对被征服的殷民"毋庸杀之"，宽大为怀，缓和阶级矛盾以勿使民怨；另一方面则是德教，通过"训告"、"教诲"使民众甘心接受统治。从周初周天子对顽民的"诰命"中可以看出，除用"敬德配命"以证明周灭殷的合理性之外，还用宗法道德规范诸如父尊、子孝、兄友、弟恭等训教，将普通民众纳入周人的道德规范。而且还要"明德慎罚"，在镇压的同时要刑罚慎重，量刑适当，考虑犯罪动机和悔过态度，以做到"义刑义杀"。周人关于敬德的三个方面和治民的三条政德，对后世产生了深远的影响，成为后来儒家德治主义的思想来源。同时，强调君王自身品德修养的"君德"，也逐渐演化成社会上层必须具备的一种品德，从而为以后伦理思想的出现提供了历史前提。

第二节　春秋战国时期与节操有关的道德思想

一、春秋道德观念的变化

春秋时期是中国古代社会发生重大变革的时期。夏、商、周三代是以一个统治族属为核心的族邦联合体，以王畿为中心控制周边各方国，实行血缘宗法式的层层分封，这其中以西周模式最为典型。各诸侯方国在这种对天子具有纳贡出兵等义务之下，在封国中却是土地民众的实际统治者。这种情况随着平王东迁、周天子实力削弱而日益发展变化，王畿由春秋初年的六百里逐渐被蚕食，势力范围还不如一个诸侯方国，实力的变化造成周天子天下共主地位的丧失。于是伴随着天子土地的被侵夺、肩膀被射伤，是各诸侯激烈的争霸斗争。与此同时，春秋时期铁器牛耕的使用，社会生产力的发展，使得封建土地私有制出现和发展起来，由此产生了一批新兴的封建地主和农民阶层。而周天子权威的打破，"工商食官"制度的瓦解，山林川泽的开禁，私营工商业大为发展，出现了一批富比王侯、与之抗礼的私营工商业阶层。这些新兴社会阶层和暴动起义的国人奴隶们一起动摇了王有制的奴隶制基础。

为了适应这种社会变化，各诸侯国纷纷调整政策，如在经济上实行"相地而衰征"、"作爱田"、"初税亩"，打破公田私土的界限，以增加赋税收入；开放边界，鼓励商贸。在政治上论功行赏，招纳贤才，扩充势力。因而出现父子相篡、兄弟相残、诸侯争霸、灭国绝嗣、"礼崩乐坏"、天下大乱的局面，由社会经济制度的变革而导致政治领域的混乱，给当时的社会思想认识以巨大冲击，从而促成社会道德生活和伦理思想观念的深刻变化。但是由于这种变化是一个相对缓慢的过程，因而呈现了一种过渡的特点，即新的观念和思想虽然产生，却零碎而不成系统，并且包含在旧的伦理思想中，故而新旧杂糅，相互更替，显示了其思想观念的复杂性。

西周宗法等级制度虽然逐渐解体，但旧的宗法道德仍在当时的道德生活中占据正统地位，如卫国大夫石碏提倡的"君义、臣行、父慈、子孝、兄爱、弟敬"六顺（《左传·隐公三年》），晏婴尊奉的"君令而不违，臣共而不贰，父慈而教，子孝而箴，兄爱而友，弟敬而顺，夫和而义，妻柔而正，姑慈而从，妇听而婉"的善礼（《左传·昭公二十六年》）。由于王道衰微，诸侯争霸，诸侯与周王的君臣观念淡漠而诸侯国的君臣关系日益突出，因而旧的君臣观念发生了演变。

第一，是将对天子的忠变为对诸侯"社稷"（国家）和国君

"公室"的忠，所谓"将死不忘卫社稷，可不谓忠乎！忠，民之望也。"(《左传·襄公十四年》)在忠君与忠国之间，认识到社稷利益高于国君利益，忠君应服从于忠国，当二者不可兼顾时，只能先国而后君。晏婴在齐庄公被崔杼杀死后说："故君为社稷死，则死之。为社稷亡，则亡之。若为己死而为己亡，非其私昵，谁敢任之？"(《左传·襄公二十五年》)齐庄公因私怨被杀，晏婴因而拒绝殉君、逃亡和归家。这种思想进而发展为如果君有过错并损害了社稷，臣可杀之逐之。如晋厉公被杀，鲁大夫里革认为"君之过也，夫君人者，其威大矣。失威而至于杀，其过多矣。且夫君也者，将牧民而正其邪者也。若君纵私回而弃民事，……将安用之？桀奔南巢纣踣于京，厉流于彘，幽灭于戏，皆是术也。"(《国语·鲁语上》)这种忠君高于忠国的思想并未成为当时社会普遍遵守的观念，到秦汉以后，随着君主集权制度的确立和强化，"朕即国家"，忠君包含了忠国，忠君与忠国自此被牢固地合为一体。

第二，是孝的道德规范的变化。孝的观念起源于父系氏族社会阶段，随着私有财产的出现和子女继承问题，一夫一妻制也逐渐得到确认，子女既然可以继承其父的财产，因而对其父亦有奉养、服从的义务。这就是父权制下出现的传统习惯。以后随着宗法等级制的建立，"孝"的观念得到进一步完善和强化并与政治相结合，成为维系奴隶主贵族内部团结和统治地位的重要工具。西周文献中普遍存在着"孝"字，而殷代卜辞中仅有一处，可以看出西周对孝的观念的提倡和对孝的道德作用的认识明显超过前代。总结周人对"孝"的规定，主要有两方面内容。一是奉送、尊敬父母。所谓"纯其艺黍稷，奔走事厥考厥长。肇牵车牛，远服贾，用孝养厥父母。"(《尚书·酒诰》)即尽力农作，为父兄奔走效力。农闲时牵牛赶车做些买卖，以此孝敬奉送父母。这是具有社会普遍意义的"孝"。二是祭祀祖先。周武王祭祀文王时作赋曰:"相维辟公,天子穆穆,于荐广牡,相予肆祀。假哉皇考,绥予孝子。"(《诗·周颂·雍》)武王自称"孝子",用祭祀追孝来表达孝心,并以此显示嗣承先王统治地位的权力。这种仪式只有宗法系统中的嫡长如周天子、诸侯及宗子才可以使用,因为他们既然有继承君位和宗子位的资格和权利,也必然有维护君位和宗位于不绝并追孝先祖、祭祀先祖的义务。春秋时期"礼崩乐坏"、天下大乱、臣篡君权、子弑其父现象层出不穷;由于血缘宗法制度,父子关系兼是君臣关系,因此"孝"的道德要求又与"忠君"相结合,使孝从属于、服从于忠君。如晋太子申生对于其父晋献公废嫡立庶说:"受命不迁为敬,敬顺所安为孝;弃命不敬,作令不孝,又何图焉?……孝、敬、忠、贞,父之安所也。弃安而图,远于孝矣,吾其止也。"(《国语·晋语一》)申生终于以孝为安父的最高道德,听从父命自杀而死。郑庄公克段于鄢,将偏爱己弟的母亲姜氏放逐城颍,誓不相见。经过颍考叔的巧妙劝说,在隧道中母子相见,和好如初,《左语·隐公元年》赞曰:"颍考叔,纯孝也,爱其母,施及庄公。诗曰:孝子不匮,永锡尔类。其是之谓乎!"这里的"孝"包含了社会的全体成员,具有普遍意义。

第三,是"仁"的道德范畴的提出。从字面上看仁字从人从二,指人与人之间相依相耦,独此无耦,耦则无亲。因此仁实际上是最早的人际关系,也就是人生下来首先遇到的父母、兄弟姐妹关系。处于亲人的爱抚之中,自然产生对亲人的深深依恋和亲情,所以家庭中的亲爱是人最早形式的爱心。到了春秋时期,仁所适用的范围已相当广泛,包括了各种具体的以宗法血缘道德为主的行为规范。例如"仁"表现在父子关系上,就是"爱亲",即是"孝"。《国语·晋语一》明确提出"爱亲之谓仁",《左传·成公九年》也说:"不背本,仁也。""本"指父祖之亲,不背本正是"孝"的最基本要求。"仁"体现在臣对君的关系就是"不怨君",忠于君。晋太子申生面临被废的危险,有人劝申生逃命,他却以"仁不怨君","逃死而怨君,不仁"而拒绝(《国语·晋语二》)。弑君篡位是最大不仁,晋大夫韩献子反对参与栾武子的谋弑晋厉公行动,认为"弑君以求威,非吾所能为也。威行为不仁。"(《国语·晋语六》)弑君篡位"不仁",让国则为仁。宋桓公患病,太子慈父(后为宋襄公)建议说:"目夷(即子鱼,慈父庶兄)长且仁,君其立之。"宋桓公要立子鱼,他辞让道:"能以国让,仁孰大焉!臣不及也,且又不顺"(《左传·僖公八年》)。遂避让而走。"仁"还体现在处理国与国之间的关系上。如鲁季康子欲伐小国邾,子服景伯劝说道:"小所以事大,信也;大所以保小,仁也。背大国不信,伐小国不仁。民保于城,城保于德,失二德者,危将焉保?"(《左传·襄公七年》)秦国岁饥,派人乞籴于晋国,晋乘机要挟,晋大夫庆郑认为,"背施无亲,幸灾不仁,贪爱不祥,怒怜不义,四德皆失,何以守国?"(《左传·僖公十四年》)此外,"仁"还有其他含义,如"恤民为德,正直为正,正曲为直,参和为仁"。(《左传·襄公七年》)总之,"仁"是人与人之间关系的一种伦理原则,其基本规定即为"爱人",所谓"爱人能仁"就是"仁"道德规范的理论总结。"仁"从"爱亲"到"爱人",从具体到抽象,从个别到一般,春秋时期人们的伦理思想有了一个新的提高和升华,为孔子"仁学"思想的产生提供了历史条件。

第四,是"义利之辨"的产生。春秋时期,随着铁器牛耕的使用,公田之外的大批荒地得以开垦,诸侯卿大夫由此获得大量私田。同时,通过激烈的"夺田"斗争,许多王田也变成了私产。另外随着"工商食官"政策的逐渐瓦解和山林川泽封禁的打破,私有工商业经济日渐活跃和发展,出现了一批富商大贾和工商业主。这些都汇合成一股与奴隶制国有经济极为不同的私

11

有经济势力。这种私有经济的膨胀极大地激发了人们追求土地财富和政治权力的欲望。实际上自私有制产生以来，人类的贪欲和权欲就成为历史发展的杠杆，无论是奴隶制的建立还是其他剥削制度的建立，都是如此。春秋时期人们的"蕴利"之心驱使着他们做出种种有悖"周礼"的逆行，诸如僭越、犯上、弑君、篡位等，造成"礼崩乐坏"，天下大乱。在道德意识领域则相应地产生了"事利而已"的思潮，支配着人们去冲破旧宗法道德观念的束缚。像公元前546年宋国再次约晋楚"弭兵"，两国争战多年，毫无诚义，故而楚人暗中裏甲，以图谋取代晋国的盟主地位。伯州犁指责楚人"不信"，让其释甲。楚令尹理直气壮地加以拒绝，他说："晋楚无信久矣，事利而已，苟得志焉，焉用有信？"（《左传·襄公二十七年》）史家常说春秋无义战，即是指此。各诸侯国本来都是乘周室衰微，利用战争扩大土地、人民和财富，根本无所谓仁义信用，因而信义只是残存的旧道德观念而已。新旧社会交替，新旧道德意识也要发生冲突碰撞。有遵守"信义"的，如宋襄公不在敌人半渡时击之，结果惨遭失败。既要争霸，又要守"信"，这种虚伪必然自断前程。所以楚人在"事利而已"观念的支配下，旧的道德观念自然失去其价值而被抛弃。利欲与道德的冲突，引发了绵延两千多年重要伦理思想之争——义利之辨。

春秋时期关于"义"的记载很多，如郑庄公对其弟所居京城地过三百方丈，不合"先王之制"等违礼行为时说："多行不义必自毙。"（《左传·隐公元年》）《左传·文公二年》还说："死而不义，非勇也。"根据《国语·周语下》的说法"义，所以制断事宜也"，也就是说行为或断事适宜于"礼"就是所谓"义"。春秋时期，"义"的这种适宜于"礼"的含义已相当明确，其产生的原因就是因为贪欲日强，"蕴利生孽"，要对利欲进行节制，达到"义节则度"，从而符合礼的道德要求。"义"

反映了春秋时期奴隶主贵族统治的整体利益,"利"是对私有经济利益的概括,则反映了当时新兴势力和私家大夫的个体利益。这样,春秋时期的义利之辨,在形式上是道德和利益之辨,实质上则是"公"、"私"利益之争。其对立的焦点,表现为对"礼"的态度。① 晏婴曾说:"凡有血气皆有争心,故利不可强,思义为愈。义,利之本也,蕴利生孽,姑使无蕴乎,可以滋长。"(《左传·昭公十年》)此外还有一些诸如"夫义者,利之立也;贪者,怨之本也。废义则利不立,厚贪则怨生。"(《国语·晋语二》)"夫义所以生利也……不义则利不阜。"(《国语·周语中》)"居利思义"(《左传·昭公二十八年》)等的议论。这些所谓"思义为愈"、"居利思义"是要求生利必须符合礼的规定,在礼的范围内获取利益,以此限制求利之欲望。正如晏婴所说:"夫富如布帛之有幅焉,为之制度,使无迁也。夫民生厚而有利,于是乎正德以幅之,使无黜嫚,谓之幅利,利过则为败。"(《左传·襄公二十八年》)晏婴限制私有经济的观点,以后被孔子为代表的儒家发扬光大,君子谋义不谋利成为一种正统的思想观点。而新兴势力和私家大夫发展私有经济的"事利"思潮,则在破坏旧道德秩序和礼制的同时,被商鞅、韩非子等法家引向"唯利无义"的权端功利主义。与这两种义利观不同,当时还产生了一种"言义必及利"(《国语·周语下》)的义利观,认为讲义必须与利相联系,具有一定合理性,这种观念后来在墨子的思想中得到了系统的发挥。

第五,是天道观的离异和对鬼神迷信的认识。根据《左传·僖公十六年》记载,宋国曾经有陨石落下、六鹢退飞现象,宋襄公问曰:"是何祥也?吉凶焉在?"周内史叔兴曰:"是阴阳

---

① 朱贻庭:《中国传统伦理思想史》,华东师范大学出版社1989年版,第35页。

之事，非吉凶所生也。吉凶由人。"又《左传·昭公二十六年》记载："齐有慧星，齐侯使禳之。晏子曰：无益也，祇取诬焉。天道不谄，不贰其命，若之何禳之？……若德之秽，禳之何损？"这种态度说明当时的人们已开始抛弃传统灾祥之兆的迷信观念，主张把天道即自然界现象诸如陨星、退鹢、彗星与人间事物明确分开，他们认为自然界与人世间没有因果关系，人事吉凶祥灾完全由人自己决定。子产更进一步说："天道远，人道迩。非所及也，何以知之？"(《左传·昭公十六年》)他认为天道遥不可及，很多事情搞不清楚，而人道现实而近，应重视人道，将人事放在生活的首位。表明了其鲜明的天人相分的态度。另外，商周以来盛行的鬼神迷信也有了削弱。如《左传·桓公六年》记载，随国的季梁说："夫民，神之主也，是以圣王先成民而后致力于神。"即人不能受鬼神的控制，要把维护民人之事放在尊崇鬼神之前，也就是国事之首位。史嚚更进一步说："吾闻之，国将兴，听于民，国将亡，听于神。神，聪明正直而壹者也，依人而行。"(《左传·庄公三十二年》)表明了其以人为主，不受天命鬼神支配的态度。[①]

总之，春秋时期新旧交替的过渡时期特点，造成了当时伦理观念和伦理思想的复杂性、多样性，而随着王道衰微、天道独尊的观念被逐渐离弃，人们的自我意识和自身存在得以萌芽和发现。这种环境就为诸子学派伦理思想的产生提供了丰富的思想资料，一种不同于贵族道德的新型道德即平民道德开始酝酿出现，以此规范新形势下人们的道德行为，协调人际之间的利益关系，以建立、维护社会新秩序。

[①] 参见朱贻庭《中国传统伦理思想史》有关章节，华东师范大学出版社1989年版。

二 孔子的"仁"构成了节操观念的核心

（一）孔子"仁"思想的主要内容

春秋时期的"礼崩乐坏"和"仁"道德观念的提出，为孔子反思礼乐及"仁"思想的形成提供了历史前提。正如黑格尔《哲学史讲演录》导言中所说："哲学开始于一个现实世界的没落"，"精神超出了它的自然形态，超出了它的伦理风俗，它的生命饱满的力量，而过渡到反省和理解。"即哲学诞生于一种曾经繁荣昌盛的社会制度和文化的没落时期，生活在这样时期一些善于思索的人不再为这即将垮坍的大厦效命和修补，而是转而对旧世界进行反思和理解，将旧世界及其文化中仍具生命力、普遍适用的原则精神抽象出来，以备建设新世界之用。这种为儒学和中国哲学诞生所准备的条件主要有两方面。第一，周初由周公主持制定的礼乐在相当长的一段历史时期是有生命力的，这时礼乐如同宗教戒律，只许人们信奉、恪守，不许以理性的态度对其加以反省和理解。如果有人试图以理性的态度对礼乐加以认识，无异于亵渎和冒犯礼乐的神圣性和权威性。所以春秋以前没有人敢于去反思礼乐，甚至没人想到礼乐是一种可以反省和理解的东西。春秋时期的"礼崩乐坏"，破坏了礼乐的权威性和神圣性，使人们能以理性的态度去思考和把握它。第二，春秋以前当礼乐尚未崩坏时，礼乐的精神实质深藏在礼乐的具体规定之中，人们无法也无须看清它，只需按礼乐规范行事即可。春秋时期的"礼崩乐坏"，把礼乐文化的底蕴暴露出来，为人们认识、把握它提供了可能。[①]。

春秋时期宗法等级制度的破坏又为对礼乐反省和理解提供

---

① 参见马振铎《仁·人道——孔子的哲学思想》，中国社会科学出版社1993年版，第30—31页。

了具有独立人格、自由的身体和精通礼乐并能独立思考的士人。本来士是西周末等贵族，其地位在大夫之下、庶人之上，所谓"公食贡，大夫食邑，士食田，庶人食力，工商食官，皂隶食职，官宰食加。"（《国语·晋语四》）他们有分封的土地，享受周礼规定的各种礼数，对公卿大夫等上等级有天然义务，受宗法等级观念的束缚，没有独立的意志和自我价值准则。而春秋时期的"礼崩乐坏"、社会动乱造成宗法等级制的破坏，从社会各等级游离出来的人组成新的社会阶层，他们既有士以上等级沦落者，也有庶人等，他们脱离了所从属的宗族，摆脱了宗法关系的束缚，具有独立的人格身份，靠自己的知识和技能谋生，这就是新的士阶层。在这些新士中，有些擅长礼乐知识，以教人礼乐和给贵族富人治丧相礼为生并被称为"儒"的人，担负起反思礼乐的任务。孔子早年脱离了自己的宗族，生活充满了艰辛和不幸，因此"贫且贱"，但另一方面却是他摆脱了宗法关系的束缚，获得了自由之身。所以孔子的宗法观念比别人要相对淡薄，缺少"家"、"国"观念，所谓"四海之内，皆兄弟也"（《论语·颜渊》），"我待贾者也"。他可以服事任何重用他的人并为之尽心尽力，完全按自己的意志和价值准则去选择所事之人。另外，鲁国是周公之子伯禽的封地，他就封时带去了大量文物典册，而且以礼乐制度对之进行彻底的改造，使礼乐文化在鲁地深深扎根。春秋时期鲁国也发生了"礼崩乐坏"的现象，如季氏"八佾舞于庭"、"旅于泰山"（《论语·八佾》）等僭越犯上事例，但礼乐文化传统的深厚使得周礼在鲁国保存得较为完整，其舞乐之醇美、典籍之完备令来访者赞叹不已，所谓"周礼尽在鲁矣"（《左传·昭公二年》）即是指此。孔子生活在礼乐文化传统如此深厚的国度，从小受礼乐的熏陶，"孔子为儿嬉戏，常陈俎豆，设礼乐。"（《史记·孔子世家》）成人后向郯子学习古代职官制度，问礼于老子，学琴于师襄，好学多问，勤学苦练，从而成为精通礼乐的大师。孔子不仅比当时其他儒士精通礼乐，而且有更远大的志向和追求，"士不可以不弘毅，任重而道远"（《论语·泰伯》）。广博的礼乐知识和对礼乐之道的追求，使孔子成为担负对礼乐进行反思历史任务的人。

如前文所述，孔子之前的春秋时期，"仁"作为道德范畴已经提出，这时的"仁"包括了爱亲、忠君、互助、信义、恤民等，初步总结了人与人之间的伦理关系原则，但尚未形成一种体系，无法成为社会主导的道德规范。孔子经过长期对礼乐知识的积累和体验，感到在礼乐的具体规范之后有着比节文仪式更重要、更深层的东西，这就是所谓礼乐之道。孔子对其追求是非常执著的，所谓"朝闻道，夕死可矣"（《论语·里仁》）。"君子谋道不谋食"、"君子忧道不忧食"（《论语·卫灵公》）。他把达到对礼乐之道的认识作为"君子儒"的主要标志。这个礼乐之道就是"仁"。由于"仁"凝聚了礼乐文化的精髓，因而具有相当丰富的内涵，其主要有如下内容：

第一，由爱亲到爱人。"爱亲"是家庭成员之间的相互行为，一般可分为两方面。一方面是父母对子女的慈爱，另一方面是子女对父母的"孝敬"；前一种情感在人形成之后即有，后一种则是在父系氏族社会时出现。现代的科学实验发现，父母对子女的"慈爱"行为，属于一种心理学上称之为人类天生的本能，与生物繁殖和遗传因素有关。生命的实质在于基因的再生和延续，动物不但生育喂养幼子，在遇到外敌侵犯的危急时刻，还能牺牲自己抵御进犯以保护幼子。这是因为这些幼子身上有许多父母的基因，因其生命得到保护，这些基因由此可以继承下去，完成生命延续、种族繁衍的使命。例如抽取刚生育过的雌白鼠的血液，将之注入未生育过的雌白鼠体内，后者也会自动表现出爱护幼鼠的母爱行为。这个研究证实，动物怀孕及产后哺乳期间，其脑垂体所分泌乳激素,会促进母鼠内在的母性驱力。[1]这说明父母之所以尽心竭力对子女进行爱护,有时甚至将其福祉置于自己之上,根本原因就是子女承袭了父母家族的基因,是自己的延续者和继承者;是出于种族繁衍的最终本能需要,有着深厚的生物基础;是自然属性的反应,是不受人为因素的影响而加以改变的。这种自然属性的本能只能在以血缘关系维系的、不可改变的家庭成员之间,特别是父母对子女身上发挥作用。

"爱人"所指的人,是家庭之外的社会成员,他们的相互关系并不像家庭成员之间一样通过血缘的组合,靠生物繁衍的本能需要来维持。社会成员之所以组成集团,是因为他们从集体行动中可以得到自身的利益,因此有利则相聚,无利则分开,所以社会关系是后天形成的,受人为因素的影响并变化无常。由此看来,"爱亲"与"爱人"在本质上明显不同,前者是本能的、不求任何报答的天然行为,后者则是后天的、互利的社会属性;将亲子之爱施加到因利益而结合的外人身上,显然是非常困难的,因为两者缺少一种合适的过渡桥梁。但是,伦理学又告诉我们,人类区别于动物的最大不同是具有理性,在理性的指引下人们可以实行道德。现代社会学家发现人类与生俱有"利他性"和"利己性"两种共存理性,前者是为人的、积极的,后者是为己的、消极的。人们在积极的利人理性驱动下,可以互爱互助,建立利人的社会属性;另一方面,消极的利己理性也提醒人们,利人、爱人的道德行为通常意味着个人要作出奉献、牺牲。积极理性和消极理性兼备,从而保证了个体的正常生存和运作。

因此,人们必须建立这样一种道德理性,它不仅能克服消极的理性,履行"爱人"的道德,同时也能平衡积极的理性,顾

---

[1] 参见郭静晃等《心理学》第六章,台湾扬智文化事业股份有限公司1994年版,第249页。

及个人的利益。这种道德理性应该使人们相信：帮助他人，奉献社会，自己最终可以得到回报，从社会整体利益中得到个人利益的保障。这种旨在兼顾整体利益和个体利益的道德理性比"积极"与"消极"理性全面而较为切实可信，容易得到人们的理解和接受。道德理性的建立，还是决定从"爱亲"向"爱人"转化的主要条件，"爱人"行为因道德理性的具备才可以最终促成。由于道德理性的运作必须通过人际关系之间利益的协调才能达到目的，因此，道德理性的建立应该有坚定、具体的物质基础。即要通过物质的说服和支持，才可以起到协调利益的作用。相反，如果只凭空泛的精神号召，则难以实现从"爱亲"到"爱人"过渡。①

但是人都具有趋利避害的特点，所谓"富与贵，是人之所欲也"，"贫与贱，是人之所恶也"（《论语·里仁》）。所以孔子不反对利益的追求与满足，他对自己"富而可求也，虽执鞭之士，吾亦为之"（《论语·述而》），对民众则"国民之所利而利之"（《论语·尧曰》），主张让百姓追求富贵以得到利益的满足。孔子还认为人性对利欲的追求往往超过对道德的追求，"吾未见好德如好色者也"（《论语·子罕》），因此人们在利欲的驱使下忽视道德，从而"知德者鲜矣"（《论语·卫灵公》）。他还认为，"有能一日用其力于仁矣乎？我未见力不足者，盖有之矣，我未之见也"（《论语·里仁》）；"谁能出不由户？何莫由斯道也"（《论语·雍也》）。由于人对外界刺激有趋利避害的自然反应，人的本性基本上是自私为己的，不是自觉去追求道德，所以连孔子的弟子也不能脱离这种人性的基本模式，"回也，其心三月不违仁，其余则日月至焉而已矣。"（《论语·雍也》）孔子的

---

① 邓思平：《经验主义的孔子道德思想及其历史演变》，巴蜀书社2000年版，第52页。

得意门生颜回可以三月不违仁，其余的只能按天计算了。对于此种人性特点，孔子并不是完全禁止人们的利欲，而是主张用道德手段作合理节制，使之"欲而不贪"（《论语·尧曰》），即人所欲求的富贵，"不以其道得之，不处也"。人所厌恶的贫贱，"不以其道得之，不去也"（《论语·里仁》）。孔子重视人们对利益的需求欲望，提倡合理节制，以此建立符合人性的道德观念，以最终满足每个人对利益的要求。

实行道德理性就要求个人必须放弃自己部分利益予他人，即首先实行爱人、利人行为，然后从帮助他人中得到回报，从而使社会整体利益得到保障。这就需要搭建从"爱亲"到"爱人"的过渡桥梁。孔子并未借助神意和上天的力量进行诱导和恫吓，而是从人固有的生理感觉入手，根据亲子关系的体验，发现和把握人的心理感受，寻找"爱亲"的另一面，即子女孝敬父母的道德原因。在《论语·阳货》中，宰予认为，"三年之丧期已久矣，君子三年不为礼，礼必坏。三年不为乐，乐必崩，旧谷既没，新谷既升，钻燧改火，期已可矣!"孔子曰："食夫稻，衣夫锦，于女安呼？"曰："安。""女安则为之。夫君子之居丧，食甘不甘，闻乐不乐，居处不安，故不为也。今女安则为之。"宰予去。子曰："予之不仁也！子生三年然后免于父母之怀。夫三年之丧，天下通丧也。予也有三年之爱于父母乎！"从孔子与宰予的对话中我们可以看出，宰予认为为父母守丧三年太长，因为三年内不兴礼乐容易造成礼坏乐崩。而孔子则坚持三年守丧。因为他重视礼的外在形式，更重视礼的内在实质。父母去世，礼乐暂停几年无关紧要，重要的是以实际行动表现仁爱之心，即对父母的孝敬之情。相反，为礼乐玉帛供献等形式而废弃守丧，缺乏仁爱，则这种礼徒具外表，毫无意义，正所谓"人而不仁如礼何？"（《论语·八佾》）在对话中还有安与不安的问题。宰予安于锦衣玉食，缺乏丧亲之痛，因而被孔子斥为"不仁"；孔子不仅指责宰予不符合道德要求,甚至批评他缺乏人的最基本感情。

孔子之所以如此重视不安情绪,是因为不安是一种心理情绪。心理学研究表明,情绪是一种复杂的心理形态和过程,是由身体的感觉反应开始,经过心理的判断认识,最终以行动结束。感觉是人类通过神经系统对外部判断的反应,与生俱来,是生命的标志和特征。在身心健康的情况下,人们对外部相同的刺激会产生相同的感觉,但相同的感觉并不产生相同的情绪。这是因为每个人看到的虽然是同一景象,但每个人却根据以往各自的经验对此进行比较和评价,从而有不同的体会和反应。如看一出文艺演出,每个人的体验和评价很不相同,喜欢的就认为演得好,不喜欢的就认为演得差,道理即在于此。这种由感觉转化为情绪,中间经过了一个重要而必不可少的环节,即根据以往经验进行分析和判断的环节,心理学上称之为认识的过程。心理学家发现,除了惊惧等情绪的反应是天生之外,其余大多数的情绪通常都是由先前经验的体认中判断和认知得来的。从生理感觉转为心理情绪一般经过两条途径,即直接或间接方式进行。对人良好的刺激会产生愉快心情,伤害的刺激会产生不好情绪。这是由感觉直接产生情绪方式。当人们直接的感性经验日积月累时,即可上升归纳为理性经验。即使五官接受到抽象的信息,人们也可以根据理性经验通过切身的分析联想,产生不同的情绪。此即为间接产生情绪。现代情绪理论认为,当生理新陈代谢保持的平衡受到外界不同条件的刺激而改变,引起了心理情绪的发生,从而使有机体进入准备状态,行动起来以适应坏境变化的需要,达到新的平衡。

孔子所说的"不安"情绪是这样产生的:幼儿从出生到学会走路,一直在父母怀中得到悉心照料,充足的营养与呵护使幼儿茁壮成长,从一个生长阶段向另一个生长阶段发展,此后一直到成人。父母的抚爱养育使幼儿产生良好的感觉，其生理平衡不断得到正面的改变，因而随着幼儿的日益成长，就把这种逐渐增强的感觉，不断转化为对父母的依赖和喜爱之情，这就形成了心理上的情绪。这种情绪的表达只是幼儿无意识的自然反应，当幼儿长大后，这种多年积累的情绪就由量变上升到质变，形成有意识的报恩之心。这种在专门意识驱使下的报恩之心就是动机。这种动机具有明确和稳定的性质，它敦促人们对父母的爱戴必须以行动作出报答，特别在父母年老之时应做到反哺，以及在父母去世后为其守丧。这样就有利于亲子关系的和睦和家庭结构的稳定。这种和睦与稳定可以达到"让身体更完善"的目的，使个体向更高的水平发展，以此达到生理和心理上的新的平衡。相反，如果对父母做不到回报，就无法使家庭和睦和个体完善发展，在生理和心理上也达不到新的平衡。于是人们心中就会产生一种不安之情，这种不安之情逐渐变成心理上的压力以至命令，逼迫人们尽快去实行回报。由于这种回报是将恩惠反施于他人（主要是父母），因此就具有道德的性质，这种由不安之情变成的命令就是道德命令。为了消除不安的情绪，人们在这种道德命令的作用下必须实行回报，直至这种回报的道德行为完成为止。这种由不安之情导致的道德可称之为回报道德，这种道德是人们心理不安后被动作出的反应，不是主动行为，因此属于初级道德的范围。初级道德的基本要求是不损害他人利益，对他人（包括父母）的道德行为作出回报，即报答他人好意和补偿他人的付出，这是道德的最起码要求。

由此可见，人之所以为人，必定会有感觉，有感觉才能产生心理效应，并上升为道德的动机和行为。受父母呵护养育，人们可以由基本感觉产生不安之情，进而有孝敬回报之心，一般人在受到他人率先奉付的恩惠时，也会因感觉而在心理上产生回报之心。这就是人的基本感觉，有感觉的个人存在，就是孔子道德主张得以实行的最根本的生物前提。① 因此,不安之情是从对父母回报延伸向他人回报的连接点,是初级道德行动和行为得以产生实行的内在说服和根据。孔子非常相信这种作用,他说:"德不孤,必有邻"(《论语·里仁》)。如果有人作出道德行为,必然有人被其感动而作出道德回报。所以孔子用"正"的规范来表达自己的信念,他说,"子帅以正,孰敢不正?"(《论语·颜渊》)"苟正其身,于从政乎何有?""其身正,不令而行"(《论语·子路》)。这就是说如果你自己行为端正,严格律己,符合道德标准,就会影响周围的人,使之心悦诚服。"德"、"正"的强大力量不是来自物质和强权,而是来自人的内部心理效应,人们感觉到他人"德"、"正"的道德力量,引起心理上的感受,产生不安之情,从而转化为道德命令,强制人们去实行道德回报,从而完成初级道德行为,为"爱亲"向"爱人"的过渡奠定了基础。②

第二,人格的同等和对等。孔子"仁"思想的内涵除了生物性前提外,还有社会性的前提,即相互承认他人在社会中的存在,把一般民众也当做人来看待。当马厩失火后,孔子问"伤人乎",不问马,表现了孔子对地位低下、不如骏马值钱的马夫的关心。"仁者爱人"就是有道德的人必须爱护人,把爱人当做道德行为的起点。孔子还把春秋时代的爱民、利民等民本思想加以推广,他说:"博施于民,而能济众"(《论语·雍也》);"道千乘之国,敬事而信,节用而爱人,使民以时"(《论语·为政》);"因民之所利而利之"(《论语·尧曰》)。这样孔子就将对人生命的关怀、重视推广到对广大民众生存生活权利的关心、

---

① 邓思平:《经验主义的孔子道德思想及其历史演变》,巴蜀书社2000年版,第62—64页。

② 同上书,第68页。

尊重。既然人人都有同等的生存和生活权利，因而就具有同等的人格地位。孔子对此强调，认为无论双方地位怎样悬殊，都不可丧失自身的人格。他认为对待朋友"忠告而善道之，不可则止"。(《论语·颜渊》)对待君王则"以道事君，不可则止"。(《论语·先进》)对待君主和对待朋友一样，都要保持自己人格的独立和同等。这种思想在政治上就表现为人人都应享有权利。孔子认为当政者对民众实行的德政并不是一种恩惠，而是民众应有的权利。他主张对不施德政的君王实行抵制反抗以保障民众自身利益。如子路问事君，孔子曰"勿欺也，而犯之。"(《论语·宪问》)"如不善而莫之违，不几乎一言而丧邦乎？"(《论语·子路》) 如对君王的过错不加抵制，就会导致国家的灭亡。相互承认具有同等的生存权利并有相同的人格地位，才能重视他人的付出，作出相应的感受和回报。相反，不承认社会中他人与自己具有同等的人格和权利，就不会重视他人的付出和感受，不会产生不安心情并给予对方以回报。此外，孔子还用道义的力量来加强人格的同等。孔子特别强调"信"在人际关系中的作用，在《论语》中"信"的规范被提及三十八次，"人而无信，不知其可也"。(《论语·为政》) 即人如果不守信用，就无法与之交往，相互信任关系无法建立。"民无信不立"(《论语·颜渊》)，即对民众不讲求信用，统治就无法确立。"君子……信以成之"，"与朋友交，言而有信"(《论语·学而》)，即讲求信用，是朋友交往、君子品行乃至做人的最基本道德。这是因为讲求"信"就是遵守承诺，就是承认对方的存在和人格，然后对方也如此办理，从而互相守信，维持和加强了这种人格的同等地位，使双方关系进一步发展。

在人格同等的基础上，可以产生相同的心理效应，从而作出同样的道德规范回报。这也是孔子道德中的对等原则。它包括人格同等和行为对等，有了人格同等，通过利益的对等交换,以实现互助互利的目标,因此是公平和互惠的。孔子在为父母守丧三年的问题上,主张对等原则,父母对子女有养育三年之恩(实际远不止三年),因此要三年守丧以回报,否则就不具备做人的起码条件。在对待君臣关系上,孔子主张"君使臣以礼,臣事君以忠"(《论语·八佾》)。"礼"的实质是敬和仁,表现为一种感情和利益的付出;"忠"的实质是推己及人的奉献。君臣之间尽管政治地位不同,但双方的人格地位应是同等的。在"礼"和"忠"的道德行为中,任何一方都不能单方面向对方提出要求,而只有经过各自的付出和奉献,才能获得对方"忠"和"礼"的对待。也就是说"礼"和"忠"不可能独立存在并发挥作用,只能共同依存,双方互动,共同处于一个统一的道德行为整体中,才能保持君臣之间的正常关系。

第三,率先施惠。孔子不但主张人格同等和道德行为对等,而且主张先行施惠,即所谓先事道德。先事就是率先惠及他人,成为实行道德行为主动的一方。因为任何道德行为都是双方对等的互利行为,如果一方主动实施道德行为,道德受惠方即可从中得到感动和启发,从而产生回应行为。如此反复,道德受惠即会转化为主动行为,这就是所谓"先事后得"。主动、被动方都可从对等的道德行为中获得利益,达到互助互利目的。孔子把被动的"回报"提升到"先事"的层次,要求人们率先奉献施惠,这种道德已属于高级道德的范畴。孔子称这种"先事后得"的道德为"崇德"(《论语·颜渊》),即认为这是一种可达最高境界的道德行为。这种道德包括五个方面:"恭、宽、信、敏、惠。恭则不侮,宽则得众,信则人任焉,敏则有功,惠则足以使人。"(《论语·阳货》)所谓"恭则不侮"即自己以恭敬对人,人也以恭敬待己,故不见侮;"宽则得众"即言行宽简,众人归心;"信则人任焉",即言而有信,人所委任也;"敏则有功"即敏捷多成功;"惠则足以使人"即有恩惠则人乐意为之奔走劳动。如果人们奉行先事道德准则,主动实行恭、宽、信、敏、惠,则他人根据心理效应的作用,必然作出相应回报,从而互获利益,正所谓"能行五者于天下,为仁矣"(《论语·阳货》),达到最高境界。如果将先事道德归纳的话,就是"忠恕之道"。"其恕乎,己所不欲,勿施于人。"(《论语·卫灵公》)即自己不想要、不喜欢的东西,不要强加到别人身上,这实际上是初级道德的宗旨。"忠"即为"己欲立而立人,己欲达而达人"(《论语·雍也》),即自己感觉良好和有利的东西,首先主动给予他人,主动利人、助人,这实际上是高级道德的精神宗旨。孔子提倡"忠恕之道"表明他把初级道德和高级道德作为一个统一的整体来看待。"恕"道是人最起码的道德准则,但具有消极被动性,而"忠"道先人后己,是以利人为宗旨的积极道德,只有"先之劳之",首先助益他人,才能得到别人的道德回应,从而利人又利己。①

(二) 孔子的修己安人之道

如前所述,"仁"是礼乐文化的精髓,具有相当丰富的内涵,是人的最高道德境界。但孔子又认为"仁"不是人先天就有的,而是后天获得的,所谓"性相近也,习相远也"(《论语·阳货》)就是这个意思。也就是说人性不是人的本质,人的本质不是人性;人性是先天的,人的本质是后天形成的。要完成自然人向真正人的转化,只有修己求仁之路,"谁能出不由户?何莫由斯道也?"(《论语·雍也》)仁既然是礼乐的原则和精神,因此要想求仁只能到礼乐中去寻找,使礼乐原则和精神转化为人的"为我之物"。求仁的步骤按孔子的设计主要有三,一是学

---

① 参见邓思平《经验主义的孔子道德思想及其历史演变》有关章节,巴蜀书社2000年版。

礼,"不学礼,无以立"(《论语·季氏》),此为求仁修己的入门。二是约之以礼。孔子认为把握了社会典章制度和行为规范,并不等于人就能自觉地按此行事,因此还要有一个由他人用礼对修己者约束的阶段,"博学于文,约之以礼,亦可以弗畔矣夫"。(《论语·颜渊》)三是自觉循礼而行。通过学礼、约之以礼,人就会逐渐习惯这种约束,由一个礼仪规范的被动接受者转化为循礼而行的自为主体,礼就由外在对人的约束变为人的自我约束,礼乐原则和精神便与个人融为一体。孔子将这一求仁途径概括为"克己复礼为仁。一日克己复礼,天下归仁焉"。(同上)

这种否定道德理性和道德观念的先天性和先验性,认为是经过学习和实践的思想与现代伦理学所揭示的道德理性和道德观念的形成大体一致。现代伦理学认为,道德理性和道德观念不是人生而具备的,而是由外在于人、作为社会调节体系的道德规范通过强加于人、或以习俗的方式灌输给人的。道德规范在强加于人,或以习俗的方式灌输给人的过程中,会逐渐深入人心,内化为人自己的东西。"克己复礼为仁"以极为精练的语言概括了这一社会道德规范内化为人的道德规范理性和道德观念的过程。[①]对于初步获得的仁要谨慎存护,要把其看得比生命还可贵,"士志仁人,无求生以害仁,有杀身以成仁"。(《论语·卫灵公》)另外要使自己的行动时刻"不违仁"、"出门如见大宾,使民如承大祭"。(《论语·颜渊》)总之求仁是终生的追求,永无止境。

孔子意识到一般人都有一种与社会准则相悖的本能,即欲望,所谓"我未见好仁者,恶不仁者"(《论语·里仁》),"吾未见好德如好色也"(《论语·子罕》)。这种生理本能在人的不同年龄段有不同的表现:"少之时,血气未定,戒之在色;及其

[①] 马振铎:《仁·人道——孔子的哲学思想》,中国社会科学出版社1993年版,第60页。

壮也，血气方刚，戒之在斗；及其老也，血气既衰，戒之在得"。(《论语·季氏》)在人们感官享受和仁之间选择时，会出于本能选择前者，从而与仁的规范相违背。在此孔子认为要使自然人成为以仁为本质的人，必须用礼加以约束，使其行为在社会允许的范围之内。经过长期的"约之以礼"，礼乐原则才会深入人心，内化为人的本质。这种礼的约束是外在强加的，人处于被动地位，所以可以称之为他律。但是人与动物在这个问题上表现了最大的不同，即人可以接受礼的约束并将礼乐原则内化为主体之仁，而动物则不可能，这就是人的社会性。于是孔子从中看到人在修己时有主动的一面，即"仁远乎哉？我欲仁，斯仁至矣"。(《论语·述而》)"欲仁而得仁"(《论语·尧曰》)。这也是一种与生俱来的心理倾向而非后天所培养。

　　人修己时需要外在的义礼约束，又有主动求仁的追求，在他律和自律两者中，孔子更重视自律原则，他认为在修己中人应充分发挥主观能动性，"为仁由己，而由人乎哉？"(《论语·颜渊》)"人能弘道，非道弘人。"(《论语·卫灵公》)他认为君子与小人的最大区别就在此，"君子求诸己，小人求诸人。"(同上)他非常强调修己时的自我反省，所谓"躬自厚而薄责于人"(同上)，"能见其过而内自讼"(《论语·公冶长》)，"见善如不及，见不善如探汤"(《论语·季氏》)，"见贤思齐焉，见不贤而内省也。"(《论语·里仁》)孔子重修己中自律的思想在其弟子曾子身上得到继承和发挥，曾子说："吾日三省吾身，为人谋而不忠乎？与朋友交而不信乎？传不习乎？"(《论语·学而》)曾子这种修己自律思想由子思传至孟子后进一步发扬光大，被发展为道德上的自我扩充；孔子修己中的他律原则由子夏传至荀子，被发展为礼教思想。

　　孔子在论述修己之道时，还确定了修己的具体程序，即"下学而上达"。从孔子与学生的对话中可以看出，农稼园圃等生产知识与技能是不包括在"下学"之内的，孔子认为如果把下学工夫用在农圃医卜之类上，就无法达到道德的至高境界。因此只有学习以礼乐为核心的六艺，即所谓"学诗"、"学文"、"学道"、"学干禄"。这个修己的程序不可或缺，只有踏踏实实，认真学习六艺，才能完成修己上达。"上达"不是追求仕途和财富，而是对本能自我的超越、人生境界的提升。"上达"还要借助于思考，即学与思的结合。"学而不思则罔，思而不学则殆。"（《论语·为政》）二者之间学是基础，不学礼乐六艺，仅凭思是无法体验礼乐精神的，所谓"吾尝终日不食，终夜不寝，以思，无益，不如学也。"（《论语·卫灵公》）但仅学而不思，无法通达于道，"可与共学，未可适道"（《论语·子罕》）即指此。孔子下学上达修己的统一程序先是被其弟子子游和子夏割裂，以后成为孟荀、朱陆等分化的思想根源。在以求仁为核心的修己中，实际上是将客观的礼乐原则物化为人心中之物，在这个转化过程中，知与行即知礼和循礼均不可或缺，"不知礼，无以立也。"（《论语·尧曰》）不知礼就没有行事的准则，但知礼并不能等于循礼而行，因此孔子将此关系分别为"知之者不如好之者，好之者不如乐之者。"（《论语·雍也》）朱熹释此章时引程颐语曰："知之者，在彼，而我知之也。好之者，虽笃，而未能有之。至于乐之，则为自己之所有。"（《朱子语类》卷32）所以修己不能停留在"知"的阶段，要想把客观的礼乐原则化"为己之所有"的主体之仁，必须依赖于"行"。因此在修己中孔子更重视行的作用，并"为之不厌"，身体力行。

孔子以求仁为核心的修己之道根本目的是将自我造就成真正的"人"，进而成为君子和圣人。从这一角度来看，"修己"之道就是"为己"之道。孔子在讲述当时世风时说："古之学者为己，今之学者为人。"（《论语·宪问》）即以前人修己是为了成就自己，实现自己的人生价值；今人修己是为了见知与人，见之与世,可见孔子不赞成修己单纯为人的观点。孔子在《论语》中多处表露这种思想:"不患人之不己知,患其不能也。"(《论语·宪问》)"君子病无能焉,不病人之不己知也。"(《论语·卫灵公》) "不患无位,患所以立,不患莫己知,求为可知也。"(《论语·里仁》)孔子认为一个人的价值不在于得到别人的赞扬、肯定,不在于是否处于高位,而在于"内省不内疚"(《论语·颜渊》),自我反省时对自己满意,没有因做错事而愧疚。但孔子并不是反对见知于人和世,而是主张积极进取,为社会所承认。他只是认为人生的价值在于主体的自我肯定。这说明孔子关于人生价值观念已由外在评价转向了自我评价。既然修己是为了求仁,但仁的特点却是"仁者爱人",即要突破获仁者对自身价值的关怀而使其关心他人,这是"为己"与"为人"辩证的统一,也是"自爱"与"爱人"辩证的统一,孔子的这段话为仁下了定义:"夫仁者,己欲立而立人,己欲达而达人。能近取譬,可谓仁之方也已。"(《论语·雍也》)"己欲立"、"己欲达"即"为己","立人"、"达人"即"为人"。因此求仁而得仁的人必然在修己之后超越自身去爱和关心他人,如果修己仅是独善其身,洁身自好,还不能算真正获得仁。孔子身处乱世,虽道不行,但无怨无悔,知其不可为而为之,比之那些隐士们要高尚得多。

在"为己"和"为人"的问题上,以孔子为代表的儒家与杨朱学派和墨家存在着根本分歧。杨朱流于"为己"而不"为人",主张"利天下拔一毛而不为也";墨子流于"为人"而不"为己","摩顶放踵,利天下为之"(《孟子·告子下》)。他们把"为人"、"为己"完全割裂开来,因而遭到孟子及后来儒家学者的猛烈抨击。孟子说:"杨氏为我,是无君也;墨氏兼爱,是无父也,无父无君,是禽兽也。""杨墨之道不息,孔子之道不著,是邪说诬民,充塞仁义也。

仁义充塞，则率兽食人，人将相食。吾为此惧，闲先圣之道，距杨墨，放淫辞，邪说者不得作。"（《孟子·滕文公下》）杨朱的"为己"、墨子的"为人"，在孟子看来都是违背人道和破坏社会秩序的。

孔子的"为己"与"为人"、"自爱"与"爱人"相互统一的学说，在当时以血缘关系为纽带的宗法农业社会中，还是较为合理和适用的。其较好地解决了自我与他人，个人与社会的关系，因此它是孔子的思想核心，也是儒家的思想核心，以此为基础，孔子提出了"修己以安人"和"修己以安百姓"。孔子认为影响修己的重要因素之一是主观努力与否，天赋对于修己固然重要，但后天的努力更重要。一个人即使天赋较差，也可以经过后天的努力学习和修养而得仁。天赋及后天的努力使得有人愿意"修己"，有人"困而不学"，如此使得有人修养造诣高，有人造诣低，因而出现所谓的君子与小人的分化。孔子认为小人不能自安，必须经君子安之，因为"君子怀德，小人怀土"；"君子喻于义，小人喻于利"（《论语·里仁》）；"君子和而不同，小人同而不和"（《论语·子路》）；"君子求诸己，小人求诸人"（《论语·卫灵公》）；"君子上达，小人下达"（《论语·宪问》）；"君子坦荡荡，小人常戚戚"（《论语·述而》）；"君子泰而不骄，小人骄而不泰"（《论语·子路》）；"君子不可小知，而可大受也；小人不可大受，而可小知也"（《论语·卫灵公》）。孔子认为小人素养差，没有志向，狭隘自私，只知道追求物质利益，互相利用，结党营私，无法担负治理天下的任务，因而只能由君子加以教化、引导；社会必须由充满仁德的君子去管理，无知愚昧的小人只能被统治。孔子的这种以道德差别区别社会地位的思想，实际上是一种理想主义构想，在现实中有时正好相反，有德者在野，无德者居于高位。

孔子的"修己安人"进而"安百姓"，实际上是求得仁的君子行仁于民的过程。君子通过"上达"即温和的教诲方式将自己的价值观念加于民众，使之接受，以达到祥和民安的小康生活境界，即所谓"春服既成，冠者五六人，童子六七人，浴乎沂，风乎舞雩，咏而归。"（《论语·先进》）"老者安之，朋友信之，少者怀之。"（《论语·公冶长》）通过修己完善自己的道德修养，然后施仁于民众和社会以建功立业，这是儒家外王之学的初始发端，后来《大学》的"治国平天下"是其精神的进一步发展。孔子的安民之道与老子和法家的安民思想极为不同，老子主张民"自化"、"自正"，不以圣人君子的意志办事；法家认为只有用强制手段把民众的意志统一于统治者意志之下，才能实现富国强兵、社会稳定。故主张严刑峻法以安民，"故圣人陈其所畏以禁其邪，设其所恶以防其奸，是以国安而暴乱不起。"（《韩非子·奸劫弑臣》）所以老子的安民是一种放任自由，法家的安民是一种极端君主专制，而孔子和儒家的安民则是较为温和的专制之道。①

（三）孔子的理想人格

如前所述，孔子在修己时将人分化为君子和小人，并在《论语》中多次提到"君子"（使用108次），君子成为仅次于圣人的人格范型。如果说"内圣外王"只能体现在极少数人身上，"君子"则是一个社会全体人民共同追求的基本人格。春秋之前，君子专指在社会上具有高位的人也就是少数王侯贵族，后来逐渐演化成贵族百姓皆可用的通称。《诗经·小雅 大东》云："君子所履，小人所视。"《尚书 酒诰》云："庶士，有正越庶伯、君子，其尔典所朕教。尔大克羞耇惟君，尔乃欲食碎饱。"这里一般指人君以下在位的贵族、官员。从春秋时期开始，"君

---

① 参见马振铎《仁·人道——孔子的哲学思想》，中国社会科学出版社1993年版。

子"一词逐渐由贵族官员向全社会男子通称演化,并将意义偏重在道德情操上,而不再表现其社会身份的尊贵。这个由身份地位概念向道德品质内涵的演变相当漫长。大约从孔子开始,一直到东汉时代完成,其间仍有身份地位与道德品质混用,但后者含义日渐增加,终于将"君子"从地位的专指中解脱出来。正如《白虎通义·号》所解释:"或称君子者何?道德之称。君子为言,群也;子者,丈夫之通称也。故《孝经》曰'君子之教以孝也,所以敬天下之为人父者也。'何以知其通称?以天下至于民。"

从孔子开始,将君子界定为境界甚高仅次于圣人的理想人格,他自己都不敢认为已达到君子境界,"文莫吾犹人也。躬行君子,则吾未之有得。"(《论语·述而》)这话的意思是:书本上的学问,我与别人大都差不多,在生活实践中做一个君子,我还没有成功。但是孔子在与弟子问答及实践中,已经对君子的人格境界作了许多具体规定。首先,在义利观上,孔子将其作为君子与小人的最大区别。春秋前期,义利之辩已经展开,所谓"义"即符合礼的道德要求,反映当时奴隶主贵族的整体利益;"利"则是新兴势力和私家大夫对私有经济利益的追求。孔子将其进一步总结发展,提出"君子喻于义,小人喻于利"(《论语·里仁》)。虽然孔子也承认"富与贵,人之欲也"(同上),但君子应该把义放在首位,从而奠定了道义论对功利论的优越地位。所谓"君子义以为上,君子有勇而无义为乱,小人有勇而无义为盗"(《论语·阳货》)。"君子义以为质,礼以行之,孙以出之,信以成之。君子哉!"(《论语·卫灵公》)"君子去仁,恶乎成名?君子无终食之间违仁,造次必于是,颠沛必于是。"(《论语·里仁》)君子的要旨在于举动皆符合"礼"和"义",具备"仁"的品德,即内心的"仁"为主导而外在举动与"礼"完全相符。为了履行"仁"的道德义务,必要时可以不惜

牺牲生命:"志士仁人,无求生以害仁,有杀身以成仁。"(《论语·里仁》)

孔子认为君子不但要以义为上,以义为质,而且要淡漠物质欲求,追求精神快乐,即所谓"君子谋道不谋食"、"君子忧道不忧贫"(《论语·卫灵公》)。孔子常说:"不义而富且贵,于我如浮云。"(《论语·述而》)他喜欢"饭疏食饮水,曲肱而枕之"乐(《论语·述而》),即使吃粗粮,喝冷水,弯着胳膊当枕头,也乐在其中。因此他赞叹颜渊"贤哉,回也!一箪食,一瓢饮,在陋巷,人不堪其忧,回也不改其乐。"(《论语·雍也》)曾点对孔子的心境最为了解,所以他的浴沂咏归之乐得到孔子的赞同。孔子强调安贫乐道,并不是否定人的正当物质追求,只是不能"不以其道得之"(《论语·里仁》),要以符合道的前提去求富去贫。如果身处逆境,生活窘迫,仍要以道义为根本追求,从而泰然处之。"子贡问曰:贫而无谄,富而无骄,何如?子曰:可也,未若贫而乐,富而好礼者也。"(《论语·学而》)孔颜乐处的人格境界对后世影响甚大,曾点之子曾参一生避世,生活艰难,提衿而肘见,纳履而踵决,但有"歌若金石之乐"(《庄子·让王》)。"学道而至于乐,方是真有所得。大概于世间一切声色嗜好洗得净,一切荣辱得丧看得破,然后快活意思方自此生。"南宋儒生罗大经在《鹤林玉露丙编》卷三《忧乐》中的这段话颇具代表性,说明由孔子创导的儒家安贫乐道思想逐渐有禁欲主义的倾向。孔子宣扬"一箪食,一瓢饮"是一种苦行精神,孟子虽然有过"寡欲"主张,但尚无明确的禁欲主义。从荀子开始,禁欲主义倾向明显,他提倡"公义胜私欲","以道制欲",认为这些都是君子人格境界的必备前提。宋代理学家们"一切声色嗜好洗得净,一切荣辱得丧看得破",强调理想人格境界排斥个人利益与情欲,把德行的完善与人的贪欲完全对立起来。后期儒家视人的情欲为邪恶之物,以禁欲主义为君子的先决条件，对中华民族的发展的确起到许多消极作用，从而形成不思进取、安于现状、缺乏竞争、不敢冒险的国民性，所谓"知足者常乐"，"比上不足比下有余"等谚语就充分说明了这一点。

但是，当个人处于贫困逆境而又锲而不舍地追求有一定价值的目标时，安贫乐道又起着一种精神支撑作用。所以君子的人格境界又有"天行健，君子以自强不息"（《象传·乾卦》）的原则。《论语》中与此相同的还有："发愤忘食，乐而忘忧，不知老之将至"（《论语·述而》），"学而不厌，诲人不倦"（《论语·述而》），"刚毅木讷近仁"（《论语·子路》），"士不可以不弘毅，任重而道远。仁以为己任，不亦重乎？死而后已，不亦远乎？"（《论语·泰伯》）孔子为了实行其仁道理想，忘食忘忧，孜孜不倦，刚毅进取，正如孔子与子贡对话："君子道者三，我无能焉；仁者不忧，知者不惑，勇者不惧。子贡曰：夫子自道也。"（《论语·宪问》）孔子自述其积极向上、奋发有为的历程："吾十有五而有志于学，三十而立，四十而不惑，五十而知天命，六十而耳顺，七十从心所欲，不逾矩"（《论语·为政》）。一般人对其自强不息的追求不了解，认为孔子是"知其不可为而为之者"（《论语·宪问》）。以此可以看出孔子刚毅进取、百折不挠的精神力量。正如孔子所言："不得中行而与之，必也狂狷乎！狂者进取，狷者有所不为也。"（《论诺·子路》）中行即不偏不倚的中庸之道，一切都恰合于仁义道德。当"中行"境界难以求得时，孔子退而求其次，即"狂"与"狷"，但孔子心目中的"有所不为"更符合他的人生追求。[1]

纵观孔子的思想，主要由三部分组成，即仁、修己安人、理想人格，这三部分是有机的统一。"仁"即"仁者爱人"，是一种由爱亲推及爱普通的人，这需要率先施惠，使对方不安，然后

---

[1] 参见朱义禄《儒家理想人格与中国文化》，辽宁教育出版社1991年版。

得到回报,从而利人又利己。要达到这种主动利人的高级道德就要去修养自身,由被动接受转为自觉行为,所谓自律与他律的结合。这其中就包含了所谓操守问题,正如一般人生下来相差不大,由于生存环境的不同而走向不同的生活道路,后天的条件起了相当关键的作用,所谓"性相近,习相远也"。因而,是否遵循社会一般法则,就成为衡量一个人道德水准的尺度。孔子的修己思想最早提出了解决人们道德操守的问题,他主张首先通过学礼,约之以礼,然后将外在的约束内化为自我约束。也就是先有社会道德规范的强加灌输,使之习以为常,然后克制自己的欲望,保存、看护好已获得的仁义道德,从而变成一个至善至美的人。当环境艰苦贫困时,要坚守道德情操,克制物质欲望和名利的引诱,安贫乐道,以道义为最高追求和快乐。当代表社会道德规范的"仁"受到侵袭时,要"无以求生以害仁,有杀身以成仁"(《论语·卫灵公》),用生命保卫自己心中的神圣法则。这种操守气节的思想,是节操观念的重要发端,经过后世儒家的发扬光大,成为中国传统文化的重要组成部分。

三 孟子的四德说和性善论扩大了节操观的内涵

孟子是孔子思想的主要继承和发扬光大者,他受业子思之门人,得孔子学说之嫡传,因而被后世冠以"亚圣"尊号,与"至圣先师"孔子并尊,其思想与孔子思想合称为"孔孟之道"。孟子主要在以下几个方面继承和发扬了孔子思想。

第一,"仁义"之道。"仁"是孔子思想的核心,孔子强调"仁"与"礼"的统一,所谓"克己复礼为仁"(《论语·颜渊》)。孟子继承孔子"贵仁"的思想,但不强调"礼"而是突出了"义","仁"、"义"并举,提出了以"仁义"为主体的仁、义、礼、智四德相统一的道德规范体系。在这个体系中,"人伦"概念是"仁义"之道思想的前提。孟子说:"人之有道也。饱食暖衣，逸居而无教，则近于禽兽。圣人有忧之。使契为司冦，教以人伦：父子有亲，君臣有义，夫妇有别，长幼有叙，朋友有信。"（《论语·藤文公上》）人伦体现了社会的伦理和宗法关系，孟子非常重视把"明人伦"作为"王天下"的大法，所谓"人伦明于上，小民亲于下，有王者起，必来取法，是为王者师也。"（同上）孟子认为仁义是处理伦理关系的基本原则，他说："人之所以异于禽兽者几希，庶民去之，君子存之。舜明于庶物，察于人伦，由仁义行，非行仁义也。"（《孟子·离娄下》）孟子的"仁义"首先是"亲亲"、"敬长"，"亲亲，仁也；敬长，义也。"（《孟子·尽心上》）即事亲孝父，"事孰为大，事亲为大。"（《孟子·离娄上》）"仁之实，事亲是也。"（同上）而孟子的"义"虽然首先是敬长爱幼，但更重要的是要求尊君，"欲为君尽君道；欲为臣尽臣道。"（同上）也就是所谓"君臣有义"。对君来说要"君正"，君必须要受仁义的约束，君臣关系要"君之视臣如手足，则臣视君如腹心；君之视臣如犬马，则臣视君如国人；君之视臣如土芥，则臣视君如寇仇。"（《孟子·离娄下》）对于臣来说，要劝谏君行善弃邪，如此则为敬君。对于不行仁义而又拒谏的暴君，孟子认为可以诛之："贼仁者谓之'贼'，贼义者谓之'残'，残贼之人谓之'一夫'。闻诛一夫纣矣，未闻弑君也。"（《孟子·梁惠王上》）当然孟子的仁义也继承了孔子的思想而具有一般性原则，所谓"人皆有所不忍，达之于其所忍，仁也；人皆有所不为，达之于其所为，义也。人能充无欲害人之心，而仁不可胜用也；人能充无穿逾之心，而义不可胜用也。"（《孟子·尽心下》）"恻隐之心，仁也；羞恶之心，义也。"（《孟子·告之上》）"仁"和"义"是凡人皆有的道德心理和道德要求，"仁"是人的本质所在，是任何人都应遵循的普遍原则，而"义"则要区别善恶。行为当与不当，从而去做善事，戒行恶事。孟子还将"仁"、"义"进行了统一和概括，他说:"仁,人之安宅也;义,人之正路也。旷安宅而弗居,舍正路而不由,哀哉!"(《孟子·离娄上》)"仁,人心也;义,人路也。舍其路而弗由,放其心而不知求,哀哉!"(《孟子·告子上》)

孔子的"仁者爱人"有明显的泛爱众的特点,他是根据率先施惠,产生不安心理的反应进行的,虽然孔子也提到"惟仁者能好人能恶人"(《论语·里仁》),但表述得不甚明确。孟子在与墨家的论战中发展了孔子的"爱人"思想,原来孔子只是将贵族和平民,君子和小人都作为一般意义的人来看待,用率先施惠与之交往,从而利己又利人,并没有从道德标准上去区分爱人的范畴。孟子则用"义"来规定"爱人"的界限,即要将人按是否"仁"和"义"区别开来,从而使爱所当爱,恶所当恶。这种仁者爱人所遵循的原则即所谓"居仁由义"(《孟子·尽心上》),"仁"和"义"达成了有机的统一。由此可见,孟子主张的"仁者爱人"包括了仁者恶人,是一种有差等的爱;他一方面以"亲亲"为本位,提出"老吾老,以及人之老;幼吾幼,以及人之幼"(《孟子·梁惠王》),"亲其亲,长其长","尧舜之仁,不偏爱人,急亲,贤也"(《孟子·尽心上》),以此反对墨子"兼爱"的无父无君的禽兽行为,体现己亲与他亲的关系。另一方面"亲亲而仁民,仁民而爱物"(同上),由对自家亲人的亲爱延及对民众的仁爱和不忍之心,对物也要爱惜,从而将整个社会范围内的仁者爱人体现出来。孟子发展并完善了孔子的"仁者爱人"思想,将儒家爱有差等原则进一步明确,体现了"爱人"的本意。

第二,义利观。春秋时期的义利观主要萌发于新兴势力与旧势力之间的利益之争,后来被孔子引申为君子与小人相区别的道德规范,所谓"君子喻于义,小人喻于利"(《论语·里仁》)。小人只知物质追求,而君子则胸怀天下,追求高尚品格。孟子将孔子思想进一步发展、完善，提出"去利怀义"的基本观点。他认为以利己作为决定自己行为和处理人伦关系的方针，必然会废弃仁义而互相争夺、篡弑，导致亡国。他说："为人臣者怀利以事其君，为人子者怀利以事其父，为人弟者怀利以事其兄，是君臣父子兄弟终去仁义怀利以相接，然而不亡者，未之有也。"（《孟子·告子下》）反之，以仁义为行为宗旨，去掉私欲，就会君臣父子仁义相处而王有天下。即"为人臣者怀仁义以事其君，为人子者怀仁义以事其父，为人弟者怀仁义以事其兄，是君臣父子兄弟终去利怀仁义以相接，然而不王者，未之有也。"（同上）与孔子相同，孟子也把义利作为评判君子和小人的道德标准："鸡鸣而起，孳孳为善者，舜之徒也；鸡鸣而起，孳孳为利者，跖之徒也。欲知舜与跖之分，无他，利与善之间也。"（《孟子·尽心上》）小人作恶，利是其罪恶的根源，君子为善，则在于坚持了义。因此孟子认为"义"是最宝贵的东西，他称之为"良贵"、"天爵"，认为"修其天爵"，保持"良贵"，对于人生的意义大大超过公卿大夫的爵信和财富，甚至比生命还宝贵。为了实践"义"而保持人格的完善，即使牺牲自己的生命也在所不惜。所谓"鱼，我所欲也，熊掌亦我所欲也；二者不可得兼，舍鱼而取熊掌者也。生亦我所欲，义亦我所欲也；二者不可得兼，舍生而取义者也。"（《孟子·告子上》）孟子虽然强调"舍生取义"的理想人格，但并不否认物质利益对于道德教化和人们道德水平的作用。他认为民众"无恒产因而无恒心"，如果得不到基本的生活保障，"仰不足以事父母，俯不足以畜妻子，乐岁终身苦，凶年不免于死亡，此惟就死而恐不赡，奚暇治礼义哉？"（《孟子·梁惠王上》）为此必须要"制民之产"，"必使仰足以事父母，俯足以畜妻子，乐岁终身饱，凶年免于死亡；然后驱而之善，故民之从之也轻。"（同上）孟子这种建立在物质基础之上的礼义观还是有相当合理性的。

第三，性善论。西周初年，周公以"敬德保民"修改天命，提出"以优配天"，开始注重自身的能动性。到春秋战国时期，随着社会的动荡和奴隶的解放，人的力量和作用被凸显出来，人对自身独立性、自主性、能动性的认识与要求日益增加，这种历史性的变化反映在理论上，就有了对于人自身本性认识的人性论的提出，根据当时的资料，孔子似乎对人性论没有展开，孟子是人性论的倡始者，其实不然。孔子在与学生交谈中即开始关注人性问题，他提出"性相近也，习相远也。"（《论语·阳货》）开启了中国儒家人性论的研究。但孔子的人性思想并未被人们注意，连他的学生也没有引起足够的重视。如子贡曾说："性与天道不可得而闻也"，实际上并不是孔子未说，而是其弟子们不重视和没有听懂。孔子的人性思想之所以重要，是因为他不但在人性论方面为后学奠定了基本的框架和思路，还蕴涵了其后儒学一切人性学说的矛盾发展的要素，概括了儒家人性论的所有问题。

首先，"性相近"意指人类具有的本性，至于这个共同的本性是善或是恶，孔子并未言明，但考诸孔子学说，可知孔子是倾向性善的。孔子认为人性倾向于德。"子欲善而民善矣。君子之德风，小人之德草，草上之风必偃。"（《论语·颜渊》）"子曰：为政以德，譬如北辰，居其所而众星共之。"（《论语·为政》）朱熹注曰："以此观之，则人性之善可见。"（《四书集注》）孔子也认为人具有仁义之性，他认为"为仁由己，而由人乎哉！"（《论语·颜渊》）"仁远乎哉？我欲仁，斯仁至矣。"（《论语·述而》）《庄子·天道》曾记载老子与孔子的对话，老子曰："大谩，愿闻其要。"孔子答曰："要在仁义。"老子再问："请问，仁义，人之性邪？"孔子答曰："然，君子不仁则不成，不义则不生。仁义，真人之性也，又将奚为矣？"将人性视为仁性，是符合孔子思想的。另外，孔子还有其他的论述，诸如"人之生也直"等等，都说明孔子的性善倾向。孔子的性善倾向自然为儒学以性善为主流的观点奠定了基础。

其次,所谓"性相近"并不是指人性的彼此等同,而是同中有异。王弼曾解释说:"孔子曰:性相近也,若全同也,相近之辞不生;若全异也,相近之辞亦不得生。今云近者,有同有异,——虽异而未相远也。"(《王弼集·论语释疑》)人性在善的大前提下,仍有性质的差异、程度的高低、数量的大小差异,这就为董仲舒的"性三品论"、宋明理学对人性的善恶二重设计提供了理论依据。

再次,"习相远"指出了后天习染的差异性。既然人的本性大致相同,为何后天的品质差异又很悬殊?孔子认为这是后天的习染所造成的。所以孔子非常强调后天的学习,《论语》开篇第一句就是"学而时习之,不亦说乎?"他有四忧:"德之不修,学之不讲,闻义不能徙,不善不能改,是吾忧也。"(《论语·述而》)"学之不讲"是四忧之一。他甚至认为即使有好的德行,如果不学也会变质,"好仁不好学,其弊也愚;好知不好学,其弊也荡;好信不好学,其弊也贼;好直不好学,其弊也绞;好勇不好学,其弊也乱;好刚不好学,其弊也狂。"(《论语·阳货》)《论语》全书12700字,学字64个,约占0.5%。可见孔子极重"学",这是一种向外学习而成就道德的能力,恰如柏拉图通过理性认识理念,康德通过理性认识道德法则一样。[①]

孔子倾向性善,主张"仁者,人也",把仁性植于人性之中,实为孟子、阳明一系心学理论的源头。孟子的"存心养性"、王阳明的"致良知"正是对孔子"仁性"思想的发扬光大。孔子不仅强调"我欲仁,斯仁至矣",同样强调一种外向型的认知学说,所谓"笃信好学,守死善道",即把"笃信"、"好

[①] 康凯麟等:《重释传统——儒学思想的现代价值评估》,华东师范大学出版社2000年版,第97—98页。

学"视为守死善道的主要条件。这种以学诗学礼为基本内容，不以认识和把握客观世界的内在规律为目的，是外在的求知过程而非一种内在的"求放心"，这些是荀子乃至程朱一派的思想源头。孔子丰富而多层面的人性思想成为后世挖掘不尽的宝藏。

战国时期，关于人性的讨论广泛展开，仅儒家内部言人性者除孟子和荀子外，还有世硕、密子贱、漆雕开、公孙尼子之徒。孟子曰"性善"，荀子曰"性恶"，世硕等人认为人性有善有恶，可惜后者论著佚失，不得而详。此外，道家和法家也各有自己的"人性论"，直接与孟子进行争辩的，是告子的人性论。孟子的人性论主要有以下几个方面的内容。

其一，认为"人性"是人区别于动物的本质属性，而人的生理构造和物质欲求上的自然区别都是非本质性的，只有道德才是人所独具而动物所没有的本质属性。他认为虽然人与动物都有"食"、"色"之性，但人有四心，即恻隐之心、羞恶之心、辞让之心、是非之心，而动物则没有这四种道德心理。

其二，人所特有的仁、义、礼、智"四心"是先天就有的。孟子认为，"仁义礼智，非由外铄我也，我固有之。"(《孟子·告子上》)"仁、义、礼、智根于心。"(《孟子·尽心上》)道德并非由外部灌输，而是人们内心先天就有的，它"不虑而知"，"不学而能"(同上)，故而称为"良知良能"，合称"良心"。恻隐、善恶、辞让、是非四心是人类先天具有的"善端"，即"恻隐之心，仁之端也；羞恶之心，义之端也；辞让之心，礼之端也；是非之心，智之端也。——凡有四端于我者，知皆扩而充之矣，若火之始然，泉之始达。"(《孟子·公孙丑上》)只要保存扩充上述四端，就可以发展成为仁、义、礼、智"四德"，进而达到至善。如此"人皆可以为尧舜"(《孟子·告子下》)。

其三，人性可失。既然人人可以成为尧舜，又为何有善和不善之人呢？孟子认为并非他们本性不善，而是后来环境所致。

"若夫为不善，非才之罪也"（《孟子·告子上》），"富岁子弟多赖，凶岁子弟多暴。非天将才尔殊也，非所以陷溺其心者然也。"（同上）就像同时播种在同一块土地上的麦子，成熟后会有收获之区别一样，其原因在于"地有肥硗，雨露之养，人事之不齐也"。（同上）又如山上原有茂盛的草木，但由于人的砍伐、牛羊的啃食，结果变成秃山，人"以为未尝有材焉，此岂山之性也哉？"（同上）同样当有人不善时，"岂无仁义之心哉？其所以放其良心者，亦犹斧斤之于木也，旦旦而伐之，可以为美乎？"（同上）这种善恶二元式回答，就解决了人性本善与人之为不善的矛盾。孟子认为人性可失，自然就意味着人性可求，这正是他把仁义礼智"四心"作为"性"的根据之一。这样就把"性"与"命"区分开来。孟子的天命思想与孔子相同，所谓"莫之为而为者，天也；莫之至而至者，命也"（《孟子·万章上》）。即非人力所能为的一种客观规律。孟子认为"四心"是人所固有的天赋本能，如此推论"四心"是命，但"四心"与耳目感官之欲不同，应称之为"性"。这是因为耳目感官之欲富贵财利，"求之有道，得之有命，是求无益于得也，求在外者也"（《孟子·尽心上》），即非人力所能决定，完全受命的支配。而仁义礼智"求则得之，舍则失之，是求有益于得也，求在我者也"（同上），即可以通过人的主观努力而获得，所以"君子不谓命也"（《孟子·尽心下》）而称之为性。孟子对"性"和"命"的区别以及对人性可失又可求的规定，具有较重大的理论意义，这样就使孟子在肯定道德实践主观能动性后，为其道德修养提供了前提条件。

最后，存心养性，反身内省。孟子在性善论的基础上，继承孔子的修己思想，将其自律内省观点发展扩大，提出了一整套较为完整的道德修养论。孟子云："尽其心者，知其性也；知其性，则知天矣。存其心，养其性，所以事天也。夭寿不贰，修身以俟之，所以立命也。"(《孟子·尽心上》)这里所说的心有两层意思，一是指"仁，人心也"；二是指"心之官则思"(《孟子·告子上》)，即指仁义礼智"四端"善性，即所谓"良心"，又能指"思"的理性思维能力。前者是"心"之体，后者是"心"之用。孟子认为能"思"之心自有认识善性的能力，"思则得之"，只要尽量发挥理性作用（尽心），就能认识作为"心"之体的善性（知性）。而善性是天赋的，因此尽心、知性也就"知天"了，从而在道德认识中达到了"天人合一"。孟子道德修养的目的是为"存心"，这是因为善性本根于心，但善性也容易失去，故要"求放心"，即"学问之道无他，求其放心而已矣"(《孟子·告子上》)。为了防止感官物欲妨碍存心养性，导人于迷途邪道，孟子又提出"寡欲"说："养心莫善于寡欲。其为人也寡欲，虽有不存焉者，寡矣；其为人也多欲，虽有存焉者，寡矣"(《孟子·尽心下》)。孟子的"寡欲"说虽然来源于孔子，但已开始向禁欲方向推进。由于孟子的修养之道从"心"内求，所以在道德实践上他又主张"反求诸己"。他说："仁者如射，射者正己而后发；发而不中，不怨胜己者，反求诸己而已矣。"(《孟子·公孙丑上》)这就是说行仁如同射箭，摆正姿势才能去射，如果不中，应当反省自己射姿是否正确。而不能行仁，也要反省自己是否端正了动机。故而孟子又说："爱人不亲，反其仁；治人不治，反其智；礼人不敬，反其敬。行者不得者，皆反求诸己，其身正而天下归也。"(《孟子·离娄上》)也就是要从动机上去作自我反省。为此孟子又强调"知耻"，"人不可以无耻，无耻之耻，无耻矣"；"无羞耻之心，非人也"；"耻之于人大矣"(《孟子·尽心上》)。有羞耻正是为人的最基本的东西，否则不但不可能成为有道德的人，连做人的资格都没有了。孟子还提出"诚"的原则，他认为，"诚者，天之道也；思诚者，人之道也。"(《孟子·离娄上》)即人进行内心修养反求诸己必须要"诚"实,要真实无妄,这对于道德实践至关重要。所谓"至诚而不动者,未之有也;不诚,未有能动者也。"(同上)是否心诚是道德行为能否感动别人的关键。这说明"诚"在道德修养中是一种极高的精神境界。另外,"诚身"必先"明善",所谓"诚身有道,不明乎善,不诚其身矣"(同上)。能以诚身就意味着达到了至善的境界,"万物皆备于我,反身而诚,乐莫大焉。"(《孟子·尽心上》)

孟子谈到道德修养时,还提出"养浩然之气"的主张。他说:"我知言,我善养浩然之气。——其为气也,至大至刚,以直养而无害,则塞于天地之间。其为气也,配义与道;无是,馁也。是集义所生者,非义袭而取之也。行有不慊于心,则馁也。"(《孟子·公孙丑上》)这种"气"不是指客观存在的某种物质,而是指一种精神或心理状态,它是由心中"义"的道德意识日益积累而产生的,不是偶然从心外取得的,因此,如果没有"配义与道",它就没有力量了。这种通过反身内求,在扩充仁义本性基础上产生的精神力量,相当于"勇气"、"正气"、"气节"等。在孟子之前谈"气"的有:曹刿在齐鲁长勺之战中说:"夫战,勇气也。一鼓作气,再而衰,三而竭,彼竭我盈,故克之。"(《左传》庄公十年)《孙子兵法·军事篇》云:"是故三军可夺气,将军可夺气。是故朝气锐,昼气惰,暮气归。"孔子云:"三军可夺帅也,匹夫不可夺气也。"(《论语·子罕》)孟子在前人"守气"的基础上继续发展,认为勇气、正气、浩然之气都要靠"养",一方面要靠对道与义的把握而形成的自觉性,靠自己认为所做的正义之事,即"配义与道"、"集义所生",如果不是这样而有愧理屈,则要气馁;另一方面要靠持久不懈的修养和锻炼,即"以直养而无害";孟子解释"直养"为"必有事焉,而勿正,心勿忘,勿助长也"(《孟子·公孙丑上》),这就是说要持续以直道、正义来培养"浩然之气",不能终止，不能忘记，不能助长。如同农夫种田，可以给予庄稼外在的生长条件，诸如耕耘、灌溉、施肥等，但不能拔苗助长。孟子推崇的"浩然之气"不是一般的意气，而是宏大刚强的气概，它神圣凛然，博大崇高，气壮山河；它可以使人立于天地之间而无所愧作，无所畏惧；当需要作出牺牲时能自愿无悔地以身殉道，杀身成仁，舍身取义，即孟子所推崇的"富贵不能淫，贫贱不能移，威武不能屈"的大丈夫气概。①

四　荀子的人性论构成节操观礼法规范内容

荀子是战国末期赵国人，曾三次居齐，历时五十余年，游踪遍及赵、齐、楚、秦诸国，五十年岁那年游于齐，在稷下学宫"三为祭酒"，为众学之长。他聚徒讲学，影响甚大，从而在孔子去世、儒分为八之后，形成当时儒家主要派别孙氏之儒。荀况受谗离齐后，除在楚任过兰陵令外，基本上未受到重用，游历诸国后，晚年在兰陵"列著数万言"而卒，享年九十余岁。

荀子是先秦最博学的哲人之一，他的学说涉及哲学、政治学、伦理学、心理学、教育学、名学、法学、历史、军事和自然科学等各个领域，对先秦诸子几乎都作过评论和剖析，又有所吸收，立足于儒家，汇通百家，是先秦百科全书式的思想家。他的学术思想主要反映在天与人、性与伪、群与分、礼与法、知与行、名与实等方面，为了与本书主题相符，笔者主要论述荀子的人性论思想。

关于人性问题，先秦时期已争论了数百年，子产首开其端，认为"小人之性，衅于勇，啬于祸，以足其性而求名焉，非国家之利也"（《左传》襄公二十六年），把小人之性看成恶的。之

---

① 参见翟廷晋《孟子思想评析与探源》，上海社会科学出版社1992年版，谢祥皓《孟子思想研究》，山东大学出版社1986年版。

后孔子提出"性相近也,习相远也"。"唯上智与下愚不移。"(《论语·阳货》)认为人性是相近的,只是因后天的影响不同而有差异,只有"生而知之"的上智和"困而不学"的下愚才不可移易。孔门弟子宓子贱、漆雕开、公孙尼子等"皆言性有善有恶"(《论衡·本性篇》)。到了战国时期,人性的争论又有了较大的发展。如前所述,孟子对人性作了较深入的论述,他认为人有异于动物的普遍本性,而这种本性是有善端的,人的恶德是由后天造成的,存善去恶必须加强教化。告子在此问题上与孟子展开了辩论。告子认为"生之谓性","食、色性也","性无善,无不善也"(《孟子·告子上》)。将人的社会性排除在人性之外,把人性只归结于无异于动物的生物本性,从而无法回答具有生物性的人何以成为社会性的人的问题。而孟子试图解决人的生物性成长为社会性可能性的问题,把道德性看做人性的内在表现,从而将人的生物性和社会性区别开来。总之,荀子之前有关人性问题的论争已相当深入和丰富,其分歧主要集中在三个方面:一是何谓人性?有自然人性论与社会人性论之争。二是人性是善还是恶?有先天道德观与后天道德观之争。三是人性能否变迁?有可变与不可变之争。荀子作为先秦思想的总结者,对这些问题都作了详细的回答,从而形成了独特的人性学思想体系。

首先,荀子在人性问题上把天然与人为区别开来。他认为人性是人的天生的自然本性,也是一种天然的生物本性。人在后天形成的各种人格品质,是社会生活和教化的结果,来自于人为,故称之为"伪"。荀子主张"察乎性、伪之分"(《荀子·性恶》),要把多数混为一谈的天然与人进行严格区分和界定。他说:"生之所以然者,谓之性。性之和所生,精合感应,不事而自然谓之性。性之好、恶、喜、怒、哀、乐,谓之情。情然而心为之择,为之虑。心虑而能为之动,谓之伪;虑积焉,能习焉而后成,谓之伪。"(《荀子·正名》)关于先天与后天是否移异变迁，荀子认为"不可学，不可事，而在人者，谓之性；可学而能，可事而成之在人者，谓之伪。是性、伪之分也"。关于先天的感觉和人后天的社会情感，他认为"若夫目好色、耳好声、口好味、心好利，骨体肤理好愉佚，是皆生于人之情性者也。感而自然，不待事而后生之者也。夫感而不能然，必且待事而后然者，谓之生于伪。是性、伪之所生，其不同之征也。"(《荀子·性恶》)荀子不但将天然与人为、可学与不可学、感而自然与感而不感等容易混淆的概念和现象加以区分，给性与伪的概念以明确界定，而且辩证分析了性与伪的产生及相互关系。认为由阴阳和化、精合感应而成的生命个体"性"与社会功能的"伪"相结合，才能完善人的自然本性，发挥具有创造性的社会功能，从而显示圣人教化人类的作用，完成天下之大治。

其次，荀子在认为人性恶的前提下论述了人性善恶的问题。他认为"今人之性，生而有好利焉，顺是，故争夺生而辞让亡焉；生而有疾恶焉，顺是，故残贼生而忠信亡焉；生而有耳目之欲，有好声色焉，顺是，故淫乱生而礼义文理亡焉。然则从人之性，顺人之情，必出于争夺，合于犯分乱理而归与暴。故必将有师法之化，礼义之道，然后出于辞让，合于文理，而归于治。用此观之，然则人之性恶明矣，其善者伪也。"(《荀子·性恶》)荀子认为人之所以有善是社会的影响所致，因为人生而有欲，要满足欲求，便要好利而恶害，淫乱争夺，做出种种危害社会的暴行。他认为人的恶行表现了人的本性，而善行是人的本性得到改造的结果。他举例说："今当试去君之势，无礼义之化，去法正之治，无刑罚之禁，倚而观天下民人之相与也；若是，则夫强者害弱而夺之，众者暴寡而哗之，天下之悖乱而相亡不待顷矣。用此观之，然则人之性恶明矣，其善者伪也。"(同上)荀子将人的生物本性用社会规范进行衡量，从而导致人性的所谓原恶观点，这种将生物本性作为人的一切恶行之源，实际上是混淆了人的生物性与社会性，这是他理论的偏颇之处。

最后，荀子认为要克服性恶，只有进行人性改造，所谓"化性而起伪"，使人性适合于社会规范。他说："故圣人化性而起伪，伪起而生礼义，礼仪生而制法度，然则礼仪法度者，是圣人之所生也。故圣人之所以同于众其不异于众者，性也；所以异而过众者，伪也。""今人之性，固无礼仪，故强学而有之也；性不知礼仪，故思虑而求知之也"（《荀子·性恶》）。这就是说圣人和大众的生物本性是相同的，所不同而又优于众生的在于圣人能制定礼仪法度，自觉遵守社会规范，从而影响并治理天下。大众虽不能如圣人制定礼仪法度，却可以通过强学和思虑而知礼仪、守法度。这就是化性起伪的过程。荀子认为恶是根源于人的生物本性的非理性行为，而善是根据社会的需要进行自我约束的理性行为，人们靠"圣王之治，礼仪之化"，即所谓"途之人可以为禹。曷谓也？曰：凡禹之所以为禹者，以其为仁义法正也。然则仁义法正有可知可能之理，然而途之人也，皆有可以知仁义法正之质，皆有可以能仁义法正之具；然则其可以为禹，明矣"（同上）。人人可以成为圣人，是因为仁义礼仪都有可以认识和遵行的理性，人的本身也有认识和遵行的素质及条件，人只要"积善不息"，便可以达到圣人的境界，但这只是一种可能而非必然。荀子与孟子相比，更注重社会礼法作用，而孟子则注重个人的自我完善。如果从人性改造的效果来看，荀子的主张更具有现实性，因为自从进入阶级社会以后，人的情欲包括贪欲和权欲成了历史发展的杠杆，这些都需要后天即礼仪法度进行制约和矫正。

荀子主张性恶论，并不是完全放弃个人的道德修养，他认为知识要全，德行要粹，人的能力在知情意各方面都得到发展，成为求知、向善、爱美的统一体。他说："君子知夫不全不粹不足以为善也，故诵数以贯之，思索以通之，为其人以处之，处其害以持养之。使其目非是无欲见也，使其非是无欲闻也，使口非是无欲言也，使心非是无欲虑也。及其致好之也，目好之五色，耳好之五声，口好之五味，心利之有天下。是故权利不能倾也，群众不能移也，天下不能荡也。生由乎是，死由乎是，夫是之谓德操。德操然后能定，能定然后能应，能定能应，夫是之谓成人。天见其明，地见全光，君子贵其全也。"（《荀子·劝学》）荀子较重视智能，他认为"凡已知，人之性也；可以知，物之理也"（《荀子·解蔽》），即认识客观事物的能力是人的本性，所以荀子以读书思考为获得"全、粹、美"人格的首要条件。所谓"学不可以已"、"青出于蓝而胜于蓝"（《荀子·劝学》），这些是强调求知学习应积极进取，永不止息。所谓"君子博学而日参省乎已，则知明而行无过矣"（同上），则在主张自省的同时强调求知的重要。这与孔孟主张的真善统一而归宿于善的思想有较大的差别。由于荀子也出于孔门并以继承者自居，故而未能将重视知性潜能开发的见解坚持并有所发展。但是荀子对孔子"仁智统一"的思想有较大发挥，这在他规定的学习对象上有显著反映："学恶乎始？恶乎终？曰：其数则始乎诵经，终乎读礼"（同上），即认识的最终目的是把握儒家经典中的礼仪。

在知行关系上，荀子认为行高于知，"不闻不若闻之，闻之不若见之，见之不若知之，知之不若行而止矣。行之，明也"（《荀子·儒效》）。强调认识不能单纯停留在知识上，还要贯彻于行。但荀子的行既是认识论的要求，更主要是伦理学的要求，他的所谓"行"不是指人类征服自然的实践活动，而是道德践履。"夫行也者，行礼之谓也"（《荀子·大略》），也就是实践所了解知晓的伦理规范和道德原则。这样理论就化为德行，有了一层向善的色彩，人们通过学习、思索、力行和修养等途径，用礼仪来培养自己，养成"使目非是无欲见也，使耳非是无欲闻也，使口非是无欲言也，使心非是无欲虑也"的习惯,改变目好色、耳好声、口好味般的自然,于是便"积善成德"(《荀子·劝学》),真正形成德性,造就"成人"了。除了知和意外,荀子对情感的培养也非常重视,认为要求愉悦的情感是人不可避免的,所以人离不开音乐艺术,"夫乐者,乐也,人情之所必不免也,故人不能无乐"(《荀子·乐论》)。由于荀子认为情与性一样,有为恶的可能,"夫民有好恶之情而无喜怒之应则乱",因而需要雅、颂之类的音乐艺术对情加以疏导、转化,这样一方面与统治秩序的稳定相配合,是一种政治教化;另一方面也是使人格修养日趋完善的必要手段,"使其声足以乐而不流,使其文足以辨而不諰,使其曲直、繁省、廉肉,节奏足以感动人之善心,使夫邪污之气无由得接焉"(同上)。如此使心灵陶醉于以善为内容的音乐、舞蹈、诗教之中,既愉悦了情感又陶冶了德操,使"邪污之气"不侵入人的情感,从而使喜怒好恶合乎礼的要求。[①]

五 墨子的"兼爱"和"义利"观为节操理论作了补充

墨子,名翟,战国初期鲁国人,手工业者出身,会制造各种器械,是春秋时期"工商食官"瓦解社会生产力发展后出现的小手工业者的代表。墨子学过儒家孔子学说,但"以为其礼烦扰而不说,厚葬靡财而贫民,服伤生而害事,故背周道而用夏政。"(《淮南子·要略》)实际上是战国初期兼并战争日益频繁、规模扩大,各阶层尤其是小生产者深受其害,墨子学说反映了这个发展起来而又遭受战争之苦的阶层的理想和要求。由于墨子受古籍记载和民间传说中夏禹的较大影响,敬佩夏禹的苦干和救世精神,要求弟子们向夏禹学习,认为"不能如此,非禹之道也,不足为墨。"(《庄子·天下》)另外,齐国和三晋地区文

[①] 参见刘蔚华《儒学与未来》,齐鲁书社2002年版。

化对墨子也有很大影响，使得他注重工农业生产，主张"以德就到，以劳殿赏，量功分禄"（《墨子·尚贤上》），与齐国文化的富民思想及三晋政治家按功论爵的主张有密切关系。而墨子的"时年岁善，则民仁且良；时年岁凶，则民吝且恶。"（《墨子·七患》）又与管仲"仓廪实则知礼节，衣实足则知荣辱"（《管子·牧民》）极为相似。墨子综合了多种学术之后，脱离儒家而创立了新说。他的政治、社会、哲学思想是一个较为完整的体系，其基本内容有十个方面，即兼爱、非攻、尚贤、尚用、节能、节葬、非乐、非命、尊天、事鬼，其核心是"为万民兴利除害"（《墨子·尚贤上》），"上利于天，中利于鬼，下利于民"（《墨子·天志》）。这种公开反映自己的利益要求，以拯救贫民百姓为目的的思想显然与儒家相对立。

　　墨子的伦理思想核心是"兼爱"，所谓"兼"即总全、兼顾之意，是对"爱"的一种规定，也是对"爱"的方式、状态的一种要求。"兼爱"就是指不分人我、不别亲疏、没有差等地爱一切人。也就是说在人我、君臣、父子、诸侯之间不分上下贵贱，都要相亲相爱，爱人如同爱已。他说："使天下人兼相爱，爱人若爱其身"；"视父兄与君若视其身"，"视弟子与臣若其身"，"为其友之身若为其身，为其友之亲若为其亲"（《墨子·兼爱》）。墨子认为"爱"和"利"是紧密相连的，所谓"兼相爱，交相利"，"兼而爱之"就是"从而利之"。他认为"利"是"爱"的基础和内容，"亏人自利"是"不爱"的标志，而"不相爱"是一切祸乱的根源。他说："子自爱不爱父，故亏父而自利；弟自爱不爱兄，故亏兄而自利；臣自爱不爱君，故亏君而自利。此所谓乱也。虽父之不慈子，兄之不慈弟，君之不慈臣，此亦天下所谓乱也。父自爱也不爱子，故亏子而自利；兄自爱而不爱弟，故亏弟而自利；君自爱而不爱臣，故亏臣而自利。是何也？皆起不相爱。"（《墨子·兼爱上》）墨子的"爱"与孔子的"仁爱"有相当的差别。如前所述,孔子的"仁爱"是以亲子血缘关系为基础,由父母对子女的慈爱,进而到子女对父母养育之恩的报答之情,然后再由这种爱亲向爱人过渡,即首先为人,使受恩惠者产生不安报答之心,之后还报施恩者,从而形成人与人之间的关爱。而墨子则省略了前一个过程,直接提倡人与人之间的爱,这在当时的社会中,显然是不现实的。但是墨子主张尊重人的人格和尊严,充分发挥人的智慧和才能,要求人们在处理人与人之间的关系时,要做到"视人之身若视其身","爱人若其身","为彼者犹为己也","先万民之身而后己身"等。这些和孔子的泛爱升华一样体现了中国古代的人文精神,是一种超越了宗亲、阶层的人类之爱。这在两千多年前的宗法阶级社会时代,显然是超前的、难能可贵的,也是现代文明社会所积极提倡的。

"义利之辨"是墨子伦理思想的另一重要内容。义利关系在春秋战国时期就成为一种争论不休并一直影响中国古代的问题。所谓"义"一般是指人们的思想和行为合乎公认的社会道德标准;"利"即利益,主要指物质利益或功利。孔子最早较为完整地将义利进行了划分。他认为"君子喻于义,小人喻于利。"(《论语·里仁》)"君子谋道不谋食"(《论语·卫灵公》)。他要求人们重义轻利,见利思义,把仁义道德看成比物质财富更为重要,所谓"不义而富且贵,于我如浮云"(《论语·述而》),追求一种虽粗茶淡饭但精神高尚愉快的境界。他强调为了追求仁义,不但可以舍弃物质追求,甚至可以舍弃生命,所谓"志士仁人,无求生以害仁,有杀身以成仁"(《论语·里仁》)。但孔子并不否认人们的合理"利"欲,尤其重视民众的"公利",要求"因民之利而利之",认为治理国家首先要使人民富裕,然后才能实行道德教化。孟子继承了孔子的思想并进一步发挥,提出"去利怀义"的观点,认为只须讲求仁义道德,"何必曰利"。齐国管仲则提出了与儒家重义轻利思想极不相同的观点,他认为

"凡有地牧民者,务在四时,守在仓廪。国多财,则远者来;地辟举,则民留处。仓廪实则知礼节,衣食足则知荣辱。"(《管子·牧民》)衣食仓廪属于利,礼节荣辱属于义。管子并没有否认或贬低义,但他认为义的产生必须以利为前提条件,先利后义,利以生义。后来司马迁把管子的观点加以发挥,把求利、求富看成人的天性,认为自古以来,"天下熙熙,皆为利来,天下攘攘,皆为利往。"(《史记·货殖列传》)对人们的这种由本性而形成的习俗进行教化是徒劳无益的,最好的办法是让"人各任其能,竭其力,以得所欲",使人们获得利益的满足,从而"人富而仁义附焉"。可以说司马迁的利以生义比管仲更为彻底。

与上述观点不同,墨子在义利关系上提出了贵利尚义,义利统一的思想。墨子把"利"作为实践"兼爱"的行为准则。他所说的"利"泛指对天下之人有利,所谓"利人乎即为,不利人乎即止。"(《墨子·非乐上》)"众利之所生,从爱人利人生。"(《墨子·兼爱下》)这里的"利"即是"义","重利"也就是"贵义",义和利二者是统一的。由此看来,墨子所说的利与孔孟所讲的利不同,孔子、孟子强调的利主要指维护统治阶级的整体利益,只有如此才合乎"义"。而墨子所说的"利"则是"爱利万民"、"天下之利",所谓"万事莫贵于义。——凡言凡动,利于天鬼百姓者为之,凡言凡动,害于天鬼百姓者舍之。"(《墨子·贵义》)"仁义之所以为事者,必兴天下之利,除天下之害,以此为事者也。"(《墨子·兼爱中》)墨子的"利"具有较大的广泛性和整体性,他并没有按阶层去划分,因此墨子的利讲的是天下之公利,国家百姓人民之利。这里公利和私利,整体和个人也是统一的,他肯定正当的个人利益,反对损人利己,"亏人"而"自利"。只要自食其力,赖其力者都是正当的,凡是农夫耕稼树艺,妇人纺织,百工制作器具,以至于王公大夫听狱治事,士君子治理官府等都被墨子视为"赖其力者"。总之各安生理，自食其力就是应得的"利"，反之如果"不与其劳，获其实"(《墨子·矢志下》)，干些偷盗、抢劫、拐骗甚至攻伐弱国，强占别人土地财产等，就是"亏人自利"的不义行为。

在义利关系上，孔子与孟子把义和利对立起来，认为"君子喻于义，小人喻于利"，当义和利发生矛盾和冲突时，要舍利取义，其最高形式是所谓"舍生取义"。墨子则将义和利统一起来，认为人们的生活目的就是为了实现"欲福禄而恶祸祟"(《墨子·矢志上》)的愿望，这是一种普遍正当的功利要求，因此可以说"义"的实质就是"利"。志士仁人则以"兴天下之利，除天下之害"为最高目的，看他是否"中国家百姓人民之利"(《墨子·非命上》)。因此墨子从不空言或单言"兼爱"，而是讲"兼相爱，交相利"。爱人必以利人为目的，有爱而无利等于无爱，厚爱而薄利等于薄爱。另外，墨子重利但又不排斥"义"，相反他还非常重视"义"，他认为"万事莫贵于义"(《墨子·贵义》)，又说，"义者，正也。"(《墨子·矢志下》)既然"利"是人们社会生活的目的，如果人们不从"义"出发，而是以满足自己的一己私利为目的，势必造成人人相恶相残，正所谓"强必执弱，富必侮贫，贵必傲贱，诈必欺愚。"(《墨子·兼爱中》)天下祸篡怨恨由此产生，人们的合理功利也就无法实现。因此从这个意义上看，义利是统一的，相辅相成的。[①]

第三节 两汉时期与节操有关的道德思想

一 董仲舒的道德思想使节操观，更适于大一统的需要

董仲舒，河北广川人，汉武帝元光元年（前134年）举贤

[①] 参见张知寒主编《墨子研究论丛》(二)中杜振吉的有关墨子文章，山东大学出版社1993年版。

良对策时,上对策三篇,提出了他的哲学体系的基本要点。董仲舒在对策和《春秋繁露》中,以《公羊春秋》为主,融合阴阳家、黄老、法家思想,建立了一个新的以天人感应为基础的目的论思想体系,代替黄老成为汉代官方哲学思想。战国时期,百家争鸣,学术的活跃纷繁反映了政治上的斗争与多端。荀子为了迎接天下归一,立足儒学,汇通百家,是春秋战国以来学术思想的总结。其弟子韩非、李斯又发展出适应专制集权需要的法家思想,开始了一轮新思想运动的起点。法家过分强调刑法作用,以吏为师,不要文教德治,促使秦王朝二世而亡。而西汉初年的百废待兴使得汉王朝不得不采取休养生息的黄老政策。经过近七十年的发展,西汉王朝面临着调整思想路线以适应新形势的需要,董仲舒以儒家思想为基础,吸收法家、黄老、阴阳五行中对专制集权有利的内容,抛弃其过分注重刑法,消极无为等不利因素,成为真正适合封建大一统的思想体系,从而完成了秦汉思想发展的又一轮运动。这里我们主要分析论述董仲舒与节操观念有关的人性论和伦理思想。

在人性论方面董仲舒主要继承的是荀子的精神,强调人心对恶的强制作用,认为人性的形成和发展依赖于教育。所谓"天生之,地养之,人成之。天生之以孝悌,地养之以衣食,人成之以礼乐。三者相为手足,合以成体,不可一无也。"(董仲舒《春秋繁露·立元神》)虽然董仲舒人性论主要继承荀子,但又与之有很大不同。荀子强调性恶,董仲舒则认为人的自然之性本来具有善质,他认为人性好比禾苗与茧,非禾无以出米,非茧无以成丝。在这一点上又与孟子接近,因而董仲舒的人性论是孟、荀人性观点的综合。董仲舒认为孟子所谓的"善"是异于禽兽之善,这不是具有"循三纲五纪,通八端之理,忠信而博爱,敦厚而好礼"的圣人之善,要具有"圣人之善"必须完成由可能性向现实性的转变,这就需要"王教之化"。董仲舒还讲了孟子没有阐述的"四端"良知与天的关系，认为人是天的副本，人的形体、情欲、道德意识等一切都是天赋予的，人性的根源在于天道。人性包含着两种可能，既可以为善，也可以为恶，如同天之阴阳对立。在善与恶的对立中，董仲舒认为善是主导的方面，情欲是从属的方面，人应按照天道之性限制情。这种以理统情的思想在以后宋明理学中有系统的发挥。

在伦理思想方面，董仲舒详细论述和确立了三纲五常的神圣地位。由于秦代的法治政策和汉初的黄老清静无为，使等级权威受到削弱。"法不分贵贱"，大臣贵戚犯法与庶民同罪，天子与诸侯王在衣服、器饰、乘舆及礼仪待遇方面不加区别。为此贾谊提出沿革封建等级制度，建立礼法的建议。董仲舒继续这方面的工作。在等级制度中，君臣父子夫妇是最基本的伦常等级关系，即所谓"三纲"。韩非虽然早已提出"三纲"思想，但没有展开论证。董仲舒将天道的日月星辰联系社会的君臣父子，以天道的阴阳关系为"三纲"作了充分的论证。他认为"天子受命于天，诸侯受命于天子，子受命于父，臣受命于君，妻受命于夫。诸所受命者，其尊皆天也，虽谓受命于天亦可。"（《春秋繁露·顺命》）"子不奉父命，则有佰讨之罪，……臣不奉君命，虽善以叛，……妻不奉夫之命，则绝。"（同上）以原始社会血缘关系建立的宗法制度是封建社会等级制度的核心，因此董仲舒把家族伦理关系中的孝道提到了首位。他以五行相生关系论证孝为"天之经，地之义"，认为子之孝父是取法于地之事天，土之奉火。自然界的五行相生与人类社会伦理道德毫无关系，但董仲舒却进行荒谬的类比，其目的是让人们认为自己的社会关系是自然、天道所确定的准则。"土德"既是孝道，又是忠道，因为封建宗法制度下，家父在家庭中享有至高无上的尊严与地位，君主在国家享有至尊地位；国家是家庭的扩大，皇权是家长所有权的扩大。"唯天子受命于天，天下受命于天子，一国则受命于君。"

(《春秋繁露·为人者天》)狭小分散的封建经济需要强大的专制权威来保护其财产利益,而封建政府也需要无数"家庭"细胞提供财富人力以维持。因此封建君主很自然地把政治压迫关系掩饰在温情脉脉的宗法外衣之下;臣民、家长也极自然地把自己对君主的尽忠、服务以及统治与被统治的关系,认为是一种宗法关系,君、父大义取得了同样的尊严与神圣的地位。"是故圣人之行莫贵于忠,土德之谓也。""土者天之股肱也","事君,若土之敬天也"。"五行者,乃孝子忠臣之行也"。(《春秋繁露·五行之义》)对孝道的论证原封不动地变成了对忠道的论证。

维系"三纲"的道德范畴,除了忠孝外,还有仁义礼智信"五常"。"五常"在孟荀著作中称为"五达道"、"五达德",董仲舒又称之为"五纪",是最基本的道德范畴。对于"五常"董仲舒仍然以"五行"为基础进行论述,即将自然道德化,然后从自然论证"五常"的永恒合理,如此就把道德主体的能动性抹杀了。但在个人道德实践方面,董仲舒却是强调个人的作用。如对仁义的论述中就强调主体能动性精神,他说:"以人安人,以义正我。故人之为言人也,义之为言我也。……仁之法在爱人,不在爱我,义之法在正我,不在正人。我不自正,虽能正人,弗与为义。人不被其爱,虽厚自爱,不予为仁。"(《春秋繁露·仁义法》)在这里董仲舒发挥了孔孟的修己自律思想,强调道德修养要"内治反理以正身","外治推恩以广施","躬自厚而薄责于外"(同上)。在"爱人"方面董仲舒也随着时代的变化,吸收了墨子的"兼爱"思想,要求"质于爱民,以下至于鸟兽昆虫莫不爱。"(同上)在义利关系方面,董仲舒强调"正其谊不谋其利,修其理不急其功"(《春秋繁露·对胶西王越大夫不得为仁》);"正其谊不谋其利,明其理不计其功。"(《汉书·董仲舒传》)论者多据此认为董仲舒是否定功利的,而李泽厚认为,"修其理不急其功"更符合董仲舒思想的精神。因为当时正值汉朝国力强大,社会欣欣向荣,人们充满着建功立业思想,因而与孟子反对功利、将义和利对立起来不同,董仲舒强调"利"的重要作用,认为"天常以爱利为意"(《春秋繁露·王道通三》),"天之生人也,使之生义与利。利以养其体,义以养其心。……义者心之养也,利者体之养也。"(《春秋繁露·身之养重于义》)两者比较,虽然义更重要,但义之所以重要是因为唯有明义才能有利;没有义,"虽富莫能自存","忘义而徇利,去理而走邪!以贼其身而祸其家。"就统治者而言,"今不示显德行,民黯于义不能炤,迷于道不能解,因欲大严以必正之,直残贼民而薄主德耳,其势不行。"(同上)所谓"不急其功","不计其功","不谋其利",正是为了安民和保住财富的大功、大利。董仲舒受黄老、法家追求功利的影响,融合儒法,以"明道"、"不计其功"为达到功利的手段,改变了孟子反对功利的思想,将孟子超功利的道德变成了要求为功利的道德。总之,董仲舒的伦理思想是孟、荀思想的综合,他把三纲五常作为大道的外在强制作用绝对化,变为人人必须遵守的行为和关系的神圣准则,这与荀子"礼论"思想是一致的。但在个人道德实践和修养上,他强调"心"的能动作用,强调"内治反理","外治推恩","求诸己",又继承和发挥了孟子的思想。

二 西汉中期至东汉末年"三纲五常"道德观的确立

汉武帝虽然"罢黜百家,独尊儒术",也接受了董仲舒的一系列思想观点,但由于反击匈奴战争以及内外兴作,国家在财政和军事上急需一批经世之才,因此桑弘羊、孔仅、卫青、霍去病等得以任用。为解决和镇压激化的社会矛盾,又需要张汤、杜周等酷吏,于是儒生被排挤到无权的角落。随着汉武帝战时体制的结束和新的休养生息时期的到来,一度居于支配地位的法家思想跌落下来,无权的儒生和儒学取而代之,盐铁会议上贤良文学对桑弘羊的发难，标志着思想界新的转折的到来。西汉宣帝甘露三年（前51年）召开的"石渠阁会议"，将经学的学术观点变成了政治的最高法典，极大地加强了经学的地位和儒家礼仪制度对社会的控制。西汉末年到东汉初年，今文经日益烦琐和谶纬化，其荒诞支离和严重脱离实际，已不能起到统治和指导思想作用，且与正统经学矛盾日深。为了统一经学，有利于封建统治，东汉章帝于建初四年（79年）召开白虎观会议，会后由班固整理成《白虎通德论》。《白虎通》对纬书提出的"君为臣纲，父为子纲，夫为妻纲"，作了更具体的规定和解释，认为"纲者张也，纪者理也。大者为纲，小者为纪，所以强调上下，整齐人道也。人皆怀五常之性，有亲爱之心，是以纪纲为化，若罗网之有纪纲而万目张也。"（《白虎通·三纲六纪》）另外，还对君臣关系应遵守的一些原则如"进思尽忠，退思补过，去而不讪，谏而不露"作了总结。总之，《白虎通》以学术形式出现，罗列和综合经学各家观点，削弱了谶纬的神学性。东汉末年古文经学、今文经学和谶纬在马融、郑玄的注经中实现了融合，但随着玄学思潮和佛道宗教思想的发展，两汉经学终于走向破产。[①]

第四节　魏晋南北朝隋唐时期与节操有关的道德思想

一　魏晋玄学强调节操观的自然性

随着汉朝的灭亡，烦琐的两汉经学也被抛弃，士大夫以《老》、《庄》、《易》三玄为基础，创造出新的思想体系——玄学。何晏与王弼是魏晋玄学的代表人物，其伦理思想主要是论述伦理纲常与"道"的关系，即所谓"名教"出于"自然"论。王弼认为德分上德和下德。所谓上德是从"道"的角度看待一

---

① 参见金春峰《汉代思想史》，中国社会科学出版社1987年版。

切，把握一切。它不用德之名，超然于具体的道德规范之上。这种"上德"是"无为"的，不起通常道德所起的约束作用。而当时存在的各种封建伦理道德都被王弼视为"下德"，"凡不能无为而为之者，皆下德也，仁义礼节是也。"（王弼《老子》三十八章注）首先王弼认为从"有为"出发的"下德"，其范围和作用都是有限的，因而必然引出其对立面，从而导致斗争，最终走向自己的反面。其次王弼认为"有为"的"下德"必因导致虚伪而破产，因为一个阶级的伦理道德要想无所偏私地对待一切人是根本不可能的。这就导致了当时伦理学中不可克服的内在矛盾。王弼认为真诚是道德的生命，而"仁义"和"礼"则是缺乏真诚的，是虚伪的。何晏、王弼的道德理想与其哲学和政治观点是一致的，即是"任自然"而"无为"。由此设计出一个完美的理想道德境界，即以"无知"为真，以"无为"为善，以"无名"为美，其中的核心是"真"。所谓"真"就是保持人类本初的自然状态，守住这种"真"主要靠"无知"，"无知守真，顺自然也"（王弼《老子》六十五章注）。因为"以智术动民，邪心既动，复以巧术防民之伪，民知其术，随防而避之。思维密巧，奸伪益滋。"（同上）这就是说开发民智就会破坏"无知无欲"的淳朴状态，产生作伪的邪心，统治者复以巧术去防民之伪，民以智术来相防范，如此"奸伪"越来越厉害，最终势必造成"万物失其自然，百姓丧其手足，鸟乱于上，鱼乱于下"的结果。为此圣人要把天下人的心都收拢来，使之回到"无所主"的状态，这样就进入了"真"的境界。而所谓"善"就是"无为"，因为"有为"破坏了"自然"，使"自然"失其"真"，因而就是"不善"。各种道德规范的"善名"并不是真的"善"，因为这会引出"不善"来。王弼认为真善是"居无为之事，行不言之教，不以形主物，故功成事遂，而百姓不知其所以然也。"（王弼《老子》十七章注）如果说"真"是保持或复归到人类的自然本性，那么"善"则是爱护或保证这种自然性不受破坏。因此王弼的"善"从内容上看应该与"仁爱"是相通的。他说："若夫大爱无私，惠将安在？"（王弼《论语释疑》）"大爱无私"是他所追求的"仁"。他所反对的"仁"，只是具有"仁"名、"有为"的，使一部分人感到受另一部分人恩惠的那种"仁"。

阮籍和嵇康的伦理思想是魏晋时期最有积极意义的伦理思想，他们接受了何晏、王弼思辨的成果，并有所发展。他们认为原始社会是自然社会，没有君主，没有"仁义"和"礼律"，但人们的品德却很高尚。当君主产生之后，仁义礼法随之产生，即名教是君主为了统治的需要而制定的。名教是君主"束缚下民"和维护尊卑上下关系的工具，因此他们提出"越名教而任自然"，即批判否定仁义礼制，恢复"自然无为"的社会状态。为此阮、嵇二人提出了"任性"、"养生"、"逍遥"的伦理观。关于任性，他们认为人是自然的产物，人与自然一体，必须"循自然而性天地"，才能"变化而无伤"（阮籍《达庄论》）。关于养生，他们认为"残生"与"害性"一样违背自然，反对统治者为满足"无穷之欲"而残害百姓，主张"性"与"身"、形与神的统一，认为嗜欲是"养生"的最大障碍。关于逍遥，阮、嵇二人虽已洞察了当时人世间的黑暗，却无法在现实世界里找到出路，只好到虚幻中去寻找安慰，寄托理想。阮籍幻想了一个"大人"，嵇康幻想了一个"至人"，或者"超世而绝群，遗俗而独往"，或者"内不愧心，外不负俗；交不为利，仕不谋禄"。总之是"逍遥浮世"，极度虚幻。阮籍和嵇康的伦理学批判名教入木三分，但由于时代局限，只能把人拉回到荒洪时代的自然状态，用"自然"与"社会"相对立，如此虽然在反对扼杀人性、残害人命方面有积极意义，但其反对智巧、抹杀是非的主张只能把社会拉向倒退，变成消极无为的混世。

何晏、王弼、阮籍、嵇康揭示了"名教"与"自然"的对立，否定了"名教"，与"无君论"相联系，成为否定封建制度的"异端"。而向秀、郭象则论证了"名教"与"自然"的统一，为封建专制统治提供了理论根据。向秀和郭象的道德观是"仁义"即"人性"，他们认为"尊卑贵贱"本于"自然"，物各有性，人也各有性，物、人各守住自己的性，便合乎"自然"。而且人性有差异，这种差异导致"尊卑贵贱"。向秀和郭象还从"人事"即"天理"导出"仁义"即"人性"，而且认为包括礼法制度等整个"名教"都是"自然"。据此他们又得出"安分自得"的人生观，认为人世间的贵贱差别是由"命"和"遇"决定，要"安命"，"随所遇而任之"（《庄子·德充符》注），即"安分"而"顺命"，不作任何反抗，最后是"逍遥"和"坐忘"，逍遥自在断绝"羡欲"，"坐忘"是非、生死、善恶、美丑，从而达到"无不通"的最高境界，彻底解脱。

魏晋玄学的伦理观后来分化成两个极端：一是由否定违背"自然"的尊卑等级制度而导致的无君论；一是由于把恣情享乐当做人生唯一目的而导致的纵欲论。这两个极端都不利于封建统治，因此，对其批判，然后回归儒家正统伦理道德成为当时及以后思想界的任务。最早开始批判玄学的不是名宦鸿儒，却是道士葛洪。葛洪少年时读过大量儒家经典，又学仙得道，因而亦儒亦道，进以儒涉世事，退而炼丹以求长生。他的道德思想主要是批判鲍敬言无君论，维护"名教"纲常。葛洪与鲍敬言针锋相对，认为"人伦之体"、"君臣之序"是自然的、永恒的，同时，人性在本质上是自私的，人间的争斗是永恒的。他明确指出鲍敬言等人的"唯贵自然"是行不通的倒退主张，要把"桀纣之虐"等弊政与"至治之义"分开。葛洪还反对荒淫颓废的社会习俗，主张"崇教"即恢复发扬儒家的伦理纲常，以淳化风俗；主张以安贫、知止、仁明等作为个人的修身之道。

经历南北朝末年和隋初的颜之推，继葛洪之后也开始了向儒家道德传统的回归，他的《颜氏家训》仅从道德实践的角度提出了要以儒家的伦常来治家的问题。颜之推总结了南朝门阀士族不学无术、腐化堕落的历史教训，认为"礼为教本，敬者身基"（《颜氏家训·勉学》），强调教育从幼年抓起，注重学以致用，反对玄学的浮夸和经学的烦琐。颜之推以"家教"为中心，以巩固封建血缘宗法制度。他还以"中庸"作为持家的准则，提倡"少欲知足"，无论是财产、官位等都要适可而止。在道德修养方面他提倡重节操、辨名实、崇俭朴，恢复魏晋以来被破坏的封建礼教，使士大夫有廉礼之心、节义之志，注重个人道德修养和名节，躬俭节用，注重实际，反对奢侈浪费。

二　隋唐时期三教融合推动了节操观理论的发展

魏晋南北朝时期，士大夫吸收老庄思想，建立玄学，结果造成统治阶层崇尚空谈、腐化堕落。隋唐时期佛教流行，又造成寺院经济膨胀，严重危害了封建国家的利益。儒释道斗争中儒家的式微使有识之士痛心疾首，中唐以后社会矛盾的发展和三教逐渐合流的趋势又为韩愈、李翱的振兴儒学提供了条件。韩愈为了排斥佛老，恢复儒家仁义道德的正统地位，制造了一个"先王之道"的"道统"。他将"仁义"与"礼乐刑政"有机地结合起来，所谓"道莫大于仁义，教莫大乎礼乐刑政"（韩愈《送浮屠文畅师序》）。他反对玄学把"仁义"看做对"道德"的破坏，主张道德是以仁义为内容的，以此论证封建纲常的永恒性。韩愈还批评佛教的伦理学说，将"治心"与"治国平天下"相割裂，从而导致礼崩乐坏、国家灭亡。为了寻找历史根据，韩愈还制造了一个由"先王"相互传授的"道统"，即所谓尧、舜、禹、汤、文、武、周公、孔、孟，孟子之后，道统断裂，由他韩愈继承。这种假借"先王"来表达自己思想的方法，使封建伦理纲常的永恒性获得了较为严密的理论论证。它为以后排除儒家之外的各种思潮，恢复儒家的独尊地位起了重大作用。

第五节 宋元明清时期与节操有关的道德思想

一 两宋理学完善了节操观的修养思想

（一）周敦颐的"诚"

周敦颐吸收道、佛的一些思想，改变了从《中庸》、《孟子》以来传统的"由人及天"以建立思想体系的思想路线，创立了从宇宙本体到人类社会即"由天及人"的哲学体系。在伦理道德方面则从世界观、认识论的角度进行了理论论证，从而把思孟学说进一步系统化、思辨化，是宋明理学的开创者。周敦颐的道德中心观念是所谓"诚"。最早提出"诚"的是孟子，是为了更好地发挥孔子的"修己安人"思想。荀子也曾说："君子养心莫善于诚，致诚则无它事矣。""诚心行义则理，理则明，明则能变矣。"（《荀子·不苟》）"诚"的意思就是讲求信用，不自欺欺人，做事心安理得。思孟学派不仅视"诚"为一种道德规范，而且还把"诚"当成了"天道"，"诚者，天之道也；思诚者，人之道也。"（《孟子·离娄上》）用"诚"来沟通天人关系。但是思孟及以后都没有解决"诚"是如何支配宇宙以及如何使"天人相通"的。周敦颐则在《通书》中对这两个问题作出了系统解答。首先，周敦颐认为"诚"为"圣"之本。"圣人"与天地合德，是道德的化身、人类的教化者，其根本的东西就是"诚"。"大哉乾元，万物资始，诚之源也。"（周敦颐《通书·诚上》）即诚是本体，万物从那里派生。其次，"诚"为"五常之本，百行之源"（周敦颐《通书·诚下》），所谓"五常"指仁、义、礼、智、信，"百行"指人们孝、悌、忠、信等行为规范或其他各种事物。如果"五常百行，非诚非也，邪暗塞也，故诚则无事矣。"(同上)即不"诚"则"五常"、"百行"皆无其实。最后,"诚"是"纯粹至善者也"。能获得天即乾道所赋的"纯粹"的"诚",便是"至善"。这样"诚"就成为最高伦理道德境界,是达到圣人的标准。

周敦颐还谈了为"圣"的内容。他认为"圣人之道,仁、义、中、正而已矣。"(《通书·道第六》)"仁"是"立人之道",位居五常之首;"仁"又是人心之"爱","仁"还是天地生物之心。"义"也是"立人之道",是一种"宜"和"刚善"的"性","仁"生万物,"义"责成万物。"中"、"正"则是中和无邪,"公"则是无私。有了为"圣"的标准"诚"和为"圣"的内容"仁、义、中、和、公",要达到这种最高精神境界和道德伦理准则,还要经过不懈的修炼功夫。即第一要"窒欲"甚至"无欲",如此则会"静虚"、"无杂念",然后就公正无私,这比孟子的节欲又进了一步。第二是迁善改过,人孰无过,闻过即改为善,便为君子。相反闻过不改则为恶。周敦颐的修炼功夫被后来的道学家发挥成"存天理、灭人欲"的禁欲主义桎梏。

周敦颐使道德规范"诚"有了宇宙本体意义,用"诚"把"性"与"命"统一起来,又通过"诚"来达到"天人合一",从而把道德抬到了至上的、绝对的地位。

(二)二程的伦理思想

程颢、程颐以先秦的儒家经典为依据,吸取了张载等人的理论成果,以封建伦理为中心,把天理论、人性论和修养论融为一体,建立起一个新的儒家思想体系,被历代理学家奉为正宗。二程的人性论主要有两个观点:一是"天命之性"。他们认为人性有两个含义,即自然禀受的"气质之性"和体现天理的"天命之性"。"天命之性"与"天理"等同,是纯"善"的,这种"善"的内涵即仁、义、礼、智、信,如此使五常有了绝对永恒的"天理"意义,也使"五常"成为万物皆有之性。二是"气质之性"。这种提法是吸收张载的观点并予以发挥。二程认为"气质之性"是"气","性即气","天命之性"是"理",所以说"性即理",它是"极本穷源之性",是"性之本",因此"气质之性"从属于"天命之性"。"气质之性"是指具有生命的属性,这种性可能善,可能恶,而"天命之性"只能善。"气质之性"只有"学",即道德教化才能由恶而善。二程修养论的中心是"存天理,灭人欲"。二程认为"人之为不善,欲诱之也。诱之而弗知,则至于天理灭而不知反。"(《河南程氏遗书》卷25)人的一切正常欲望都是与"天理"相对立的,必须"窒"之、"灭"之。二程不顾"人欲"难以消除和与社会整体利益的关系,将"窒欲"作为道德修养的中心。他们主张去掉一切"私意"、"私心",完全"不动心"地按封建道德规范去行事,以达到所谓"视听言动,非理不为"(同上书卷15)的一种道德完善地步。二程修养论的方法有两条,一是"主敬"与"集义"。"敬"原指外貌端方,举止规矩,但二程将之变为内在修养方法,"敬以直内","只明天理,敬而已矣"(同上书卷2上)。强调"主敬"而不是"主静",是为了与佛学的"坐禅入定"区别,"主敬"只是立其体,还需要通过"集义"来明其用。"敬只是持己之道,义便知有是有非,顺理而行,是为义也;若只守一个敬,不知集义,却是都无事也。"(同上书卷16)"主敬"的修养方法是"操存"和"涵养"。"操存"即稳定自己的"本心",不受物诱而放于外;"涵养"即"养心"、"养志"、"养气",从而清明高远、意志坚定、充满浩然之气。修养方法的第二条是"克己"和"改过",即克制自己的私心,改正行为中的过错。"克己"比"改过"更重要,可以将行动之前的想法、动机、念头在未发动之前予以消灭,"克己"就是克服自己的私心、人欲,"复礼"等于复"天理"。孔子的"克己复礼为仁"命题在二程那里有了新的解释。二程的修养论中的规范、命题虽大多来自儒家经典，但却被赋予了新的内容，并就道德的内心修养和外在行为修养两个方面都作了广泛的阐发，因而对理学和社会都产生了广泛而深刻的影响。

（三）朱熹的伦理思想

朱熹是理学的集大成者，他在二程学说的基础上，对理学的各个范畴都作了系统的整理和阐发，将理学思想构成了一个完备的体系。

首先朱熹以"仁"为中心建立了他的伦理学说体系。朱熹给"仁"下了新的定义，即仁是"心之德，爱之理"。所谓"仁者，心之德"，即心中有一个流行不息、毫不间断的理，理与德既有联系又有区别，"存之于中谓理，得之于心谓德"（《朱子语类》卷6），"仁者，本心之全德。若本然天理之良心，存而不失，则所所为，自有序而知。"（同上书卷25）也就是说作为"心之德"的"仁"，不仅使伦理上达为"天理"，而且是人们向善的原动力即"良心"。所以人们只要"存而不失"，其行为便能合乎封建道德。所谓"仁者，爱之理"，是说"仁"是本质，"爱"是其表现，即"仁是体，爱是用"。如此朱熹便把"仁"与"爱"统一了起来，把"仁"作为"爱"的性质的规定者，反对离开"仁"而言"爱"。从社会意义上来说，就是反对离开维护封建等级制度这个根本而泛言"爱"。朱熹给"仁"下的定义，将孔孟关于"仁"的论述也包括在其中，所谓"此心何心也，在天地则块然生物之心，在人则混然爱人利物之心。"（《朱文公文集》卷67）朱熹承袭二程用仁囊括义、礼、智、信四者，但又作为一个具体的道德规范与之并列。朱熹的目的是，一方面给善恶确定一个统一的标准，另一方面想通过"仁"把"天道"与"人道"统一起来，以论证封建道德规范的天然合理性。董仲舒主张"王道之三纲，可求于天。"（《春秋繁露》卷12《基义》）企图以有意志的"天"之威灵来维护"三纲"的永恒性及神圣性。在"天"之失灵的宋代，朱熹又将"三纲"伦常说成永恒"天理"的流行，是"自然底"关系，如此"仁"便成了上通"天理"、下达"三纲五常"底枢纽。

其次是"心统性情"说。在朱熹之前对"性"的解说主要有三种，即"性即理"、"天命之谓性"、"生之谓性"。朱熹说明了三者之间的关系并将它们统一了起来。他认为"性即理"是讲"性"与"理"的共同性；"天命之谓性"是讲各个具体的人、物的"性"与"理"的区别；"生之谓性"则是从另一角度讲"性"与"理"之区别。朱熹还认为，人、物既有共同本性，又有所区别，这就是"天命之性"与"气质之性"的关系所致。前者纯粹至善，后者理气相杂，各有清浊，因而具有善、恶两重性。最后，朱熹论述了"心"和"性"、"情"的关系。朱熹认为，"情"是人"性"的表现形态，二者是统一的，"性"的性质决定了"情"的性质。"性"是至善，"情"也是善的，但由于"情"禀气而生，所以可能为恶。在三者关系中，朱熹认为"心"处于主导地位，"心"兼有并包括"性情"，主宰"推理"。正如"性"有两重属性，"心"也有"道心"和"人心"两重性，具有恻隐、羞恶、是非、辞逊的道心是"善"的，而出于气质之性的"人心"则可以为恶为善。"心"的特点是"虚灵知觉"，"虚灵"可以储藏"理"、"性"，"心是神明之会"，"理在人心，是之谓性"，但他认为具于心的"理"得之于天，则又与唯物主义反映论背道而驰。

最后是"明天理，灭人欲"。这是朱熹修养论的纲领，也是他伦理学说的归宿。关于"天理"和"人欲"的关系，朱熹认为"仁"和五常都是"天理"，是人的至善本性。"人欲"则是指不正当的欲望。朱熹认为人对物质生活的最基本欲望需求如饥、渴等是正当的，是不能消灭的；而不正当、不好的欲望就是违背"天理"、超过基本需要的人欲,"饮食者,天理也;要求美味,人欲也。"(《朱子语类》卷13)这样朱熹就将自然需求列入"天理"之中,没有这些,人就不能生存,因而就是违背"天地之德",也就是违背"仁"。朱熹将"欲"区分别类,反对笼统灭绝人欲,纠正了周敦颐、二程所引起的理论混乱,也与佛教"无欲"主张相区分。虽然欲望有适度过度之分,但在现实生活中却很难界定,因此朱熹便以是否符合封建伦理关系作为划分标准。适度的"欲"虽然在"天理"中,但如果处理不好,就会变成"人欲"。因此"理"与"欲"的关系是对立的,不能调和的。"人之一心,天理存则人欲亡,人欲胜利则天理灭。"(《朱子语类》卷13)"天理"和"人欲"经常处于相互斗争、不断消失的过程中,"此胜则彼退,彼胜则此退,无中立不进退之理,凡人不进便退也。"(同上)同时,人在行动中要不断"克"去"人欲","天理"才会显现。和二程一样,朱熹将"天理"和"人欲"的对立,等同于"公"与"私"的对立。对于如何"明天理,灭人欲",朱熹认为"人欲"的产生是因为禀了不好的"气质",要发扬本来存在的"天命之性",以克服"气质"中的"浊偏"。"至善"本性和浊气的矛盾经常引起人们的思想斗争,因而要明确是非,坚持道德实践,则可"气习不期变而变矣"。这种人是可以改造的,道德在改造人的过程中有极大的能动作用;能动作用只有在道德实践中才能发挥出来等等思想,应该说是具有积极意义的。

为了"明天理",朱熹认为还要进行"心"的修养。首先要"正心"。因为"心"居于"统摄性情"、"主宰一身"的重要地位,因此"心"的善恶决定一个人的道德品质。"正心"是"心"的修养的基本任务。其次是"存心"和"居敬"。所谓"存心"就是保存"善"的"心之本体",不使其遇物而迁。"收拾此心,令有个顿放处,若收敛都在义理上安顿,无许多胡思乱想,则久久自于物欲上轻,于义理上重。"(《朱子语类》卷12)这样则"人能操存此心,卓而不乱,亦自可入道。"(同上)"存心"是目的,达到"存心"的"涵养"之道便是"居敬"。"敬"或"居敬"来自二程,被朱熹吸收后作为其修养论中的重要范畴。"敬"是指守住心中的"义理"而保持的那种"内无妄思,外无妄动","整齐严肃"的精神状态。保持这种状态便称之为"居敬"或"持敬"。朱熹同意二程的观点,认为"敬"与"静"既有联系又有区别,静坐而去思虑,"有所畏谨,不敢放纵",使人小心地守住"义理",屏绝一切胡思乱想。所以"静则万理俱在","人常恭敬,则心常光明","敬胜百邪"(同上)。从"居敬"出发,朱熹又引出"主一"、"无适"、"闲邪"、"谨独"等修养规范即心神放在义理一事上,不要有所离开,防止邪思产生和侵入,要注意个人独处时的道德修养。这样朱熹就以"居敬"为中心,把有关的道德修养规范都纳入了其体系。最后朱熹还就"养心"和"穷理"作了一番论述。他认为除"居敬"以"存心"之外,在"本心"不明时还要有个"唤醒"的功夫,即"克人欲以致其知",如此以"义理养其心"即"养心"。"养心"之道在于"穷理";"穷理"之方一是"读书",二是"格物"。读圣贤之书以明当然之理,格物则穷事物之理,"无所不知,知其不善必定不可为,故意诚。意既诚,则好乐自不足以动其心,故心正。"(《朱子语类》卷15)因为"天理"既在人又在物,"物之理"在本质上和"心"中所具有的"理"是同一的。所以当"心"处于"不明"或"知不尽"时,只要"格物穷理",便能使"心"中之"理"重新明白。"居敬"与"穷理"的互相促进、协调统一,也就是修养和处事的统一,通过内心修养来确定处事中的道德准则,又通过处事来加强内心修养,"以义制事,以理制心,此是内外交相养法"(同上书卷78)。这种道德修养方法还是非常可取的。

（四）陆九渊的道德观念

陆九渊与朱熹是同时代的理学家，他与程朱理学最大的不同即对"理"的认识，朱熹认为"理在事先"，客观存在，而陆九渊认为"心即理"，不需外求，"宇宙便是吾心，吾心便是宇宙。"（《陆九渊集》《杂说》）"吾心"就成了万物的主宰、产生者，万物是吾心的"镜中花"，因而被称为"心学"。据此形成了他的伦理道德学说。陆九渊的伦理思想主要有两个方面：第一是"良心"说。陆九渊说："吾心之良，吾所固有。"（同上书《养心莫善于寡欲》）"良"就是"善"，"心"与"性"又是等同的，也就是"良心善性"，其实就是先天性善论。和程朱一样，陆九渊也认为"善"是先天固有，"四端者，即此心也，天之所以与我者，即此心也。人皆有是心，心皆具是理，心即理也。"（同上书《与李宰》）"仁，人心也。心之在人，是人之所以为仁，而与禽兽草木异焉者也。"（同上书《学问求放心》）总之，人心的"善"就是"仁"，就是仁义礼智这"四端"，也就是"理"。陆九渊反对程朱等的"气质之性"之说，认为本心纯善，但对于"恶"的来源，他就显得自相矛盾。他认为产生"恶"是由于"习"（习俗）长期沿袭而形成的"势"所造成，是对"未然"之心的违反，"恶"的具体就是"心之邪"，也就是"私意"和"利欲"。这样陆九渊就与自己"心即理"的命题相矛盾。在"私欲"问题上，陆九渊比较强调义与利相统一的一面，认为"利天下"即利于封建统治的"利"还是要讲的，民众生存的基本利益也要讲，"以宽民力，以厚国本，则于今日诚为大善。"（同上书《与辛幼安》）他的"恶欲"则是指统治者的竭泽而渔和被压迫者的反抗。

陆九渊的修养论是"简易功夫"，他认为朱熹通过"明理"而"居敬"，即产生道德自觉性，这种烦琐的理论分析是导致虚伪的"支离事业"。他的"简易功夫"主要有两个方面。

第一是"存养"说。"存养"是"存心养性"的简称,陆九渊把"心"与"性"等同,"养性"就是"养心"。他说:"古人教人,不过存心、养心、求放心。此心之良,人所固有,人不惟不知保养而反戕贼放失之耳。"(同上书《与舒西美》)"存养"的目的是把"本心"从外事物的"陷溺"中救出来,收回来,恢复其本然之善。如此则"好恶趋会将有不待强而自决",即能做到自觉地舍恶趋善,以挽救当时社会严重的"本心"之丧失。"存养"的方法是不要让外事外物"主宰"了"心",而要求得"心"能"自立"、"自作主宰"。其途径是把心思从外界收回来,向内用力,即所谓"收拾精神"。他说:"只'存'一字,自可使人明得此理。此理本天所以与我,非由外铄。明得此理,即是主宰。真能为主,则外物不能移,邪说不能惑。所病于吾友者,正谓此理不明,内无所主;一向萦绊于浮论虚说,终日只依藉外说以为主,天之所与我者反为客。主客倒置,迷而不反,惑而不解。"(同上书《与曾宅之》)要"存心"必须"反而求之",回返到求内心之自觉。这就是陆九渊的涵养过程。与程朱不同的是把"心"从"外说"、"外物"中收回来,去掉外界造成的"心病"。他说:"收拾精神,自作主宰,万物皆备于我,有何欠缺。当恻隐时自然恻隐,当羞恶时自然羞恶,当宽裕温柔时自然宽裕温柔,当发强刚毅时自然发强刚毅。"(同上书《语录》下)由于万物之理皆在"吾心"之中,不必格物,只要明理即可。关于慎思明辨,陆九渊认为要明辨的不是事物而只是"理","思"则要从切近的本心出发而不能从事物出发,更不能滞留于事物,否则就要把心扰乱,丧失根本,所以他的"思"只是内心的一种直觉。对于"学"他主张凡圣贤、师之言要有选择,反对读书只晓文义而不知意旨。在这一点上陆九渊还是很有见地的。

第二是所谓"力行"说。陆九渊认为"仁智、信直、勇刚,皆可以力行。"（同上书《与刘淳叟》二）"人生天地间，为人自当尽人道。"（同上书《语录》下）要达此目的，行动上必须"遏恶扬善，沮奸佑良"，此乃"天地之正理也。此理明则治，不明则乱，存之则为仁，不存则为不仁。"（同上书《语录》上）因为当时南宋统治腐败，人民生活痛苦，有不可救药之势，陆九渊为此极为担忧和痛心，遂号召士大夫"为国死事，杀身成仁"，"身体力行"，"障百川而东之！"（同上书《语录》下）这种力行说与禅学的区别在于陆氏是为"公"，与程朱的区别在于强调个人的能动作用。因而有三个特点：一是重视人的自信和自尊，认为人是天、地、人三才之一，"不可自暴、自弃、自屈。"（同上）二是提倡怀疑精神。陆九渊认为"为学患无疑，疑则有进"（同上），"小疑则小进，大疑则大进。"（同上书《年谱》）反对盲从和迷信，"凡事看其理如何，不要看其人是谁"，"不要随人脚跟，学人言语"（同上书《语录》下）。他"疑"的主要是一成不变地沿袭"祖宗成法"是否合乎圣贤之道。虽然"理"是一成不变的，但圣贤们却是因时而变，"成法"久行就会成为一种与"理"相背离的"势"，并会形成一种随波逐流、趋炎附势的社会风气。他要"疑"的就是这个不合"理"的"势"，以此冲破"势"的网罗。三是主张践履"实理"。陆九渊在坚持"心即理"的命题的同时，还坚持"道器一体"、"理在事中"。认为"此心此理"，如果离开了事物，就如猴子离开了树一样没有着落。所以说他那个"理"都是"实理"，"天秩、天叙、天命、天讨、皆是实理"（同上），"五典乃天叙，五礼乃天秩，五服所彰乃天命，五刑所用乃天讨。"（同上书《与赵咏道》）"理"不能离开事物，事物也不能离开"理"，"一事一物，纤维微末，未尝与道相离。"（同上书《语录》下）因为"理"既是"人心"又在"事中"，所以"理"并不"远"，"力行"处事也就并不难。在如何对待儒家经典问题上，陆九渊采取了"六经注我"的态度。他认为经书内容可分两部分：一部分是"本"，如"非礼勿视、勿听、勿言、勿动"等，这些是封建伦常的基本原则，是万世不变的"理"；另一部分则是一些具体论述或具体规范，这些都是"末"（同上书《语录》下）对此既不能拘泥，也不必费精力去"考察"。也就是对经典合乎"本心"就取，不然就舍。总之是要推行原初儒家的简朴封建伦常关系，而反对后世的繁文缛节。

朱熹是理学的集大成者，也是理学发展的顶点和终点。他之后的门人对朱学作了整理、概括和局部的充实，但多半只抓住朱学庞大体系中的某些枝节，偏重于章句和概念。到了南宋末期真德秀、魏了翁时，只"尊德性"而不"道问学"，使理学失去了思辨的光辉，只剩下为帝王治民服务的内容。如此也泯灭了朱学和陆学的界限，开始了朱陆合流的趋向。元代理学这一趋势则更加明显。元代理学的代表是许衡和吴澄，他们道德论中蒙昧主义倾向有所增长。许衡认为封建道德教育可分为"治人"和"事上"两部分，普通百姓遵循"子孝于父，臣忠于君"；"敬天修德，节用爱民"之类是对统治者而言。吴澄则否定道德外的知识，把"格物"仅仅作为印证内心"明德"的一种手段方法。另外他们对三纲五常进行神化，表现了向董仲舒神学蒙昧主义的回归。如许衡认为，"人禀天地之德五行之秀所以为人。故人之德有五：仁、义、礼、智、信；人之伦亦有五：父子、君臣、夫妇、长幼、朋友。以人之德行于五者人伦之间，各尽其分，乃所谓奉天命立人道也。"（《对小大学问》）他的"人道"从"天命"直接引出，未作任何思辨、论证。吴澄的观点与许衡的类似，只是在"三纲"之外再加上"二纪"，把"纲常之道"归结为"天之所以与我"，以"天"来维护"纲常"的神圣性。

在抬高"尊德性"，压低"道问学"的同时，许衡和吴澄在心性说和修养论中，也突出了内省正心和禁欲主义倾向。"正心"本来是朱熹等理学家提倡的"格物致知，正心诚意，修身齐家，治国平天下"八条目中的一个环节，但许衡将之作为修养的根本和治国平天下的根本，这种观点对以后的王学有深刻的影响。在"正心"的方法上，许吴二人在"持敬"、"谨慎"、"省察"三个环节中侧重"持敬"，把"持敬"看做"正心"的根本，是心体静或动时都要坚持的修养方法，目的则是"存天理，灭人欲"，"正心"的内容和方法得到统一。

二　明清"知行合一"与强调个性对节操观的影响

（一）王守仁的道德论

产生于明代中叶的王守仁学派对当时和后世影响很大，甚至超越国界，波及日本、朝鲜等国家。王学的出现是理学发展的必然结果。从元代开始，朱学成为学界的正宗，明初更是处于统治地位，明廷颁修《五经大全》、《四书大全》、《性理大全》。科举考试均以朱熹注释为标准答案，理学的著作成为儒生的必读书。这样理学的道德教条就与考科举、求官职的功利处于尖锐的对立。儒生们"记诵之广，适以长其傲也；知识之多，适以行其恶也；闻见之博，适以肆其辨也；辞意之富，适以锦其伪也。"（《王文成公全书》《答顾东桥书》）以"存天理，灭人欲"为宗旨的理学，变成了伤天害理谋求私欲的工具。理学的失效在王守仁看来，是理学本身的弊端所造成的。王守仁说："朱子格物之训，未免牵合附会，非其本旨。"（同上书《传习录》）对此宋末魏了翁等早就觉察到，元代吴澄则已经进行修正。到明代前期，朱学的发展出现了两种趋向，一是以明初儒士薛瑄为代表，对朱熹的理气论作了积极的、唯物主义的改造。另一种是以吴与弼为代表，他沿着吴澄的道路，从批评"道问学"引起支离虚道出发，转向了心学。他的学生陈献章则从本体论到方法论把朱学全面变成了心学。吴、陈的这种倾向对王学的产生有很大影响。而王守仁的坎坷经历，也促使了王学的产生。王守仁年轻时"泛滥于词章"，遍读朱熹的著作，认真践履，试图通过"格物"来求得"天理"，在"格"了七天竹子后，非但未悟出"天理"，反而将自己"格"病了。这使他对朱学产生了怀疑。求圣学不得后，王守仁转入佛老。三十五岁时因反对宦官专权，被谪贵州龙场驿丞，在荒蛮无依靠的艰苦环境中，王守仁经过日夜苦思，终于"大悟"，认为"圣人之道，悟性自足，不假外求"，从而确定了他的主观唯心主义世界观。

1. 良知说。"良知"说源于孟子，是指"不虑而知"、"不学而能"的道德意识。王守仁将"良知"的内涵加以扩充，他认为"良知者，心之本体。"（同上书《答陆原静》）"夫心之本体，即天理也；天理之昭明灵觉，所谓良知也。"（同上书《与舒国用》）"心即性，性即理"；"心即理也，此心无私欲之弊，即是天理，不须外面添一分。"（同上书《传习录》）"良知"与"吾心"是等同的，天地万物都是心的"流行发用"，也是"良知之发用"（同上书《传习录》下）。王守仁把良知、心性、理看成一个东西，如此就成为与朱学根本区别之所在。据此王守仁就否认了朱学关于"道心"与"人心"、"天命之性"与"气质之性"的区别。他认为人只有"一心"，只是混杂纯洁与否；人的气质由心决定，心是纯善的，因此气质也不可能有善有恶。而"心即性"，性与气统一，"天命之性"之外不可能有"气质之性"。他还从"心即理"出发，否定朱学心之外的"天理"，"物理不外于吾心，外吾心而求物理，无物理矣。"（《答顾东桥书》）这样就解决了朱学"物理"与"吾心"的矛盾。由此可见，所谓"良知"不是一般的先验道德意识，而是内心固有的封建道德准则，就是仁、义、礼、智、信五常。于是"良知"便成了判断是非的标准。这样就提高了维护封建道德的自觉性和主动性。另外王守仁把吾心与良知相等同，并把吾心说成宇宙的创造者，如此就把主体道德意识抬高到宇宙创造者的地位。

针对朱学造成的知行脱节、空谈性命而不躬身践履之弊，王守仁提出"知行合一"论，意即道德意识与道德行为的统一。"知行"指良知发用流行时的形态，"一"指良知本体；"合"即同、复。因此，所谓"知行合一"就是指良知的体用合一，指良知在发用流行中等同于本体，复明那被私欲隔断了的本体。至于"知"与"行"的关系，他认为，"知是行的主意，行是知的工夫；知是行之始，行是知之成。若会得时，只说一个知已自有行在，只说一个行已自有知在。"（同上书《传习录》上）在这里王守仁正确地把握了人类的实践活动、道德践履都是主观见之于客观的有目的的活动这一特性，然而却错误地把"知"与"行"等同起来了。这种等同虽然非常牵强，但他关于知与行统一的论述在认识论或道德论上都是有意义的。王守仁在论述"知"与"行"的统一即道德意识与道德行为的统一时，强调道德实践的重要，认为离开了"服劳奉养，躬行孝道"，就无所谓孝道。离开了道德实践，不论"学问思辨"多渊博，都仅是"悬空口耳讲说"，并不是"真知"，算不得真正具有了道德意识。他还反对"冥行"，主张道德观念规范下的真诚的活动，并且强调道德意识的自觉性、主动性。这些观点在伦理学上是有意义的。

2．"致良知"的道德修养论。王守仁在晚年时提出"致良知"命题，自认为这是他毕生心血的结晶，是"圣人教人第一义"（同上书《传习录》中）。"致良知"就是要使"良知"在人的修养和行为中得到体现。王守仁认定"良知"是人们先天固有的封建道德观念，因此"致良知"也就是要以封建道德准则来规范人们的思想和行为，这是与其他理学家相同的一面。王守仁"致良知"的目的是去"物欲"之"昏蔽"，存"中寂大公"之良知"本体"。也就是"圣人述六经，只是要正人心，只是要存天理，去人欲。"（同上书《传习录》上）在道德修养的宗旨上，并未超越理学的规范。王守仁体认良知之说与程朱的修身养性之说所主张的修养方法与途径都是不相同的，与陆九渊虽有相通之处，但比陆说更为深广。实现良知之说与程朱的格物说有相通的一面，但排斥了后者所包含的"即物穷理"论。

首先看所谓体认良知，即在现实中使人们先天固有的"良知本体"得到"明复"，也就是所谓"正心"。能做到这一步，自身的修养也就完美了。因为"主宰一正，则发窍于目，自无非礼之视；发窍于耳，自无非礼之听；发窍于口与四肢，自无非礼之言动，此便是修身在正其心。"（同上书《传习录》下）明复"良知本体"有两条途径。一是"心上工夫"，指通过内省、直觉去"悟"自己固有的"良知本体"。正心的功夫在诚意，而"诚意之本"又在致"吾心良知"。王守仁认为只有这样才能避免朱学的弊端，这种道德修养应以发自内心的真诚为前提的见解，确实优于朱学，本质上也是正确的。只是如此导致"圣贤"说教因为也是外在的东西，可以不必作为修养的依据，走向了王守仁主观意图的反面。第二条途径是"克己工夫"。"私欲"昏蔽良知，不用"克己工夫"，"天理"不会自明，"私欲"不会自去，人的"克己工夫"始终处于主动地位，只有主动出击，才能扫清私欲，复明良知。王守仁认为只有学才能形成"克己工夫"，这又与"心上工夫"发生了矛盾。

其次是实现良知。王守仁认为讲修养不能空谈性命、闭门思过，而必须使良知在行动中体现出来，在处理事情中做到"去恶"为善，"正其不正以归于正"。这样就强调了修养和践履的统一，突出了践履的地位。不仅主张以道德实践来衡量道德修养，而且还要求通过"事上磨炼"来增强道德修养。本来修养和践履的统一是我国伦理思想的传统，但宋代程朱理学兴起后却通过王霸义利之辨，把事功和道义对立了起来，把事功统统归之于"人欲"而加以排斥，从而形成空谈性命，事功与道德脱节的现象。王守仁讲"知行合一",讲实现良知,就是要改变这种现象,因此他并不鄙视、排斥事功,而是主张以良知来规劝事功。王守仁不仅要求道德修养在事功上体现,同时认为人们的修养只有在事功的磨炼中才能得到增强,这在理论上是以他的良知体用一体说为前提。这个命题与他的"心上工夫"、"克己工夫"相矛盾,后来的刘宗周、黄宗羲就循着这种逻辑思路把王学推到了他自己的对立面。

(二) 明代中叶至清前期道德观念的变化

明代中叶以后,东南一带的丝绸纺织业、陶瓷业、采矿业、造船业等手工业部门专业化程度进一步加深,商品市场扩大,城市经济更加繁荣。与此同时,明政府日益腐败,皇帝深居宫中,不理政事,宦官奸臣交替专权,政局日非。从明英宗正统年间积聚的各种社会矛盾,到嘉靖万历时期激化。明王朝为解决财政危机不断加征赋税,田赋方面有所谓"三饷",对工商业则采取杀鸡取卵的矿监税使,致使社会经济遭到严重摧残。在这种形势下,一些正直的士大夫如东林党人开始以封建道德为准则评议朝政,揭露朝廷的各种背离道德规范的弊端,从而在政治和思想方面形成一个反对派。清兵入关后,民族矛盾空前激化,一些民族主义强烈的思想家如黄宗羲、王夫之、顾炎武等在"天崩地解"的巨变下进行思想反思,开创了伦理道德学说的新阶段。

1. 对"三纲"的突破。君为臣纲、父为子纲、夫为妻纲是封建道德的主体,被认为神圣不可侵犯。明中叶的李贽虽然对道学的虚伪进行了揭露,强调人格独立,反对夫权,但没有直接向"君臣之纲"进行冲击。东林学派如顾宪成、高攀龙等只是站在"忠臣"的立场上批评了君主。明朝的灭亡,使人们在道德上摆脱了对"故主"的社会责任和思想负担,开始从更广阔的角度来思考问题。他们从明王朝腐朽灭亡的原因思考,导致对封建制度合理性的怀疑和否定。对于三纲中的君臣之纲,批判最激烈的是黄宗羲。他认为君主口说"大公无私"、"爱民如子",实际上却"以天下之利尽归于己,以天下之害尽归于人","以我之大私为天下之大公"。指出君主是"天下之大害";"独私其一人一姓"的"君臣之义"是违反人道的罪恶行径。清初唐甄也对君主制进行了大胆的抨击。他认为"自秦汉以来,凡为帝王者皆贼也。"声称"君臣之论不达于我",认为"拘于君臣之分,溺于忠考之论"是"腐儒"的陋见。

顾炎武和王夫之则从另一角度来否定"君臣之义"。他们首先把"天下"与"国"区分开来。王夫之认为,"以天下论者,必循天下之公","而生民之生死,公也。"对于"亡天下",顾炎武的解释是:"仁义充塞,而至于率兽食人,人将相食,谓之亡天下。"显然,他们的"天下"是指祖国土地上人民之存亡、文化之兴衰。而"国"则不过是"一家之私",所谓"亡国"就是"易姓改号"。据此他们认为,"一姓之兴亡,私也。"(王夫之语)"得国者,其君其臣肉食者谋之。"(顾炎武语)也就是说君主并没有对人民百姓负责任,他所关心的仅仅是其一家一姓的私利。因此,只有君主和其享受"肉食"的群臣才有"保国"的责任,人民没有这种义务,在道德上也就没有忠于君的必要。顾炎武和王夫之就这样从理论上否定了"君臣之义"。

2. 理欲、义利关系的辨正。宋明理学家都把理欲关系和义利关系等同于善恶关系,他们把欲、利说成致恶的主要途径,把理与欲、义与利对立起来,并断定理、义是纯善的。但他们的理论和目的又是矛盾的,他们"口谈道德",要人们"存天理,灭人欲",而自己则"居官而尊显",为了荣华富贵,福荫子孙,总之是为了满足自己的私欲。李贽抓住理学家的这种虚伪进行批判,他肯定"私"是人的本性,"夫私者,人之心也。人必有私,而后其心乃见;若无私,则无心矣。"(李贽《藏书·德业儒臣后论》)李贽对宋明理学的理欲、义利观的虚伪性的揭露,产生了巨大的社会反响。李贽的"私心"说虽然维护了人们正常的欲求和个人利益,具有积极的启蒙意义,但忽视了人的社会责任,可能被利己主义者所利用。黄宗羲在李贽批判的基础上,也揭露了理学的目的,肯定了人"自私"、"自利"的本性。

从理论上批判理学把理欲、义利对立的错误,是从刘宗周开始,并由陈确、王夫之继承的。他们首先在本体论上坚持一元论,认定"理在气中",否认存在有气之外并支配气的天理,同时也否定天命之性与气质之性的区别,否定有与天理相等同的先验的天命之性的存在,从而否定了理欲、义利对立的理论前提。刘宗周提出了"天理人欲同行而异情,故即欲可以还理"(《刘子全书》卷10《学言上》)的思想,主张从人欲中去发现天理。陈确肯定"百善"来源于欲。王夫之对天理即在人欲进行了详细论述,认为人性离不开日常生活,"货色之好,性之情也","饮食男女之欲,人之大共也。"(王夫之《诗广传》卷二)从而充分肯定了私欲、私利的正当性、合理性。戴震继承了王夫之等人理存于欲的观点,对理、欲的内容和两者的关系提出了自己的看法。他认为"欲者,血气之自然","审察之以知其必然"就是理。因此欲与理的关系是"自然与必然"的关系。以此为前提,他肯定了欲、情是天下各种事业的基础。他要人们不溺于欲,发而中节,不能让欲离开社会规范而无节制地泛滥。据此戴震认为"存天理,灭人欲"就是扼杀人类"血气之自然",使"理欲之辨,适成忍而残杀之具。"它把"天下之人尽转为欺伪之人",以此用来扼杀卑者、幼者、残者的正常欲望,这种杀人比酷吏以法杀人更残酷。

3. 修养论中的新说。李贽发展了王学有关人格独立和个性解放方面的思想,反对以孔子的是非为是非,反对盲从,实际上要求人们从对封建思想的依附中解脱出来。后来明清之际的思想家实际上也都不以传统的思想来判断是非了,这正是他们在学术思想上能够有所创新的思想基础。据此李贽进而提出了任情而行的观点，主张"不必矫情，不必逆性，不必昧心，不必抑志，直心而动。"这种反对封建束缚，要求个性解放的启蒙思想，无疑是有进步意义的，但应该看到其中包含了忽视人的社会责任及自身修养等消极因素。东林学派和刘宗周则着重强调了李贽所忽视的这些内容。他们把关心"国事、天下事"作为个人应尽的主要道德责任，同时也很重视自身道德情操的修养。如刘宗周主张的"诚意"和"慎独"说就既反对了程朱理学的支离虚伪，又反对了王学良知派否定自身修养的偏见。顾炎武的"天下兴亡，匹夫有责"的思想和王夫之的有关论述，把对民众的社会责任和对代表"一家一姓"私利的封建国家的责任，严格区分开来，这比东林党的思想又进了一步。明末清初的思想家们重视修身与气节，把"知耻"作为修养论的重要范畴，把个人气节与"天下兴亡"紧密联系起来。顾炎武认为"耻之于人大矣，不耻恶衣恶食，而耻匹夫匹妇之不被其泽。"他们力戒空谈，注重"践履"，与他们"经世致用"的思想相一致。在这方面，颜李学派最为突出，他们反对宋明理学"静坐读书"、"闭目静坐"的修养功夫，要求在实际中增强修养，并把修养与"经世致用"的目的结合起来，从而给后人以较大启发。

三　近代道德思想的演变与节操观的完善

鸦片战争前后，面对王学的冲击和西学的传入，清廷的官方指导思想程朱理学虽然早已失去了创造活力，但仍然是占统治地位的意识形态，其核心封建道德，仍然牢固地占据着人们的头脑。为此龚自珍、魏源等大声疾呼，要求打破理学对人性和道德的禁锢。由于时代的局限，他们未能对封建伦常关系进行彻底批判。到了资产阶级改良派那里，对封建道德的否定又进了一步，他们除了宣扬个性解放之外，还提出"人权天赋"、"人权平等"

的观念与"三纲"说相对立,通过把"仁"解说为"博爱"、"仁爱"而对"五常"进行了改造;并以道德进化论来否定"天理"永恒说。同时对君主专制的罪恶进行了猛烈的道德谴责。由于改良主义者政治上的妥协性,他们虽在若干理论观点上超过了明清之际的先进思想家,但对君主制所作的批判,无论是从政治上还是道德理论上都未超过黄宗羲等人。及至孙中山为代表的资产阶级革命派,他们提出了以资产阶级道德观来代替封建的道德观。由于当时的历史条件所限,他们没有把批判封建道德作为思想斗争的重点,如孙中山仅把注意力放在了将中国传统道德中的优秀东西与西方资产阶级道德的结合方面。直到"五四"运动前后,对封建道德的全面批判才正式展开。封建道德虽然已成为阻碍近代中国社会前进的桎梏,但其中既有封建糟粕,又有中华文明经久不衰的优良道德传统。这两者往往混杂难辨,成为近代伦理思想形成的主要难题。虽然历经社会转型和传统思想良莠混杂,近代先进思想家仍然吸取了中国古代社会优秀的传统道德,如把社稷、民族的利益放在首位,具有忧国忧民的爱国主义情操。像魏源把"愤与忧"的心情看做"人心"得以自觉的前提,认为有了这种"愤与忧"的心情,才能真正"知耻"。在这种"忧患"和"知耻"意识的激励下,魏源亲自参加了鸦片战争期间的抗英斗争。而后来的戊戌六君子和革命党人,在这种意识的激励下更是慷慨悲歌,从容赴死,如谭嗣同"我自横刀向天笑,去留肝胆两昆仑";秋瑾"金瓯已缺总须补,为国牺牲敢惜身"。爱国主义成为他们巨大的道德力量。除此之外,近代思想家还对柳宗元、王夫之的道德进化思想,王守仁提倡李贽等发展的主体能动性思想以及人人生而平等的思想有所继承和发展,从而对中国现代道德观念的形成产生了巨大影响。[①]

---

① 参见沈善洪等《中国伦理学说史》上、下册,浙江人民出版社1985年版。

第二章 节操观念的内涵

第一节 节操与仁义

一 节操与以人为本

节操包含气节和操守两方面的内容,前者表示一个人的精神力量,后者表示他的道德品质,这些都与儒家的仁义相联系。

首先看一下与孔子表述的"仁"的关系。如前所述,孔子的"仁"可分为三层意思,第一是爱人,即由血缘家族之爱到人与人之爱,这种非天性感情之所以难以转换,是因为人都有趋利避害的特点,决不会无缘无故惠施对方,因此孔子主张尊重人的这种特征,满足人们对物欲的追求。另外开发人性的另一面,即"利他性",用理性的劝说和诱导,用率先施惠来感动对方,从而使之作出道德回报。这首先要用"正"来规范自己,严格律己,才能影响别人,所谓"其身正,不令而行"(《论语·子路》),这些都围绕着人这个本源进行。仁的第二层意思是人格同等和对等,即承认人人都有同等的生存和生活权利,从而具有同等的人格地位。这样就能平等互惠,利益对等。这也要围绕着社会的主体——人来进行,一切都以人为主体。第三是率先施惠,作道德行为主动的一方。"先之劳之",首先助益他人,才能得到别人的道德回报。由此可见,"仁"的思想就是如何做"人"的思想,只有严格律己、一身正气并怀有一颗爱人助人的慈悲之心,才是具备强大精神力量和优秀道德品质的基本前提。

也就是说如果想有浓厚的节操观念，首先必须有"仁"的思想，不然无法坚守气节和操守，只能做出损害社会和国家利益的事情。

"仁"是具备节操观念的前提与核心，是人的最高道德境界，但孔子认为人并不是先天具有"仁"的思想，而是后天获得的，这是一种由自然人向真正人的过渡。这个过程就是所谓修己求仁之道。人们修己时需要外在的道德规范约束，使之成为习惯而内化为自己的东西，但人又有与生俱来的主动求仁的心理倾向，在这两者中，孔子更重视后者，也就是人的自律性，因而孔子特别强调修己时自我反省，所谓"见贤思齐焉，见不贤而内省也"（《论语·里仁》）。这里孔子注重发挥人的主观能动性，通过"下学而上达"，即学习社会典章制度和道德规范，借助于思考，从而完成对本能自我的超越和人生境界的提升。修己求仁是为了把自我成就为真正的"人"，实现自己的人生价值，进而成为君子和圣人。由此可见，孔子最关心的问题是如何使自然人变成真正的人，"人"占据了他心中最主要的位置，一切都围绕"人"而展开。这种对人的高度关注逐渐成为中国古代哲学的主旋律，形成和欧洲关注自然的哲学截然不同的特点。

其次是节操观念与孟子"仁义"思想的关系。孟子继承和发扬了孔子的思想，如孔子强调"仁"与"礼"的统一，而孟子突出"仁"而不强调"礼"，他"仁"、"义"并举，提出了以"仁义"为主体的仁、义、礼、智四德相统一的道德规范体系，其中"人伦"是"仁义"之道的思想前提。所谓"人伦"就是人异于禽兽之处，也就是恻隐之心、羞恶之心、辞让之心、是非之心。"仁"是人心中固有的道德原则，"义"则是人区别善恶，行善戒恶。"仁"本存于人性中是孔子早就强调的，所谓"我欲仁，斯仁至矣"，孟子则将孔子这一思想发扬光大，认为仁、义、礼、智四善端原来就根植于人心，只要保存扩充就可以发展成四德，但外部环境又可以造就善性丢失。这种"仁"性既是可求又是可失，那么如何解决这一保存善性以防止外界不利影响呢？孟子提出了存心养性、反身内省的方法。他将孔子的自律内省观进一步扩大，尽量发挥人的主观能动性，要真诚反省自己的动机和行为，要对自己的不善行为感到羞耻，要克制自己的欲望，做到清心寡欲，以防止外界物欲的影响。这样就把人摆在更加中心的位置，使人的思想过程与自己的主观努力密切相关。

第三是节操观念与荀子"仁义"思想的关系。荀子是战国时期儒家学派的代表，他以孔子的继承者自居，认为子思、孟子没有理解"先王"之道的实质，是虽知"隆礼仪而杀（敦）诗书"，但不能把"法"与"教"相配合的"雅儒"，而他自认为是能"法先王，统礼仪，一制度"，是符合仁义与法度的大儒（《荀子·非十二子》）。他认为"亲亲、故故、庸庸、劳劳，仁之杀也。贵贵、尊尊、贤贤、老老、长长，义之伦也。行之得其节，礼之序也。仁，爱也，故亲。义，理也，故行。礼节也，故成。""推恩而不理，不成仁；逐理而不敢，不成义；审节而不和（知），不成礼；和而不发，不成乐。故曰：仁、义、礼、乐，其致一也。君子处仁以义，然后仁也；行义以礼，然后义也；制礼反本成末，然后礼也。三者皆通，然后道也。"（《荀子·大略》）荀子在这四者关系中取义略仁，取礼略乐，从而改变了孔子"仁"与"礼"统一并重的思想。这种对孔子"仁"的不同侧重，造就了孟、荀截然不同的人性观点。

荀子认为人性是自然之性，有好色、好声、好利、好味等情感，因而人性是恶的，需要后天社会的改造，即所谓"化性起伪"，使之符合社会规范和道德，从而变成善性。荀子实际上是把孔子的他律思想加以发挥，把"未见好德如好色"的生理本能作为人性的主要方面，因而要强化外在礼的约束，"强学而有之也"。但荀子并没有放弃个人的道德修养，他认为人"性不知礼仪，故思虑而求知之也。"（《荀子·性恶》）要通过求知、思索，远离声、色、味，排除各种物欲，所谓"君子博学而日参省乎已，则知明行无过矣"（《荀子·劝学》），求知与参省相结合，于是便"积善成德"，成为全、粹、美统一的君子人物。由此可见，荀子仍然把人作为社会发展的中心，人只有通过求知、学习，由恶变善，才能不断地提高自己，才能由自由之人到自在之人。

第四是节操观念与墨子"兼爱"思想的关系。墨子不讲"仁"和"礼"，在思想观念上与儒家针锋相对。但墨子的"兼爱"思想，在如何对待人的问题上，却有着相通之处。孔子的"仁义"讲求"爱人"，虽然有一个从爱亲到爱人的过程，但其思想核心是尊重人格，平等互惠，以人为本；墨子的"兼爱"更是超越了宗亲、阶层的人类之爱。因此从某种意义上看，墨子的"兼爱"与孔子的"仁义"在本质上是相同的，他们都是为了解决社会中人的问题而进行的理论设计。虽然墨子的"泛爱"有些脱离现实社会，但他与孔子升华后的爱目的是一样的，所以节操观念要以儒家的"仁义"作为理论前提，同样可以吸收墨子"兼爱"思想的精华，从而提升人的精神力量，改造人的道德品质。

战国以降，历朝历代思想家基本尊奉孔、孟、荀思想，并将之进行了某些融合。如西汉董仲舒把仁、义、礼、智、信"五常"作为最基本的道德范畴，以五行比附五常，将道德自然化，以此论证"五常"的永恒合理。但在个人道德实践方面董仲舒却是强调主体能动性精神，他发挥孔孟的修己自律思想，认为"以仁安人，以义正我。故仁之为言人也，义之为言我也"。强调仁义与个体的关系，认为道德修养要"内治反理以正身"，"躬自厚而薄责于外"。关于"爱人"思想方面，他认为"人之法在爱人，不在爱我，义之法在正我，不在正人。我不自正，虽能正人，弗与为义。人不被其爱，虽厚自爱，不予为仁。"（以上均引自董仲舒《春秋繁露·仁义法》）这里他继承孔子爱人要率先施惠的思想，从而引起对方回报感恩；而义又要从自我开始，才能被对方接受。

　　东汉之后，儒学式微，儒家伦理道德受到玄学及佛道的冲击，但门阀士族的不学无术和腐化堕落使得有识之士重新认识到伦理的重要性，回归儒学之声日益高涨，而儒释道三家的合流又为新儒学的诞生创造了条件。周敦颐认为"仁"是立人之道，"仁"生万物，要达到为圣的标准要经过不懈的修炼功夫，要"窒欲"、"无欲"，要迁善改过，仍然把"仁"与"人"紧密相连。二程继承了周敦颐的"天理"思想，又吸收张载"气质之性"说，使五常有了绝对永恒的天理意义，也使其成为万物皆有之性。由于具有"气质之性"，因而可善可恶，为了纯善去恶，就要"主敬"、"集义"，即稳定自己，养心养志，然后"克己"、"改过"，使私心、人欲消灭在萌芽之中。这样二程就把儒家伦理道德的内心修养与外在行为修养充分阐发，予以结合。朱熹则以"仁"为中心构建了庞大的伦理学说。他认为仁是"心之德，爱之理"，"仁"不仅上达为"天理"，而且是人们向善的原动力"良心"。"仁"是本质，"爱"是表现，即"仁是体，爱是用"，将两者统一了起来。朱熹还认为"心"处于主导地位，"心"有"道心"和"人心"两重性，"道心"有恻隐、羞恶、是非、辞让等"善"性，"人心"则可善可恶。为了保持以五常为内容的仁的至善本性，要克服不正当、过度的欲望，就必须进行"心"的修养，即"正心"、"存心"、"居敬"，守住心中的"义理"，保持"内无妄思，外无妄动"的精神状态，注意个人独处时的道德修养。总之朱熹把人的修养与处事相统一，通过内心修养来确定处事中的道德准则，又通过处事加强内心的修养，"以义制事，以礼制心"，把人提高到更加核心的地位。

陆九渊继承了孔孟人性本善的思想，并把它发展到极致。陆九渊认为"仁"、"良知"、"四善端"等都是先天固有的"人皆有是心，心皆具是理，心即理也。"这与孔、孟等说一脉相承，但他的"心即理"，"不需外求"却与之画清了界限，从而为心学的形成开了先河。人是善端的载体，离开了这个载体，无所谓仁义可言，从这一点来看，人性本善是有一定道理的。但如果把它绝对化，认为万物之理皆从心来，"宇宙便是吾心，吾心便是宇宙"，则是极为荒谬的。虽然如此，陆九渊的修养方法有些还是可取的，如他的"力行"说："仁智、信直、勇刚，皆可以力行。"力行说重视了人的自信和自尊，反对盲从和迷信，主张践履"实理"。这样陆九渊的"心学"从另一角度突出了人与仁的关系，把个体的人放在了更加突出的地位。

南宋以后，朱学与陆学逐渐合流，到明代中叶，王守仁则把心学推到了顶峰。王守仁把孟子的"良知"说加以扩充，认为"良知者，心之本体"，"良知"与心、性、理是一个东西。因此他认为没有朱学的所谓"道心"与"人心"的区别，人只有"一心"，只是混杂纯洁与否。王守仁强调"心即理"，心外无理，"良知"就是仁、义、礼、智、信五常，就是判断是非的标准。而吾心与良知的等同，吾心是宇宙的创造者的说法，又把主体道德意识抬高到宇宙创造者的地位。从孔子以人为本，关注爱人及己，修己求仁，实现自己的人生价值使自然之人变成真正之人，到孟子的存心养性、反身内省和宋儒的"天理"说，人的中心和主体地位逐渐提高，及至王守仁的"良知"说，人的主体意识达到无以复加的高度。这既是中国哲学以"人学"为核心发展的顶峰，也是其分裂异化的开始。

王守仁针对朱学造成的知行脱节、空谈性命之弊，提出"知行合一"论，强调道德实践的重要。进而又提出"致良知"说，要使"良知"在人的修养和行为中得到体现。要体认良知就要"正心",即"心上功夫"和"克己功夫"。前者强调通过内省、直觉去悟出自己固有的"良知",后者强调克制私欲。最后在行动中去恶为善,实现良知,从而达到修养和践履相统一,事功与道义相结合。王守仁的"良知本体"和"心上功夫"观点以发自内心的真诚为前提,却导致可以不以圣贤说教为依据。李贽据此进一步提倡人格独立和个性解放,反对以孔子是非为是非,反对盲从,开启了近代人们追求"人权天赋"、"人权平等"观念的先河。东林学派和刘宗周等则强调了李贽忽视人的社会责任及自身修养等内容,把关心国事、天下事作为个人应尽的道德责任。明末清初思想家如顾炎武等提倡"天下兴亡,匹夫有责",把对民众的社会责任和对封建国家的责任严格区分开来,从而比东林党又进了一步。

二 节操与遵守社会规范

节操既然包含人的精神力量和道德品质,那么与"仁义"要求的"约之以礼"即遵守社会规范则有一种必然的联系。孔子认为"仁"是礼乐的原则和精神,要想求仁只能到礼乐中寻找,使礼乐原则和精神转化为人的"为我之物"。孔子所说的"礼"实际上是当时的社会典章制度和行为规范,也就是作为社会化的人必须学习和掌握的。这个过程有三,首先是学礼,"不学礼无以立"(《论语·季氏》),即不懂社会典章制度和行为规范,就不是一个具有完整意义的人。其次是"约之以礼",这是最重要的。孔子认为把握了礼,并不等于就能自觉遵礼而行,需要用礼来进行约束,使人始终不偏离"仁"的宗旨。这是因为人都有各种欲望的本能,这种生理本能在不同年龄、不同环境时表现也不同,人们在感官享受和仁义之间选择时,出于本能会选择前者,即所谓"未见好德如好色也"(《论语·子罕》)。食色人之本性,人依据本能时往往与仁的规范相违背,因此孔子主张用礼加以约束,使其行为在社会允许的范围之内。这就是所谓他律性。他律是人修己过程中的重要一环,因为只有经过长期的外在强加,"约之以礼",礼乐原则也就是社会规范才能深入人心,并内化为人的本质。第三是自觉遵礼而行。当通过学礼,约之以礼后,人们就会逐渐习惯这种约束,由被动者转化为主动者,由外在规范对人的约束当成人的自我约束,客观原则与人的主观精神融为一体,从而由自然人变成真正的人。

荀子继承孔子"仁"的思想,更加强调"约之以礼"的他律性。荀子认为人性有天然性和社会性两方面,天然之性好欲好利,是丑恶之源;要想化恶为善,就必须用礼义进行教化,所谓"化性起伪"。荀子强调要用强迫手段使自然人性遵守社会规范和礼仪,"今人之性,固无礼仪,故强学而有之也;性不知礼仪,故思虑而求知之也。"(《荀子·性恶》)人们通过学习、思索、力行和修养等途径,用礼义来培养自己,非礼勿视,非礼勿听,将好色、好声、好味的自然人性变成积极向善的社会之性。与孟子的注重个人修养与自我完善相比,荀子更注重社会礼法的作用。从理论上看是将孔子仁和礼两方面的单独发展,割裂了两者的内在有机的联系;从社会实际中看,荀子的主张更具现实性。因为进入"小康"社会之后,人们的物欲和权欲更加膨胀,这既是对现存社会秩序的破坏,又是推动历史发展的有力杠杆,因此用利益法规对人的自然之性进行制约显然更为必要。另外,由于人性之不同如君子与小人之分、性三品等,单靠内省式的自我修养显然是不行的,修行较高者能克制自己的自然欲望,保持已得到的仁义思想,而自制力较差者则完全被欲望所控制,因此要不断学礼来规范和约束自己。连颜回也只能三个月不违礼,其他孔子弟子只能以天来计算了,所以后天的也就是社会的影响更为重要。而包含人的精神力量和道德品质的节操观念,更需要社会礼法的灌输和影响,使之不断保持并有所强化,然后内化成人的习惯并浸润延至全社会，形成风尚。

三　节操与理想人格

节操观念既然是指人的精神力量和道德品质，那么与儒家的理想人格则有更密切的联系。孔子对于普通民众追求的基本人格定在"君子"这个层面上，因为从春秋时期开始，君子的称呼已由专指王侯贵族逐渐向具有高尚道德品质的普通男子演化。除极少数人能达到"内圣外王"外，一般人通过学习和教化，均可以达到"君子"的人格境界。孔子将一般人的理想人格用君子和小人作了界定和对比，两者之间最大的差别就是在义利观和精神追求方面。孔子的义和利虽然带有奴隶社会末期奴隶主贵族整体利益与新兴封建私家势力之争，但孔子还是将这一观念抽象到物质与道德的层面。所谓君子的举动要符合礼和义，要具备仁的品德，其中最重要的是当义与利相矛盾时，要把义放在首位，"君子喻于义，小人喻于利"是孔子道义论最集中的概括。由于君子以义为首，因而与一般的民众即"小人"有很大的差别，这就是所谓君子坦荡高尚，小人狭隘自私；君子以天下为己任，小人唯利是图、结党营私。具有高尚情操的君子既然以义为上，自然漠视物质的欲求，追求精神快乐，所谓"君子忧道不忧贫"，"君子谋道不谋食"（《论语·卫灵公》）。当然对于合乎仁义而得来的富贵并不拒绝，也就是说不能以损坏仁义道德来换取富贵荣华。在这一点上，孔子、孟子等儒家与老庄的道家有相同之处。对于不能实现自己理想的楚国，虽然它以卿相之位相邀，但庄子宁愿做饥饿飞天之鲲鹏，而不去食腐鼠，宁做自由自在的泥鳅，也不委曲求全卖身求荣。因此当社会现实与自己的政治理想相左时，就要安贫乐道，即使"饭疏食饮水，曲肱而枕"（《论语·述而》），也要泰然处之，不改变以追求道义为根本的初衷。这种精神追求，起着强大的支撑作用，使得人们"发愤忘食，乐以忘忧，不知老之将至"（同上）。人不堪其忧，而君子不改其乐，从而自强不息、刚毅进取、百折不挠，保持着一种积极向上的人生观。

孟子把孔子的义利观进一步发展完善，提出"去利怀义"的观点。他与孔子一样，也把义利作为评判君子与小人的道德标准。他认为君子忙碌为善，小人忙碌为利；君子为善是因为坚持了义，小人作恶则由于利欲作祟。对义与利的取舍不同，决定着人们的行为和相互之间的人伦关系，以利为上、抛弃仁义，则会造成相互争夺、篡弑，导致动乱而亡国；相反，以仁义为宗旨去掉私欲，就会君臣父子仁义相处而王有天下。所以孟子认为"义"是最宝贵的东西，义是"良贵"、"天爵"，修其天爵、保持良贵对于人生的意义超过爵位和财富，甚至比生命还宝贵。为了保持仁义从而使人格完美，即使牺牲生命也在所不惜。这里孟子在孔子"杀身成仁"思想的基础上，提出了著名的鱼和熊掌不可兼得理论，认为生命与仁义相取，"舍生而取义也"。这是儒家理想人格的最高要求。

"君子"是一般人追求的目标，而圣人则是极少数人才能达到的境界，因此"圣人"是儒家追求理想人格的最高典范，以至孔子叹曰："圣人吾不得而见之矣，得见君子者，斯可矣"（《论语·述而》）。孔子所指的圣人具体就是尧、舜、禹、文、武、周公等古帝王。孔子对他们的称赞主要是包括内在的道德修养和个人在社会中的事功及作用，即所谓内圣外王。"巍巍乎，舜之有天下也，而不与焉"（《论语·泰伯》）。"无为而治者，其舜也与！"（《论语·卫灵公》）孔子面对"礼崩乐坏"的春秋时代，为了挽救人心的堕落，重建自我控制能力以使人性觉悟和完善，提出了包含诸多道德的总汇——仁的观点。实现"仁"首先要"克己"和"修己"，这是儒家内圣之学的肇始；在"克己"的前提下要"安人"和"以安百姓"，这也是儒家外王之学的初始。孔子一方面赞誉"管仲相桓公,霸诸侯,一匡天下,民到于今受其赐"是"如其仁"(《论语·宪问》),另一方面自己也奔走列国,希望找一个外王之学的理想试验场所。尽管他未能成功,但这种内圣外王理想人格的追求却对后世儒家产生了巨大的影响。

内圣一定要道通向外王、外王是内圣的延伸这一儒家学问的基本纲领,在孟、荀那里各自有了进一步的发展。由于孟子强调性善论,有所谓"不忍人之心",即仁、义、礼、智"四善端",因此"人皆有不忍人之心,先王有不忍人之心,斯有不忍人之政矣"(《孟子·公孙丑上》)。由于"行仁政而王,莫之能御也"(同上),因而仁政可以推行于天下。"仁政"成为孟子外王思想的核心。孟子认为虽然人皆有"四善端",但有的人能保持而有的人不能保持,于是人性出现差别。圣人即"先王"能自觉保存"善端"而不失,所以能推行"仁政","规矩方圆之至也"(《孟子·离娄上》)。由此可见孟子更侧重内圣,他强调以德定王,认为外王之道必须奠基在内圣之学基础上,所谓"苟为善,后世子孙必有王者矣"(《孟子·梁惠王下》)。

荀子所处的时代是四海即将一统的时代,因此他要为即将出现的一统铁腕人物提供理想圣王的楷模,"天下厌然一统也,非圣人莫之能为,夫是之谓大儒之效"(《荀子·儒效》)。他在《王制》篇中对"圣人"、"王者"作了具体描述,提出了"王者之政"、"王者之人"、"王者之制"、"王者之论"、"王者之法"五种王制。即要有实现大一统的基本策略,如"尚贤使能"、"礼法兼施"等;要有实现王道的圣人和条件;要有维护等级秩序的文仪礼乐制度;要有用人与施行赏罚的理论原则;要有财政经济方面的政策。如果这些都实行得好,则"政令时,则百姓一,贤良服,圣王之制也。"(《孟子·王制》)"贵为天子,富有天下,名为圣王"(《孟子·王霸》)。由此可见荀子强调"圣人"的外在社会事功。

孔、孟、荀对"内圣外王"作了理论上的阐述,"大学"则对内圣外王作了更加具体的规定。《大学》原是《礼记》中的一篇,韩愈、李翱、二程、朱熹等为突出其在儒家经典中的地位,把它从《礼记》中抽出,和《中庸》、《论语》、《孟子》并列,合称《四书》。《大学》强调所谓修身、齐家、治国、平天下,将儒家内圣外王思想浓缩到九个字,然后又把修身的过程归结为格物、致知、诚意、正心。所谓格物、致知,就是接触人事及由此而来的人际关系(主要是伦理),从而获取道德方面的知识。诚意即"所谓诚其意者,毋自欺也,如恶恶臭,如好好色,此之谓之自谦,故君子必慎其独也。"孟子强调"诚",以"诚"为道德修养的极致,"是故诚者,天之道也;思诚者,人之道也"(《孟子·离娄上》)。荀子强调"慎独",即人在独处并无人察觉时仍使自己的行为符合儒家规定的道德标准。《大学》将孟子的"思诚"和荀子的"慎独"进行了综合,要求人们有高度的自制力,在一人独处时也做到问心无愧,从而保持道德意志的坚定纯化,使行动符合道德原则。正心是说要端正心态不存邪念,尤其不受喜怒哀乐情绪的影响而保持理智。"道德确实是有其心理机制的,最紧要的三因素则是知、情、念。《大学》之格物、致知、诚意、正心已不自觉地涉及到了。格物致知与道德认识有关。道德认识是对客观存在的道德关系及处理这种关系的规范的认识。没有这种认知的心理机制,是难以形成主体的道德品质的。从道德认识转化为道德行为,形成道德品质的关键,是道德意志。诚意就与道德意志相联系起来了。道德意志乃是人们践履道德规范时所表现出来的自觉克服一切困难和障碍的一种坚持力。独立性、坚持性、自制力是它的三个重要特征,'慎独'是三个特征的综合。通常说的'不说谎'是低层次上的真诚,'慎独'则是高层次的真诚,是内在的人格力量(主要是道德力量)

与外在行为的统一。正心是较多的涉及到心理学意义上的情感，而与今天所说的道德情感关联较少，但是为主体的心性修养服务的，那时没有疑义的。"①

格物、致知、诚意、正心是修身的具体的措施，而修身则是儒家理想人格最关键的一环。所以《大学》强调，"自天子以至于庶人，壹是皆以修身为本"。关于修身问题，孔子说："苟正其身矣，于从政乎何有？不能正其身，如正人乎？"（《论语·子路》）孟子说："天下之本在国，国之本在家，家之本在身"（《孟子·离娄上》）。荀子说："闻修身，未尝闻为国也。君者，仪也；民者，景也；仪正而景正。君者，盘也；民者，水也；盘圆而水圆"（《荀子·君道》）。三人不同程度地涉及修身与齐家、治国、治天下四者之间的关系，强调修身的重要，但或有缺失（孔、荀未提社会的基本细胞——家）或没有详尽地阐发，而《大学》则将四者的关系完整而系统地进行了论述和归纳。由于家庭是中国传统社会结构的基本单元和经济基础，一切生活需求和生产活动均以家庭为单位进行，单个家庭或累世同居的大家族，在经济上基本是自给自足式的封闭体系，在家庭关系上则是父系家长的绝对权威。而进入阶级社会后血缘关系的保留、宗法制度的确立，使国家成为放大的家族，而家庭成为社会的缩影，因而儒家特别重视家庭的管理，把它作为治国的前期训练。对于修身与齐家的关系，《大学》认为："所谓齐其家在修其身者，人之其所亲爱而辟焉，之其所贱恶而辟焉，之其所畏敬而辟焉，之其所哀矜而辟焉，之其所敖惰而辟焉。"所谓"辟"即偏也，也就是说在处理家庭事务中不能因为各种"亲爱"、"贱恶"、"敬畏"、"哀矜"、"敖惰"等情况而影响公正，出现由于私念

---

① 朱义禄：《儒家理想人格与中国文化》，辽宁教育出版社1991年版，第37—38页。

的偏差。关于齐家与治国的关系,《大学》认为:"一家仁,一国兴仁;一家让,一国兴让;一人贪戾,一国做乱,其机如机。""所谓治国必先齐其家,其家不可教而能教人者,无之。故君子不出家而成教于国,孝者,所以事君也;弟者,所以事长也;慈者,所以使众也。"每个成员在家庭生活中是孝、悌、慈的典范,在社会上则是对上"事长"、"事君",对下能"使众",从而在家庭中就能完成走上社会从政的训练预演。为了在修身齐家之后治国平天下,《大学》还为君主开出了治国的具体策略,即所谓"洁矩之道",也就是君主要将心比心,推己度人,以此来处理君臣、上下、左右的关系,从而把统治与被统治关系变成上行下效的道德感染关系,使政治与伦理更加一体化,最终完成"内圣外王"的发展轨迹。

第二节 节操与信义

一 节操与诚信

如前所述,节操包含气节和操守,是一个人精神力量与道德品质的综合。而作为儒家最基本道德规范的"信",则与之有着密切的内在联系。"信"从字面上来看,从人从言,本指人所说的话,许下的诺言、誓言,故常与忠、诚连语为忠信、诚信。"信"是儒家道德重要内容之一,汉代将之列为"五常",即仁、义、礼、智、信。作为道德范畴,其核心内涵是真实无妄,即对某种信念、原则和语言出自内心的忠诚。信与不信是人际交往及其相关问题的重要原则。其主要包含以下几个内容:

第一,真实无妄。儒家认为宇宙万物是一种真实的存在而非虚妄,因而人道作为天道在人类社会的具体表现也同样真实无妄,道德实实在在存在于天地人三者之中。故《中庸》说:"诚者天之道,诚者人之道";《孟子》也说:"诚者天之道,思诚者人之道。"即强调人应效法天道真实无妄的品德,所谓"天命之谓性,率性之谓道,修道之谓教"也包括这个意思。因此诚信是对宇宙存在的价值肯定,是对人的本性、人类道德的价值肯定。于是要求人们尊重客观天道,认同客观天道,遵循客观天道,按照人的本质去生活和行动,使天然的德行化为自然的行为。

信作为对人的本性和存在的真实性的价值肯定,要求人们忠实于自己的本性和存在,即使言行与自己所处的社会地位、所承担的社会职责和道德义务相符合,因而被儒家提升为立人立国之本。《中庸》说:"在下位不获乎上,民不可得而治矣;获乎上有道,不信乎朋友,不获乎上矣;信乎朋友有道:不顺乎亲,不信乎朋友矣;顺乎亲有道:反诸身不诚,不顺乎亲矣;诚身有道,不明乎善,不诚乎身矣。诚者,天之道也;诚之者,人之道也。诚者不勉而中,不思而得,从容中道,圣人也。诚之者,择善而固执之者也。"信,就人际关系而言,是忠实于自己的社会地位,自觉承担自己的社会职责和道德义务。在儒家看来,这里主体自身的修养,是通过思诚来择善、明乎善,并固执此善作为自己的本性为前提的。只要明白了天地之善在自己本性中的真实性、实在性,就能与天合一,无须努力即可行而合德,无须思虑即可见而有得。从心所欲,从容中道,皆是率性天真。

真的存在是本质的存在,本质的存在是最有价值的存在。人的生活也只有符合自己的本质,成为本质的自然显露时,才是真正道德的生活,才能以"应该"的行为方式处理好与自己、与他人及社会的关系,故信为立人之本。信也是立国之本。《左传》以信为"国之宝"。孔子认为一个国家可以去食、去兵,但不能去信,"自古皆有死,民无信不立"(《论语·颜回》)。《吕氏春秋》总结先秦儒家的观点,对此作了详细论述:"君臣不信,则百姓诽谤,社会不宁。处官不信,则少不畏长,贵贱相轻。赏罚不信,则民易犯法,不可使令。交友不信,则离散忧怨,不能相亲。百工不信,则器械若伪,丹漆不点。夫可与为始,可与为终,可与尊通,可与卑穷者,共惟信乎!"信是立国之本,为人处世之本,它要求人们的一言一行都出自自己的本性,符合自己的本性,从而保证其一贯性、稳定性和坚定性。

第二,人己不欺。信作为人际交往的行为规范就是诚实不欺,讲究信誉,信守诺言。人之人之间应该真诚相待,这是建立良好人际关系最基本的要求。真即出自本心,诚即忠于本质,言行一致,表里如一,不欺人欺己,讲究信义,才能言可复,行可行,获得他人的信任、尊重,从而保证其言行的一贯性、真实性和有效性。孔子以信为其"四教"科目之一(子以四教:文、行、忠、信),要求人们讲究信义,做到言而有信,行而有信。"与朋友交,言而有信"(《论语·学而》),"信则人任焉"(《论语·阳货》),"信忠信,行笃敬,虽蛮貊之邦行矣;言不忠信,行不笃敬,虽州里,行乎哉?"这里说明信是人与人之间相互交往的精神纽带,它反映了人与人之间真诚的交往和相互的信任与尊重。首先,信要求言行一致,信守诺言,即所谓"言而有信","或问信,曰,不食其言"(杨雄:《法言·重黎》)。儒家强调在人际交往中要重承诺,守信用,以诚待人,表里如一。其次,信要求人的行为保持一贯性,不能朝三暮四,出尔反尔。孔子讲的"谨而信"、"敬事而信"、"笃信好学"等,都是强调这一点。

不要欺人,也不要欺己。从根本上说,信并非仅指对他人的信任或他人对自己的信任,而是自信,既忠实于自己的本质,做到言行一致,表里如一,使一言一行、一举一动都符合自己的真实无妄的本性、一贯性。儒家把它概括为正心诚意。所谓正心即端正本性,所谓诚意就是毋自欺也。朱熹解释说,"凡人所以立身行己,应事接物,莫大乎诚敬。诚者何?不自欺,不妄之谓也。敬者何？不怠慢，不放荡之谓也。"（《朱子语类》卷119）信在应事接物中，首先是对自己的要求，信于己，不自欺，就是要忠实于自己真实不妄的本性，行于外而动于中，动于中而发于外，应事接物皆率性而行，真诚坦荡，无一丝勉强，无一丝夹杂。完全出自本性，身心一致，可对天地。①

因此诚信对于节操而言就是忠于职守，忠于信念，做事符合原则和客观实际，不违背自己对社会、家庭、朋友的承诺。具体来讲有两个方面：一是如果担任社会公职，出仕做官，就要本着儒家修齐治平的目标和原则，遵守有关法律法规。平时廉洁奉公，勤政爱民，恪尽职守，保持名节；战乱时则反抗异族侵略和奴役，发扬爱国主义和民族主义精神，决不投降卖国，以保持民族气节。二是即便不出仕，没有社会责任，也要言行一致，符合自己的本性和所处的社会地位；在家庭中上对父母尽孝道，下对子女做好表率，维系家族的团结和稳定。对朋友诚信交往，人己不欺，以促进社会的和谐与发展。

二 节操与社会责任感

如上所述，诚信在儒家看来是一种真实的存在，是对人类道德的肯定，也是要求人们忠实于自己的本性，即言行符合自己的社会地位、职责和道德义务，因此诚信与社会责任感紧密相连。而节操观念是中国儒家传统道德之一，人们为了忠于自己的道德信念，就要具有崇高的气节和操守观念，同时要具备诚信品质，进而要有强烈的社会责任感。儒家的人生之道是所谓修身、齐家、治国、平天下，前两者指的是搞好个人的道德修养，管理好自己的家庭，为入世即治平打好基础，因此社会责任感主要是指

---

① 参见唐凯麟等《重释传统——儒家思想的现代价值评估》，华东师范大学出版社2000年版，第214—217页。

人生的入世阶段。当人们经过格物、致知、诚意、正心的修炼而进入社会后，首先就面临着忠于自己职守的问题。中国古代的官员无论是荐举还是考试为官，都要亲自去管理国家事务，处理烦琐的政务。上层官吏主要是掌管朝纲，督训执政；下层官吏主要是执行政令，处理民间事务，所以元代以后的县令又叫"亲民官"，这是一个直接和老百姓打交道的职务。上层官员要根据下层官员反映上来的民情，客观真实地向皇帝报告，以便制定切实可行的政策和措施，任何歪曲、隐瞒事实的行为都会给国家的行政管理造成巨大损害，因而中国历代王朝都把吏治作为首要政务。只有政治清明，官吏行政效率高，国家才能正常运转。这里面就涉及节操问题，一个高级官员如果没有忠于职守的操守，没有在外敌入侵时的凛然气节，那么这个王朝是很难长久的。和平环境中他会贪污渎职，败坏朝纲，使王朝没有切合实际的政策和措施，从而导致上令无法下达，造成社会秩序混乱；战争环境时，他会因没有强烈的爱国忠君意识而变节，从而导致王朝的崩溃。下层官员，由于其直接管理民众，其作用更加重要，其坚守节操的程度与国家的稳定可以说几乎是成正比的。他们掌管训导、管理、税收等任务，地方上的生产、民情、治安、风俗等他们应该了如指掌，儒家的节操观念要求他们平时廉洁勤政，战时保持气节。气节与操守相比，后者比前者更为重要，因为忠于职守、公正廉明，就能在管理民众中严格执法、笼络民心，不会贪污肥己而滥征课税（当然王朝末年加派滥征的除外），使民众保持基本的生活水平，不因心怀不满、无法生存而造反，从而动摇王朝的根基。所以说不怕瓦解而怕土崩，下层官吏与百姓的关系应该是整个国家最关键的环节，故而节操观念对于他们更为必要。

中国有句古话叫做"天下兴亡，匹夫有责"，这里的匹夫虽然泛指一般百姓，但在农业社会中，真正关心国家大事的人主要是深受儒家思想影响的士大夫们。因为儒家主张"内圣外王"，积极入世，实现自己的政治理想，所以中国知识分子的社会责任感比较强，如"以天下为己任"，"先天下之忧而忧，后天下之乐而乐"等等，都反映了士大夫强烈的参政意识。但是参政后的节操问题的确是关乎社会稳定、政权长久的大问题。参政前深爱孔、孟儒家信条的熏陶，像"不义且富于贵，与我如浮云"（《论语·述而》）；"君子喻于义，小人喻于利"（《论语·里仁》）。义高于利，尤其不义而获利更是被儒家鄙视。参政后面临着世俗的诱惑、上司的压力，必然与信奉的儒家思想发生冲突。这种天生的欲求与仁义观念的斗争也是很自然的。要解决这个矛盾只有加强节操观念的教育。节可以称为气节，也可以称为名节，即它关系着一个人的名誉问题。对待外敌外族不能曲节，在自己的操守方面也不能失节。因为既然参政并对社会负责是节操的一个方面，就要本着诚信的原则，对社会、对国家负责，又要对自己负责，所谓"真实无妄"、"人己不欺"便体现在这些具体方面。只有这样，才能处理好个人理想与社会弊端、仁义与欲望的冲突和矛盾。

第三节　节操与忠义

一　节操与"杀身成仁"、"舍生取义"观

孔子对仁的追求是"志士仁人，无求生以害仁，有杀身以成仁"（《论语·卫灵公》）。孟子则有"舍生取义"说。儒家这种为实践"仁"而不惜牺牲个人生命的观点，实际上是强调当个体的自然生存与道德原则发生冲突而不能两全时，应舍弃生命以维护理想中的道德原则。这就涉及所谓"忠"的概念。"忠"字最早见于战国时期的金文，其构成是上中下心，所以《说文》定义为"忠，敬也，尽心曰忠。从心从中"。在战国时期的文献中,"忠"字就频繁地出现了。据统计,《左传》中曾出现"忠"字50余次,《论语》中则出现了16次。汉字的构造是以形表意,故要追溯"忠"的来意,必须从其结构入手。据著名古文字专家唐兰先生研究,"忠"字上部的"中"原意是旗帜,引申为中央之中。他认为,"余谓中者最初为氏族社会中之徽帜,《周礼·司常》所谓'皆画其象焉,官府各象其事,州里各象其名,家各象其号',显为皇古图腾制度之孑遗。此其徽帜,古时用以集众,《周礼·大司马》教大阅,建旗以致民,民至,仆之,诛后至者,亦古之遗制也。盖古者有大事,聚众于旷地,先建中焉,群众望见中而趋附,群众来自四方,则建中之地为中央矣。列众为阵,建中之酋长或贵族,恒居中央,而群众左之右之望见中之所在,即知为中央矣。然则中本徽帜,而其所立之地,恒为中央,遂引申为中央之义,因更引申为一切之中。"(《甲骨文合集》)

中央之中显然是一地理空间概念,"忠"字里的"中"其初意即为此。这样"心"置于"中"为"忠",即"中其心为忠"。顾文思意,则"忠"既有心怀端正、不偏不倚的适当与中心之意,又有空间上的自我一致和前后一致之思。考之史籍,"忠"之初意大约有四类:

一是喻指诚信。"忠"为"心"之居"中",后人释之为"中心为忠",而所谓"中心"即"尽心",亦即诚实。《论语·里仁》篇有"曾子曰:夫子之道,忠恕而已矣"。朱熹在《四书章句集注》中注释道:"尽己之谓忠。……而已矣者,竭尽而无余之辞也。或曰:中心为忠,如心为恕,于义亦通。程子曰:忠者天道,……忠者无妄。"文中所说的"尽己"、"中心"、"无妄"等所描述的都是"忠"的表里一致、自我统一的德行状态,孔子所说的"言忠信,行笃敬,虽蛮貊之邦行矣;言不忠信,行不笃敬,虽州里行乎哉"(《论语·卫灵公》),也揭示了

"忠"的诚信内涵。先秦史籍中的"忠"也多有这一用法,如《国语·晋语二》中的"昔君问事君于我,我对以忠贞。……力有所能无不为,忠也"。又如《荀子·礼论》中的"故事生不忠厚不敬文,谓之野。"引文中的"忠厚"、"力有所能无不为"等等,都喻示的是主体的一种无欺的诚信态度。

二是指敬。正如前引《说文》所定义的"忠,敬也。"而所谓"敬",即"受命不迁为敬。……弃命不敬"(《国语·晋语一》)。这里的"命"可以理解为使命或职责,这样"忠"既实指忠于职守,又泛指坚持操守,不为任何外在力量改变自身的初衷。

三是质朴纯真,真情不二。司马迁在叙述三代的文化变迁时说,"夏之政忠。忠之敝,小人以野,故殷人承之以敬。敬之敝,小人以鬼,故周人承之以文。文之敝,小人以僿,故求僿莫若以忠"(《史记·高祖纪》)。文中所谓"野"指少礼节,而"僿"则意指刻薄,"忠"与其对立,则"忠"即为厚重温和。后来在语词上遂出现了"忠良"、"忠厚"、"忠诚"、"忠实"等专门描述敦厚德行的词汇。

四是无私。主体的这种"尽己"的纯德行状态,其间实已蕴涵了"无私"之意,因为一有私就会为己就不可能守"中"了。于是"忠"在中国古代早期文献中,常与"大公无私"互为界说,如"以私害公,非忠也"(《左传·文公六年》);"不背本,仁也;不忘旧,信也;无私,忠也"(《左传·成公九年》);"公家之利,知无不为,忠也"(《左传·僖公九年》)。又如《论语·公冶长》所载:"子张问曰:令尹子文三仕为令尹,无喜色;三已之,无愠色。旧令尹之政,必以告新令尹。何如?子曰:忠矣。"朱熹批注道:"子文,……其为人也,喜怒不形,物我无间,知有其国而不知其身,其忠盛矣"(《四书章句集注》)。此处显然也是赋"忠"以无私意。

由此可见,"忠"之初意是中国古代的一个普遍德目,它展示的是人诚实、敦厚的德行状态,是人与人交往的基本伦理要求。孔子对此多有论述,如"樊迟问仁,子曰:居处恭,执事敬,与人忠。虽之夷狄,不可弃也"(《论语·子路》)。这里不仅肯定"忠"为"仁"的内涵,而且指出"忠"是人与人交往时所要求、所显现的一种善德。如前引《论语》子张问行,即社会实践和社会交往,孔子答以"言忠信",可见那时"忠"既是个人的一种品德,也是社会公认的一种道德规范。孔子高足曾子所谓"吾日三省吾身,为人谋而不忠乎?与朋友交而不信乎?传不信乎?"(《论语·学而》)也表明"忠"是"与人谋",即是人际间的伦理规则。这一规则显然是社会化的、普遍的伦理,诚如《左传·文公元年》所说,"忠、信,卑让之道也。忠,德之正也;信,德之固也;卑让,德之基也"。春秋时晋灵公无道,派刺客谋杀正直大臣赵盾,但刺客发现赵盾忠贞无比,不忍下手,彷徨于忠与信之间而自杀。此事即可理解"德之正"的力量。孟子所说的"分人以财谓之惠,教人以善谓之忠,为天下得人者谓之仁"(《孟子·滕文公上》),也揭示了"忠"的道德行。[①]

"忠"作为古代社会普遍存在的德目,随着社会的进化而逐渐向片面和单向的顺从德目演化。首先是事君以忠。人类进入文明社会后,基于血缘家庭关系的"五伦"即父义、母慈、兄友、弟共、子孝,逐渐调整为新的人伦关系,即君臣、父子、夫妇、长幼、朋友。在这新的五伦中,有四种是非血缘关系,这是在后天社会交往中形成的人为社会关系。他们之间有不同的操守要求,所谓"父子有亲,君臣有义,夫妇有别,长幼有叙,朋友

[①] 参见胡发贵《儒家文化与爱国传统》,上海社会科学院出版社1998年版,第105—108页。

有信"（《孟子·滕文公上》）。其中的君臣关系与其他四伦有显著区别，它是一种基于社会强力的组合，是具有主奴依附性质的契约关系，随着君主专制的加强，君对臣有生杀予夺之权，因而君臣之义逐渐呈现为臣对君的无私奉献、忠贞不渝。而"忠"的"尽己"与"无私"的品格有利于君主加强统治控制民众，所以统治者由欣赏并很快移到君臣关系中，使之成为君臣之伦的基本规范。如《左传·宣公十二年》中的"林父之事君也，进思尽忠，退思补过，社稷之卫也。"孔子对定公"君使臣，臣使君，如之何"之问时，答之曰："君使臣以礼，臣事君以忠"（《论语·八佾》）。荀子把"忠"分为四类："以德覆君而化之，大忠也；以德调君而辅之，次忠也；以是谏非而怒之，下忠也；不恤君之荣辱，不恤国之臧否，偷合苟容以持禄养交而已耳，国贼也。"（《荀子·臣道》）韩非子说："尽力守法，专心于事主者为忠臣。"（《韩非子·忠孝》）

在君臣关系的一般意义上，儒家与其他学派区别不大，即都需要忠君，所不同的是儒家对此作了更为深刻的理论阐述。孔子非常重视"忠"，"忠"是孔子"仁"思想中的重要组成部分，但孔子的"忠"是指一般的个人品质与社会美德，并非专指忠心于君主。他的"君君臣臣父父子子"说其实是强调社会秩序，要求人们在社会中扮演好自己的角色，因而君臣也只是一种对应的关系，并非如其他先秦思想家所宣扬的臣对君承担的责任与义务。孟子对此表述更为明显，他说："君之视臣如手足，则臣视君如腹心；君之视臣如犬马，则臣视君如国人；君之视臣如土芥，则臣视君如寇雠"（《孟子·离娄下》）。"欲为君，尽君道，欲为臣，尽臣道"（《孟子·离娄上》）。孟子认为臣对君不能绝对顺从和奉献，因为"君道"和"臣道"的基点是仁，所以君只要违背仁，就可被抛弃推翻，即"君有大过则谏，反复之而不听，则易位"《孟子·万章下》，"闻诛一夫纣矣，未闻弑君也"(《孟子·梁惠王下》)。由于孔、孟等虽重视君臣之伦,但并不提倡盲从和愚忠,因而提出从道不从君的思想。儒家认为忠君要忠于有道义的君主,道义比君主更重要。孔子之前的一些先贤如比干、晏婴等为儒家"忠"的观念提供了启蒙思想,因而孔子痛恨殉死之忠,甚至对俑的发明者都深恶痛绝,"始作俑者,其无后乎?"所以他的"杀身成仁"与"殉君"是截然不同的。孔子主张君臣对应互礼,以道事君追求仁义为最高目标,并不是以忠君为至上寄托。孔子说:"所谓大臣者,以道事君,不可则止。"(《论语·先进》)"邦有道则仕,邦无道则可卷而怀之"(《论语·卫灵公》)。孟子继续强调,"君子之事君也,务引其以当志,志于仁而已。"(《孟子·告子下》)他抨击一味顺从君主为"妾妇之道",反对不顾道义而屈从君权,他说"天下有道,以道殉身;天下无道,以身殉道,未闻以道殉乎人者。"(《孟子·尽心上》)孟子的道义至上观使他周游列国,面对王公大人时敢于直言,使之瞠目结舌,尴尬万分,如他对齐宣公说的谏君不听则易位即是如此。荀子对从道不从君作了总结,他说:"大臣父兄,有能进言于君,用则可,不用则去,谓之谏;有能进言于君,用则可,不用则死,谓之争;有能比知同力,率群臣百吏而相与强君矫君,君虽不安,不能不听,遂以解国之大患,除国之大害,成于尊君安国,谓之辅;有能抗君之命,窃君之重,反君之事,以安国之危,除君之辱,功伐足以成国之大利,谓之拂。故谏争辅拂之人,社稷之臣也,国君之宝也,明君之厚重也,而暗主惑君以为已贼也。"(《荀子·臣道》)

孔、孟、荀正值春秋战国"礼崩乐坏"、天下大乱之际,天子权力衰落,诸侯彼此争斗,各敌对政治势力集团为争霸而积极网罗人才,故而士大夫有较大的选择空间,所谓"朝秦暮楚"者是也。这种相对自由和宽松的社会环境决定了当时的思想家有可能以"道"来评判君主。秦汉以后,随着大一统中央集权制的确立，士的择君自由和言行自由彻底丧失，早期儒家思想中的较为自由的君臣观被绝对君权思想所取代。董仲舒将韩非的"三顺"和《礼记》中的"三尊"发展为"三纲"，即君为臣纲，父为子纲，夫为妻纲。他认为，"天子受命于天，诸侯受命于天子，子受命于父，臣妾受命于君，妻受命于夫。诸所受命，其尊皆天地。"(《春秋繁露·天辨在人》)忠君观念被赋予了一种自然即"天"的创意和安排，从而具有了不容置疑、不可动摇的合理性和必要性。其后的《白虎通》就此作了进一步的补充，其不但鼓吹"三纲"，而且宣扬"三教先忠"，认为历史发展已到了"尚忠"的环节，"忠"成为当时社会所需要的时代精神。后世所谓《忠经》正是这一精神的积淀。宋明理学家为说明"三纲"的天经地义，以"天理"来诠释"忠君"。如二程说："忠者，天理也"，朱熹说："君臣父子，定位不易，事之常也。君令臣行，父传子继，道之经也。""三纲五常终变不得，臣道依旧是君臣。"宋儒认为，"忠君"是一种绝对的理念，与天同存，无须证明，绝对正确，亘古不变。虽然忠君成为秦汉以后的主流意识，但孔、孟提倡的"从道不从君"仍有其余绪，其体现在两方面：一是理尊于势的观念。明代人吕坤在《呻吟语》中说得很典型。他说："公卿争议于朝，曰天子有命，则屏然不敢居直矣；师儒相辨于学，曰孔子有言，则寂然不敢异同矣。故天地间惟理与势最尊。虽然，理又尊之尊也。庙堂之上言理，则天子不得以势相夺，即相夺焉，而理则常伸于天下万世。故势者，帝王之权也；理者，圣人之权也。帝王无圣人之理，则其权有时而屈，然则理也者，又势之所恃以为存亡者也。以莫大之权，无僭窃之禁，此儒者之所不辞而敢于任斯道之南面也。"吕坤之论虽源于孟子"乐道而忘势"，并换了一个说法来论证从道不从君，但说明秦汉以降仍然继承这一思想，为数不多的清官就是其代表。二是忠民而非忠君。儒家认为安邦定国，平治天下才是真正的"忠臣",而孔、孟等又认为民是邦本,孟子的所谓"民贵君轻"即是典型,所以爱民为忠也是儒家的基本观点。从贾谊的"吏以爱民为忠"到黄宗羲的"我之出而仕也,为天下非为君也"(《明夷待录·原臣》),儒家忠民思想发展到极致。这正好反映出原始儒家民本思想的发展历程和封建社会晚期民权意识的复苏。历史经过二千余年,儒家的"忠"观念回归其本义。

前面谈到"忠"从普通的个性品格逐渐演化成古代社会的政治、伦理范畴,社会需要是其最主要原因。洪荒时代,原始人群从生存到进化,都要面对大自然的挑战,从凶猛的野兽到各种自然灾害,进而到部落间为争夺生存空间和资源进行的战争,如传说中的黄帝与蚩尤大战就是如此。贤明强力的首领带领部落走出巢居穴处的蒙昧,也使其集团在战斗中发展壮大。黄帝胜利后,其部落占领了中原沃土,苗蛮则被赶到西北和西南荒凉不毛之地。这个时期领袖对其种群生存的作用是极其巨大的,这种重要性引发了对领袖人物的神化。如史载"黄帝生而神灵,弱而能言,……成而聪明。""帝辛生而神灵,……聪以知远,明以察微。"(《史记·五帝本纪》)这种神化既是个人崇拜的开始,又是现实生存需要的反映。人们希望本部落的领袖天纵英明、智能超群,如此才能带领本部落发展壮大,无往而不胜。这种现实的需要而发展起来的个人崇拜就构成了忠君的最主要的历史和心理因素。进入文明社会后,君主的才、德对天下兴亡的影响甚至更大,因为上古选择领袖还要根据实际才能,还有原始的军事民主制。而三代以后,随着家天下的建立和君主专制的日益加强,君主个人的品质变得越发重要,所谓"一言兴邦"、"一言丧邦"。从桀纣的荒淫无道导致夏商灭亡,到后世的朝代更替、王朝衰微、丧权辱国的都是昏庸无道之君,开国创业与中兴之君都是贤明之主。这些无论在正史还是野史中记载得都非常清楚。由于天下安危系于君主一人,因此人们对君主极为敬畏,加之统治阶级的有意神化宣传,更加助长了对君主的崇拜。从史书中的记载可以看出,三代以后帝王的出生和当政被描写得更具有神秘色彩。从刘邦之母与蛟龙交合有身,到唐宗宋祖出生时的祥瑞不断,帝王被说成上天之子,代表天意进行统治,因而具有绝对的权威。

在中国古代原始社会末期,由于洪水和部落间的战争,在贫富分化还不明显,阶级对抗还不激烈,农业、手工业和商业分工还不彻底时,国家就先期诞生,因而血缘家族因素不但没有被摧毁,反而以宗法制的形式存留并发展。因此,家国不分,国是被放大的家,统治权力的传承是以宗亲血缘亲疏关系来进行的,天下被化为一家一姓的私产,所谓陛下以四海为境、九州为家、八薮为囿、江汉为池即是高度概括。刘邦取天下后戏问其父他自己的家业与务农的兄长谁更多的话,更凸显出帝王以天下为私产的心理。由于君主是国家的代表和象征,所以历史上的改朝换代都是以君主的存亡为标志,一君亡则一国灭,社稷毁;先秦时以宗庙社稷为代表,之后则以帝王世袭的灭绝为标志,如元灭宋、清灭明,即以消灭前期帝系为要务。因此忠君与爱国是一体的,爱国而不忠君是不可能的。由于君主代表国家,中国古代的爱国思想中有非常浓厚的非理性的个人崇拜和人身依附色彩,使得忠臣们唯君命是从,甚至发展到"君让臣死,臣不得不死",无数志士仁人屈从、沉浮或牺牲于昏君、暴君的专制淫威之下,导致古代爱国思想始终处在权力迷信和人格屈从的阴影之下。

但是这种君主与国家的一体在强化君主专制的同时,也凸显了社会与国家利益的重要。古代社会的君主既作为个体存在,又作为国家的一种象征。在封建社会体制下,君主一人身系天下治乱安危,所以忠君思想在引起君主个人崇拜的同时,也会引发对国家利益的关注。封建王朝更替或以武力推翻或以阴谋篡夺,胜利的一方立刻就会成为国家利益的"合法代表",所谓"胜者王侯败者贼"说得就是这个道理。如果夺权者能顺应潮流,实行一些缓和矛盾、发展生产的措施,就更能得到民众的认可与拥戴。所以说忠君在一定意义上是在维护国家利益,也是维护广大民众的利益,其作用有如下方面:

第一,忠君有利于国家统一。从夏、商、周三代的"普天之下莫非王土,率土之滨莫非王臣",到秦汉大一统以后的"朕即国家",君权的独尊和一元性得到不断强化,"天无二日,人无二王"的思想更加深入人心,统一成为时代的潮流和国家观念。虽然中国古代历史不乏分分合合,分裂割据反叛时有发生,但忠臣义士却是史不绝书。如唐天宝十四载(755年)安史之乱,颜真卿联合其从兄颜杲卿在河北聚众抗叛,为牵制安史叛军并最终平叛作出了巨大贡献,其兄侄均在战争中被叛军杀害;南宋文天祥以文士英勇抗元,被囚三年,面对各种威胁利诱坚贞不屈;明初方孝孺在其故主建文帝被推翻后,严词拒绝燕王朱棣让他起草告天下百姓的诏书,在痛斥朱棣后被残忍地"夷十族";明末史可法誓死抵抗清兵,在扬州城破后不屈而死。这种忠君思想所导致的对专制权力的拥戴以及对"人有二王"的抵触,势必会抑制分裂势力的抬头,有助于国家的统一和安定。相反,君权瓦解则会使国家分裂,天下大乱,生灵涂炭,社会生产遭到严重破坏。而大凡盛世,都是在天下一统、君权巩固的年代,如汉代"文景之治"、唐代"贞观之治"、清代"唐雍乾盛世"等。

第二,忠君的尽己规定性鼓舞志士仁人揭露时弊,扬善抑恶,维护社会整体利益。所谓"尽己"即是赤胆忠心,一心为国为民,苟利国家,义无反顾。这主要表现在对皇帝的谏净上,所谓"忠臣之谏者,有五义焉;一曰谲谏,二曰戆谏,三曰降谏,四曰直谏,五曰风谏,唯度主而行之。"(《孔子家语·辨政》)荀子曰:"君有过谋过事,将危国家,陨社稷之惧也,大臣、父兄有能进言于君，用则可，不用则去，谓之谏；有能进言于君，用则可，不用则死，谓之争。"(《荀子·臣道》)历史上有名的忠臣多有犯颜直谏的事迹，如西汉成帝时的朱云怒斥宠臣张禹，唐初魏征多次谏诤，明代清官海瑞冒死上书嘉靖帝等。由于封建社会君主高度集权，皇帝的意志就是法律和政策，要想对时政发挥影响，匡救时弊，通过谏诤影响君主决策是最为直接的方法。当然遇到昏君当政，批评者可能要付出沉重的代价，但总比万马齐喑、众人钳口要好；当君主贤明时，这种作用就非常明显了，像魏征尽心谏诤，唐太宗虚心纳谏，君臣一心，利国利民，成就著名的"贞观之治"。

第三，突出了先国后家为国牺牲的精神。由于君主是国家利益的代表，所以忠君是对普遍利益的认同。但中国古代宗法制的遗存，又使得血缘关系在社会中特别明显，因此忠与孝就产生了矛盾，所谓"忠孝不能两全"说的就是这个道理。尽管封建统治者全力提倡"孝"，以在家行孝，出门尽忠为宗旨，但当面临战乱时，往往只能先忠后孝，舍小家保大家。如东汉赵苞在母亲、妻子被鲜卑劫为人质的情况下，仍率兵进剿，使母亲、妻子为此丧生。先忠后孝还能激励人们超越狭隘血缘利益，"大义灭亲"，令人赞叹。这些都促进了人们对国家利益的认同，阻止了家之私对国之公的侵蚀。因此当天下安宁但奸臣当道时，则会奋起与之斗争，如西汉时的朱云批评权相张禹，明代杨继盛弹劾奸相严嵩"十罪"、"五奸"等，后者遭遇比前者要悲惨，说明皇权进一步强化，很难让臣下谏诤尽忠。明代竟以廷杖言官大臣相威胁，这样就需要更大的勇气和忠心。另外在战乱时期，尤其是民族矛盾激烈之时，更显现出忠臣义士的凛然正气，他们慷慨悲歌，英勇赴难，前仆后继，如文天祥以文弱书生组织义军抗元，被俘后三年不降，以死报国；"人生自古谁无死，留取丹心照汗青"是古代忠贞之士爱国思想最典型的写照。他们为国赴难视死如归的大无畏精神,高扬了民族正气,激发了人们为民族、国家利益而奋勇抗争,从而有利于国家的统一与完整。①

由此可见,节操与忠义之间有密切关系。节操讲究的是气节和操守,是在个人利益与民族、国家利益之间做出选择时,临危不惧,舍己尽忠,表现出崇高的民族气节;忠义则是忠于职守,敢于负责,表现出强烈的责任心。这两者都需要将民族、国家利益置于个人利益之上,当个体生存与道德原则发生冲突而不能两全时,应实行儒家追求仁义的最高信条:"杀身成仁"、"舍生取义"。可能气节方面比较明显,因为国难当头、奸佞当道时,这些大是大非问题容易辨别人们是否忠心报国;而操守则反映平常时期人们的表现,诸如是否廉洁,是否爱民等等。如果操守出现严重问题,导致巨大贪污或扰民事件,自然难逃国法,但当受贿适当,政绩平平,一切都符合官场规则时,就真正考验一个入仕并深受儒家教育的官员的良心,看他是否忠于国家的象征——君主,能否做一个忠于职守的清官。清官之所以受到人民拥戴和历史褒扬,就是因为他的作为虽然是具体维护一些百姓的利益或者洁身自好,反对官场陋习,但都是从根本上维护王朝利益、国家利益,避免下层统治机构的败坏以导致统治根基的崩溃。这种"忠"或者对"仁"的追求,不亚于甚至超过保持气节的献身,因为只有将平时的工作做好,才能避免国家权力的削弱,从而在根本上避免社会动荡、生灵涂炭的悲剧。

二 节操与大丈夫气概

"成仁"与"取义"要有视死如归的勇气,孟子认为这不是短时间就能具有的,而是需要长时间的培养。为此他提出"养

---

① 本目有关忠的论述参见胡发贵《儒家文化与爱国传统》,上海社会科学院出版社1998年版。

浩然之气"的主张："我善养浩然之气。……其为气也,至大至刚,以直养而无害,则塞于天地之间。其为气也,配义与道,无是,馁也。是集义所生者,非义袭而取之也。行有不慊于心,则馁也"(《孟子·公孙丑上》)。这里的"气"是一种精神或心理状态,不是指客观存在的某种物质。孟子如是说并不是主观臆造,而是人类社会中已证明存在的状态。孟子之前就有人对此总结,如《曹刿论战》中的所谓"一鼓作气,再而衰,三而竭"(《左传·庄公十年》),《孙子兵法》中的"朝气锐,昼气惰,暮气归"(《军事篇》),都是指人的这种精神状态有一定的客观条件,要聚集到一定程度才能释放,不能轻易用之;否则已有的勇气也会在不当的措施中丧失。所以孟子认为"气"不但要"守"而且要"养"。一方面是靠对道与义的把握而形成的自觉性,常做自己认为应该做的正义的事,如果于心有愧而感到理屈就要气馁,这就是"配义与道"、"集义所生";另一方面靠持久不懈的修养和锻炼,即"以直养而无害"。孟子解释"直养"是"必有事焉,而勿正,心勿忘,勿助长也"(《孟子·公孙丑上》),即要持续以直道、正义来培养"浩然之气",不能中止,不能忘记,不能助长。也就是说不能靠外力帮助,要靠内心的自觉,经过长时间积累,从而转化为外在行动。这种"浩然之气"可使人立于天地之间而无所愧行、无所畏惧。这就是所谓的"至大至刚"。当民族和国家的利益要求个人作出自我牺牲时,就能自觉自愿地以身殉道,杀身成仁,舍生取义,完成人格上的一次极大升华。这就是孟子所提倡的"大丈夫"气概。"居天下之广居,立天下之正位,行天下之大道;得志,与民由之,不得志,独行其道。富贵不能淫,贫贱不能移,威武不能屈,此之谓大丈夫。"(《孟子·滕文公下》)意即大丈夫住在天下最宽广的住宅(仁),站在天下最正确的位置(礼),走着天下最光明的大路(义);得志时与百姓一同沿大道前进,不得志时也坚持自己的原则，毫不动摇。富贵、贫贱、威武这些外在的压力都不能改变个人的意志、气节，这才是真正的大丈夫。大丈夫身上的"浩然之气"是宏大刚强、博大无比的豪气，是神圣严肃的凛然正气，它与"志"是相互联系的："夫志，气之帅也；气，体之充也。夫志至焉，气次焉，故曰：'持其志，无暴其气'"（《孟子·公孙丑上》）。这就是说意志是主宰，坚强的意志能使人浑身充满豪勇之气，同时两者又互相影响，"志壹则动气，气壹则动志也"（同上）。故而孟子要求既要坚持行义的志向，又不损伤自己的豪勇之气，即"持其志，无暴其气"。和荀子一样，孟子还强调意志的作用，他说："君子之志于道也，不成章不达"（《孟子·尽心上》）。意思是对于道的学习，每一步都要有显著的成绩，在此过程中要始终发挥意志力的能动性，克服困难，从而在艰苦的环境中"苦其心志，劳其筋骨，饿其体肤，空乏其身，行拂乱其所为。"（《孟子·告子下》）把身处逆境作为锻炼和考验自己的绝佳机会。

孟子提倡大丈夫气概，其本人也做到了这一点。他在与诸侯打交道时显得潇洒、盛气、自信、好辩、棱角分明，反映出其笑傲诸侯的人格气势。他认为自己的思想都合乎理想中的古代制度，"在我者，皆古之制也，吾何畏彼哉？"（《孟子·尽心下》）他还以大丈夫自居："彼，丈夫也；我，丈夫也；吾何畏彼哉！"（《孟子·滕文公上》）他认为人格应当独立，应无所畏惧，真理不能用来交换，"焉有君子可以货取乎？"（《孟子·公孙丑下》）"说大人，则藐之，勿视其巍巍然。"（《孟子·尽心下》）孟子不畏权势，敢于坚持自己的思想，在王侯面前直言民贵君轻的道理，从而实践了自己的"富贵不能淫、贫贱不能移，威武不能屈"的主张。孟子之所以能以主体人格的崇高去压倒对方的威严，是因为他自信真理在手，所谓"仁人无敌于天下"（同上）。因此他有随时为道德理想和正义事业而献身的牺牲精神："志士不忘沟壑，勇士不忘丧其元"（《孟子·滕文公上》）。

孟子的"养浩然之气"说对于保持节操观念极为重要，因为追求儒家的最高境界"仁"或者为之献身都要有大丈夫气概。而这种气概需要平时长时间的培养，所以说保持气节和操守也要靠持久不懈的修养和锻炼，要经常怀有直道、正义，就像孔子说的不可一日忘仁，"非礼勿视，非礼勿听"，这种培养不能中止，不能忘记，不能助长。具体讲就是谨遵儒家教条和国家制度，心怀仁义之心，克服自己不断出现的各种私欲，一日三省吾身，太平时期廉洁奉公，勤政爱民，谏诤时弊，先天下之忧，后天下之乐；动乱时保境安民，奋勇抗敌，为国牺牲，浩气长存。这种浩然之气如果中止了、忘记了，则会私欲膨胀，盘剥人民，贪污受贿，违法乱纪；动乱时就会丧失气节，叛国投敌，遗臭万年。因此节操观念是一个长期积累修炼的过程，即便有的人平常看起来很普通，也没有受过节操观念的专门训练，但是浓厚的气氛、周围的环境和历史的积淀，对他有强烈的影响和启示，当条件允许时，他会做出惊天地、泣鬼神的壮举。所以除个人自身修养外，周围的环境也非常重要，诸如父母师长的教育、朋友的劝导、先贤的激发启示等等。

第四节　节操与廉耻

一　节操与廉洁

所谓廉耻包括两方面的内容，一是廉洁，一是知耻。廉洁一般指不贪财货，洁身自好。《楚辞·招魂》曰："不受曰廉，不污曰洁"，即不接受贿赂不贪图财物。与之相应的品格则是清介自守，一尘不染，两袖清风。先秦诸子对廉洁这一道德规范有许多精辟论述。如儒家孟轲曰："可以取，可以无取，取伤廉。"（《孟子·离娄下》）墨家墨翟曰："君子之道也，贫则见廉。"

(《墨子·修身》）道家李聃则辩证地分析了廉贪的得失、祸福及足与不足的关系,他说:"祸莫不大于不知足,咎莫大于欲得,故知足之足恒足矣。"(《老子》第46章）法家韩非曰:"所谓廉者,必生死之命也,轻恬资财也。"(《韩非子·解老》）先秦之后有关廉洁自守的言行也很多,大体上就是廉者常乐无求、约己爱人等等。

廉洁固然是做人的道德规范,但主要是针对官吏而言,因为一般老百姓没有收受贿赂、贪污钱财的机会,充其量只是礼尚往来。而有权势的官吏则可以利用职权获取不义之财,因此廉洁与否是衡量官吏的道德标准。春秋时齐国宰相晏婴认为,"廉者,政之本也"(《晏子春秋·内篇杂下》）；唐朝女皇武则天的《臣轨·廉洁》也认为,"理官莫如平,临财莫如廉,廉平之德,吏之宝也。"《周礼·天官宰·小宰》将官吏廉洁的基本内容和标准作了具体的概括:"一曰廉善,二曰廉能,三曰廉敬,四曰廉正,五曰廉法,六曰廉辨。"《明儒学案》卷34云:"官之廉即其不取于民者是也,而不取于民,方见自廉。"《史学指南·吏员三尚》云:"尚廉谓甘心淡薄,绝意纷华,不纳苞苴,不受贿赂,门无清竭,身远嫌疑,饮食宴会,稍以非之,皆谢却之。"

中国历史上清正廉洁、刚正不阿、出污泥而不染的清官虽然不多,但也是历代皆有,史不绝书。如春秋时期宋国大夫子罕不肯接受美玉,献玉者说这是经过鉴别的玉石,不然不敢敬献,而子罕则说:"我以不贪为玉,你以玉为宝,送给我两宝都丧失了,不如送于他人。"东汉名臣杨震暮夜却金则更为典型。据《后汉书·杨震传》记载,杨震调任东莱太守,赴任途中路过昌邑县,县令王密是杨震所举荐,故特来拜见。两人谈到深夜,王密为答谢举荐之恩,将带来的十斤黄金赠送杨震。杨震说:"看来我了解你,你却不了解我呀!"王密说:"暮夜无知者",杨震说:"天知,神知,你知,我知,何谓无知?"王密闻言携金羞愧而去。明代清官海瑞，刚正清廉，为官几十年，死后家无余资，友人帮助才得以下葬。

与之相比，中国历史上的贪官却比比皆是，不胜枚举，从先秦到明清，可以说是多如牛毛，所谓十官九贪者是也。战国时期，秦国为攻伐东方六国，用大量珍宝金钱贿赂收买其权要，以拆散连横同盟，离间君臣将帅关系，如使赵国撤职廉颇，以只会纸上谈兵的赵括为将，导致赵国大败，以致国力削弱而亡国。西汉末年，政治腐败，贪污成风，丙显为官太仆十余年，贪赃达千余万。唐天宝年间，宦官高力士，奸相李林甫、杨国忠相继用事，他们利用唐玄宗的宠信，大肆贪污受贿。后晋宋州节度使赵在礼横征暴敛，民愤极大，奉调去职，当地人民拍手称快，名曰"眼中拔钉子"；不久赵在礼复职借故强征每人千文"拔钉钱"。北宋末蔡京、童贯、朱勔等六贼把持朝政，贿赂公行，他们勒索百姓，卖官鬻爵，当时民间就流传着"三千索，直秘阁，五百贯，擢通判"（朱弁《曲洧旧闻》卷10）的说法，从而积累了巨额不义之财。明朝奸相严嵩，当权二十余年，迫害忠良，排斥异己，大肆收受贿赂，据史料记载，他当政期间的边关军费有一半送入他的私囊，致使明王朝政治腐败，边患严重，南有倭寇烧掠，北有蒙古扰边，造成国匮民穷，民不聊生。而他的个人财产据田艺横《留青日扎》和佚名《天水冰山录》记载，有纯净金、金器、金首饰等33000余两，银器饰等200余万两，珠宝玉器七千余件，土地约百万亩，房屋仅变卖部分就10600间，珍稀字画3559册轴，其他财物如丝织品、牲畜、粮食等又值几十万两白银，还有奴婢家丁数千人。严嵩的年俸禄在嘉靖十几年时为732石，嘉靖末为1500石，平均约1200石，加上其子孙的俸禄共约三千石左右，当时官员俸米一般折银每石七钱，严氏子孙三千石年俸全部折成白银仅2100两，如果一点不消费而积蓄起来，十年才21000两，一百年才210000两，一千年才210万两。可见严府数百万家资绝不可能靠俸禄积聚。因此严氏父子主要靠贪污受贿等手法聚敛钱财，从地方官到京官，各有定价，如卖一个吏部稽勋司主事的官位，转手即得白银13000两，相当于严氏祖孙五年左右的全部俸禄。赵文华自江浙督师还京，馈送严世番白银2万两及金丝床帐、金翠臂妆等物，严世番"犹以为薄"。① 这份"薄礼"又相当严氏祖孙十多年的俸禄。仇鸾为逃避罪责，向严嵩行贿数万两白银，甚至各藩也要向严氏父子纳金，如隆庆为裕王时，向世番纳银1500两，以求按时拨发常禄；伊王为免受惩罚，行贿十万两银得免。总之，严嵩父子纳贿受馈，卖官鬻爵，侵吞军费，兼并土地，短时间内从一介寒士暴发为百万富翁。"嵩之纳贿，实自古权奸所未有。"② "自中外百司以及九边文武大小将吏岁时致馈，名曰'问安'；凡勘报功罪以及修筑城埤必先科克银两，多则巨万，少亦不下数千，纳世番所，名曰'买命'；每遇大选、急选、推升、行取等项，辄遍索重货，择地拣官，巨细不遗，名曰'漏缺'；及已升官履任，即搜索库藏，剥削人民，金帛珍玩，惟所供送，名曰'谢礼'。甚至户部解发各边银两，大半归之世番，或半出都而中分，或已抵境而还送，以致士风大坏，边事日非，帑藏空虚，闾阎凋瘵，贻国家祸害迄今数岁未复。"③

官吏贪污受贿到了清代更是恶性发展。号称贪污之王的和珅，以善伺乾隆意旨而受宠信。他任军机大臣二十四年，利用职权，结党营私，贪黩放荡。他搜括的财产有黄金580万两，白银940万两，当铺75处，银号40家，土地8000多顷，还有玉器、绸缎、洋货、毛皮等库多座，全部财产总计达22389万两之多，

---

① 范守己：《皇明肃皇外史》卷37。
② 赵翼：《廿二史札记》卷35《明代宦官》。
③ 《明世宗实录》卷544，嘉靖四十四年三月。

相当于后来嘉庆时五年半的财政收入。因此当和珅倒台财产被全部没收时就有了"和珅跌倒，嘉庆吃饱"之说法。和珅贪污的手法和巨额财富又使严嵩父子望尘莫及，真可谓一代更比一代"强"啊！乾隆的征战、挥霍及和珅等官员的贪污，使乾隆中期的7000万两银库存到末年一无所有，国库空虚，吏治腐败，使大清王朝由盛而衰。

二 节操与知耻

廉耻的第二方面的内容是知耻。耻，古作恥，《说文解字》解释说："辱也。从耳，心声。"《六书总目》曰："耻，从心耳，会意，取闻过自愧之意。凡人心惭，则耳热面赤，是其验也。"耻在古代汉语中有三层意思：一是指人们的羞愧之心；二是受到侮辱而感到羞愧可耻；三是形容某些人有羞耻之心。与此相关的还有惭、愧、辱、悔、怍、悱等，都有通过人的内心感受而引起行为变化的意义。夏、商、周时期人们就已经认识到羞耻之感在惩恶扬善、指导和制约人的行为上所起的作用，并开始加以运用。他们主要从两方面理解耻感，一是使当事人发自内心感到羞耻，二是由外力加以侮辱，使其感到羞耻，使当事人因感到羞耻而改过从善。这在反映这一时期历史发展的古代典籍中多有记载。如《尚书·说命下》记载：伊尹"乃曰：'予弗克俾厥后为尧舜，其心愧耻，若挞于市。'"后人解释此段话为"言伊尹不能使其君如尧舜，则耻之，若见挞于市，故成其能。"[①] 由于伊尹对太甲不能继承成汤的事业而感到愧耻，所以才有"伊尹放太甲"之类的历史事件的发生。《诗·小雅·蓼莪》曰："瓶之罄矣，惟罍之耻。"郑玄《毛诗传笺》解释说："瓶小而尽，罍大而盈，言为罍耻者，以喻其不能养之故，实由于上之人征役不

---

① 《十三经注疏》上，中华书局1980年版。

息,为可耻也。"高亨先生解释说:"酒瓶空了,是酒坛的耻辱,比喻人们穷了,是统治者的耻辱。"① 这是西周王畿之内的自由民对统治者过分剥削的一种讽刺,认为那是可耻的行为。

春秋战国时期,儒家学派在整理古代文化的过程中,对耻感文化的阐释和弘扬发挥了重要作用,特别是孔子在对古代典籍的删订、梳理中,将耻感文化作为一项重要内容而纳入到儒家学说的体系中。儒家经典《论语》中有很多地方讲到耻感,如《学而》篇载:子曰:"信近于义,言可复也;恭近于礼,远耻辱也;因不失其亲,亦可宗也。"杨伯峻先生解释说:"所守的约言符合义,说的话就能兑现;态度容貌的庄矜合于礼,就不致遭受侮辱;依靠关系深的人,也就可靠了。"② 这里的"远耻辱"其实可以理解为远离内感羞愧之耻和远离外受欺侮之辱两方面。另外,《为政》篇又载:子曰:"道之以政,齐之以刑,民免而无耻。道之以德,齐之以礼,有耻且格。"这里将耻感文化应用于国家政务,治理民众如果光凭政法和刑罚,人民就只能做到免于罪过,却不能产生羞耻之心。如果用道德来教化,用礼仪来整顿,人民不但有廉耻,而且能自觉地改过向善。其他的如《论语·子路》主张"行己有耻",即一个人出言行事应有知耻之心;《论语·宪问》提出"君子耻其言而过其行",还说"巧言令色,左邱名耻之,丘亦耻之"。总之,孔子对耻感文化的论述非常广泛,涉及个人的心理感受、道德修养、人们的社会行为及其评价、人与人之间的交往、国家的政治活动、对人民的教育等各个方面,反映出耻感文化已深入到当时的社会生活中,并通过慎独、内省、反求诸己、改过迁善、见贤思齐等修养功夫的配合,广泛影响着人们的行为。

---

① 《诗经今注》,上海古籍出版社 1980 年 10 月版,第 308 页。
② 《论语译注》,中华书局 1980 年 12 月版,第 8 页,第 52 页。

在孔子弟子中，子思对耻感文化理解最深。《论语》中"宪问耻"记载，子思将耻感文化的精髓传给了弟子孟子，故耻感文化得到了进一步阐释。孟子曰："耻之于人大矣！为机变之巧者，无所用耻焉。不耻不若人，何若人有。""人不可以无耻，无耻之耻，无耻矣。"（《孟子·尽心上》）他认为羞耻之心对于一个人是非常重要的，没有羞耻感是一个人最大的耻辱，那才是真正的无耻之徒。孟子特别强调耻感对个人的意义，进一步发挥孔子的学说，将仁与耻联系起来。荀子虽然主张性恶，但也强调耻感文化的重要。他在《荀子·修身》中说："端悫顺弟，则可谓善少者矣；加好学逊敏焉，则有钧无上，可以为君子矣；偷儒惮事，无廉耻而嗜乎饮食，则谓恶少矣；加惕悍而不顺，险贼而不弟焉；则可谓不详少者矣，虽陷刑戮可也。"这里荀子区分了三种不同的青年，"善少者"如好学逊敏，可以为君子；而那恶少，无廉耻是重要的原因，如再加上放荡、凶悍、阴险等毛病，则谓"不详少者"，是要陷于刑戮的。可见耻感文化在培养青年人的道德品质方面有重要的作用。

先秦时期除了儒家外，其他诸子也从各个角度论述和实践着耻感文化。虽成书于战国秦汉但保留有许多管仲思想的《管子》一书，耻感文化被提到了关系国家兴亡的高度，所谓"守国之度，在饰四维；……四维不张，国乃灭亡。""国有四维，一维绝则倾，二维绝则危，三维绝则复，四维绝则灭。""何为四维？一曰礼，二曰义，三曰廉，四曰耻。礼不逾节，义不自进，廉不避恶，耻不从枉。故不逾节则上位安，不自进则民无巧诈，不避恶则行自全，不从枉则邪事不生。"（《管子·牧民》）管仲对耻感文化作用的深刻总结，对中国历史产生了深刻而久远的影响。

道家学派以"清虚"为本，主张无为而治，但他们对于耻感文化也非常注意。老子《道德经》曰："知足不辱，知止不殆，可以长久。"意思是说人们如果能知道满足，就不致因需求过度而蒙受耻辱；知道适可而止，就不会因贪求过分而遭遇危险，因而也就可保长久。其中的"知足不辱"已经成为后世的千古名句。庄子《庄子·盗跖》中说："无耻者富，名信者显，夫名利之大者，几在无耻而信。故观之名，计之利，而信真是也。若弃名利，反之于心，则夫士之为行，抱其天乎！"表达了他对弃绝名利、耻辱而顺其天性的看法。

法家主张"信赏必罚"、"专任刑法"的同时，也很注意耻感文化。商鞅在《商君书·算地》篇中称："夫刑者所以禁邪也，而赏者所以助禁也。羞、辱、劳、苦者，民之所恶也；显、荣、佚、乐者，民之所务也。……故圣人之为治也，刑人无国位，戮人无官任。刑人有列，则君子下其位；衣锦食肉，则小人翼其利。君子下其位则羞功，小人翼其利则伐奸。故刑戮者所以止奸也，而官爵者所以劝功也。"商鞅就是根据人的羞耻之心，来用刑罚禁止奸邪，用官爵来劝励功业的。法家之集大成者韩非也很重视耻感文化，他在《韩非子·说难》篇中说："凡说之务，在知饰所说之所矜而灭其所耻。"梁启超先生解释为："游说者的急务在于知道怎样地粉饰被说者（君主）所自豪的心理，而消灭他所羞耻的心理。"① 在《难二》篇中，韩非通过齐桓公醉酒之事进一步分析了耻感问题。"齐桓公饮酒醉，遗其冠，耻之，三日不朝。管仲曰：'此非有国之耻也，公胡不雪之以政？'公曰：'善。'因发仓囷赐贫穷，论囹圄出薄罪。处三日而民歌之曰：'公乎，公乎，胡不复遗其冠乎！'"韩非分析说："管仲雪桓公之耻于小人，而生桓公之耻于君子矣。使桓公发仓囷而赐贫穷，论囹圄而出薄罪，非义也，不可以雪耻使之而义也。桓公宿义，须遗冠而后行之，则是桓公行义，非为遗冠也。是虽雪遗

---

① 《韩子浅议》，中华书局1960年8月版。

冠之耻于小人，而亦遗义之耻于君子矣。且夫发仓困而赐贫穷者，是赏无功也；论囹圄而出薄罪者，是不诛过也。夫赏无功则民偷幸而望于上，不诛过则民不惩而易为非，此乱之本也，安可以雪耻哉！"韩非对管仲以发仓困释囚为桓公雪耻提出了批评，反映出他"以遗义为耻"的看法。

　　殷周以来形成的耻感文化，逐渐深入到中国社会各阶级阶层中，成为一种普遍的文化现象和人们行为选择及价值取向的重要因素。先秦时期，不论是诸侯国的国君还是士大夫乃至平民百姓，都在其立身行事中反映出耻感文化的影响。管仲在公子纠和公子小白的夺位之争中没有随公子纠去死，而事后又做了公子小白即齐桓公的辅臣。时人对管仲是否知耻曾经有过争论，但后来由于管仲辅佐齐桓公首霸中原，对治理齐国多有贡献，后人还是给予管仲肯定的评价，孔子就认为管仲的行为符合"仁"的道德规范。晋文公在城濮决战之前，还在因楚国曾优待过他而犹豫，栾贞子劝说道："汉阳诸姬，楚实尽之。思小惠而忘大耻，不如战也。"（《左传·僖公二十八年》）他要晋文公以楚国吞并汉水流域诸姬姓小国为国之大耻，坚定打败楚国的决心。秦穆公地处西陲，但奋发图强，益国十二，开地千里，称霸西戎，他深知耻感文化的重要性，认为"为礼而不终，耻也。中不胜貌，耻也。华而不实，耻也。不度而施，耻也。施而不济，耻也。耻门不闭，不可以封。"[①]吴越争霸之时，越王勾践"苦会稽之耻，欲深得民心，以致必死于吴"（《吕氏春秋·顺民》），于是卧薪尝胆，"内视群臣，下养百姓"，经过"十年生聚，十年教训"，终于打败吴王夫差，火掉吴国。

　　在诸侯国的关系中，耻感文化是决定国家之间交往和行为的重要因素。《左传》昭公五年载：晋楚争霸势均力敌，转而采取

[①] 《国语·晋语》，上海古籍出版社1978年版，第359页。

政治手段，约为婚姻之国。晋国派韩宣子等送女到楚国，楚王想把晋使者韩起刖足使守门，将羊舌肸宫刑后为司官，以此羞辱晋国。楚大夫认为"苟有其备，何故不可？耻匹夫不可以无备，况耻国乎？是以圣王务行礼，不求耻人。"认为要以国家利益为重，不能逞快于一时。魏惠王时，国力下降，"东败于齐，长子死焉；西丧地于秦七百里；南辱于楚。"惠王因此感到羞耻，于是孟子给梁惠王讲了一通"仁者无敌"（《孟子·梁惠王上》）的道理。在一般士人和平民百姓中，耻感文化也是决定人们行为的重要心理因素。齐景公时，晏子利用公孙接、田开疆、古冶子深知礼义廉耻特点，让齐景公赏三人两个桃，结果使三人陷于可耻境地而自杀，即为著名"二桃杀三士"。士大夫有临大利不易其义，不以富贵而忘其辱的高风亮节，平民百姓则有不吃嗟来之食的耻感。《礼记》载曰："齐大饥，黔敖为食于路，以待饿者而食之。有饿者，蒙袂揖屦，贸贸然来。黔敖左奉食，右执饮曰：'嗟！来食。'（饿者）扬其目而视之，曰：'予唯不食嗟来之食，以至于斯也。'（黔敖）从而谢焉。（饿者）终不食而死。"① 这位有羞耻之心的人宁肯饿死也不食那无礼的"嗟来食"，说明耻感文化在决定人们行为方面的重要作用。②

　　秦汉以降，关于耻感文化的议论仍然很多，如周敦颐《周子全书·通书》认为："必有耻，则可教，闻过则可贤。"朱熹在《孟子集注》中说："耻者，吾所固有羞恶之心也，有之则近于圣贤，失之则入于禽兽，故所系甚大。"在《朱子语类》卷97中也说："知耻是由内心以生，人须知耻方能过而改。"顾炎武在《日知录·廉耻》中说："廉耻者，士人之美节，风俗者，天下

---

① 《十三经注疏·礼记正义》，中华书局1980年版，第1314页。
② 参见胡凡《论中国传统耻感文化的形成》，《学习与探索》1997年第1期。

之大事;朝廷有教化,则士人有廉耻,则天下有风俗。"龚自珍在《明良论》中指出:"士皆知有耻,则国家永无耻矣,士不知耻,为国之大耻;皮工之人,肩荷背负之子无耻,则辱其身而已,富而无耻者,辱其家而已,士无耻则名之曰辱国,卿大夫无耻,名之曰辱社稷。"康有为在《长兴学记》中指出:"一耻无志,志于富贵,不志于仁义,可耻也;二耻循俗,循于风气,不能卓立,可耻也;三耻鄙吝,凡鄙吝者天性必薄,为富不仁,可耻也。"清人张伯行有《止馈送檄》曰:"一丝一粒我之名节,一厘一毫民之脂膏,宽一分民受赐不止一分,取一文我为人不值一文,谁云交际之常,廉耻实伤,倘非不义之财,此物何来。"

知耻的反面是无耻。孟子认为:"人不可以无耻,无耻之耻,无耻矣。"(《孟子·尽心上》)陆九渊认为:甘为不善而不之改者,是无耻也;人之患莫大于无耻。正如有人所比喻:耻字是学人喉关,圣人教人与小人转为君子,皆从耻上导引,激发过去,人一无耻,便如病者闭喉,虽有神丹,不得入腹,因此人不可以无耻。前文所列举的巨贪如严嵩、和珅之流皆是无耻之徒,他们贪污受贿卖官鬻爵,严重损害了封建国家的根本利益,造成吏治腐败,财政匮乏,边关废弛,民不聊生,当赋税日重而造成社会矛盾日益激化时,封建王朝就处于崩溃的边缘。这类无耻之徒是对社会的危害。另一类则是缺乏气节,朝秦暮楚,有奶便是娘的鲜廉寡耻之徒。如五代时冯道在天下大乱生民倒悬之时,既不为民谋福,也不退隐山林,却高官厚禄先后事奉四姓十帝,人称不倒翁,他"朝为仇敌,暮为君臣,国存则高官厚禄,国亡则另攀高枝";不以为耻,反以为荣,著书讲述自己更事四姓及契丹所得的官阶封爵,自号长乐老。欧阳修称之为"无廉耻者","盖不廉则无所不取,不耻则无所不为,人而如此则祸乱败亡,亦无所不至,况为大臣。而无所不取,无所不为,则天下其有不乱,国家其有不亡者乎。"(欧阳修《新五代史》杂传第

41）由此可见，廉耻与节操观念有密切的关系。

如前所述，节操包括气节和操守，是人的精神力量和道德品质的体现。具有高尚的节操观，就能遵守社会规范，并用之约束自己的自然之性；通过学习和教化，去除小人的狭隘自私、唯利是图等痼疾，达到"君子"的人格境界，即坦荡高尚、大公无私，以天下为己任；更进一步则是"内圣外王"，修身、齐家、治国、平天下。同时，还要遵守诚信，人己不欺，忠实于自己的本性和存在，使自己的言行与自己所处的社会地位、所承担的社会职责和道德义务相符合，是所谓的立人立国之本。有了诚信，人们就会有强烈的社会责任感，就会为国为民，忠于职守，减少自然之欲的诱惑。有了节操观念，还具备了"杀身成仁"、"舍生取义"的忠义思想，可为国尽忠，无私奉献，义无反顾，进而有视死如归的大丈夫气概，做到"富贵不能淫，贫贱不能移，威武不能屈"。具有了这些崇高品质，自然会廉洁奉公，洁身自好，面对金钱美女等物质诱惑毫不动心；对社会腐败不良行为感到可耻，既以此警戒自己，约束规范自己，又坚持原则，以礼仪规范、仁义道德去惩恶扬善。同时，当遇到民族危亡时，又能保持气节，捍卫民族和自我的尊严，誓死抵抗，决不叛变，以国家、民族利益为大义，以卑躬屈膝为耻辱。所以说，节操是仁、义、礼、智、信的体现，廉耻则是气节操守的内涵，它们之间是相互联系、相辅相成的，有此一点即可推演发展，丧此一点则会祸及全盘。

第三章 节操观念的贯穿古今

第一节 各为其主的先秦时期

一 晏婴

晏婴，山东东莱人，先后经历齐灵公、齐庄公、齐景公三世。齐庄公与崔杼妻私通被杀，晏子听说后赶到崔氏门外，旁人问晏婴：你是为国君死难呢，还是逃亡避难，或者归家呢？晏子回答道："如果国家社稷与君相比，前者为主；当君王为社稷而死时，我就与之共同赴难；如果君王为社稷而逃亡，我就一同出逃，但如果君王为私利而死则逃亡时，我就不能为之殉情了。"晏子说完后，进入崔杼家伏庄公尸大哭，以尽臣子之哀。这里晏子区分了社稷与君王个人之间公私的关系，为国家可以身殉之，但为私情却不行。晏子的节操观念显然比当时流行的君主代表国家的愚忠思想先进。虽然如此，晏子并没有忘记自己的臣子身份，而是冒着危险哭临尽哀，事后有人劝崔杼杀掉晏子，崔杼觉得晏子颇得民望，因而未予追究。崔杼杀庄公后立景公，用数千甲士逼迫众人向他起誓效忠，不肯者以戟拘其颈，剑承其心而杀之。当时有七人因此被杀。当轮到晏子时，他不畏淫威，勇敢地大呼："呜呼！崔子为无道，而弑其君，不与公室而与崔、庆者，受其不祥！"崔杼威胁晏子道：如果你改变自己的话，我就让你掌握齐国政事，不然就杀掉你。晏子说：你用刀刃逼我改变志向，这不为勇；用利诱让我背叛国君，此不为义；难道你不怕遭到上天的报应吗？我决不会因刀剑威逼而屈服。崔杼要杀晏子，旁人劝道，你已经将无道之君杀了，而晏婴是有道之臣，杀之无法向世人交代。崔杼放掉晏婴。由此可以看出晏子忠于社稷、忠于职守，决不向叛逆低头的高尚气节。

景公即位后，晏子负责管理东阿。三年后，景公召晏子大加斥责：我认为你有才干让你治理东阿，你却政绩甚差，你要深自检讨，不然要重罚你。晏子说：我改变治理办法，三年不治，臣请死罪。第二年上计时，景公夸奖晏子治理有方，晏子回答道："我原来治理东阿，不向君王身边的人阿谀行贿，获利归民，民无饥者，您却反以罪臣。现在我治东阿，行货你左右，加大赋敛，利归权要，饥者过半，如此您却夸奖我，我真不知如何治理，您还是让我退休以避贤者吧。"景公为此道歉。

据史料记载："晏子相齐，衣十缕之衣，食脱粟之食，卵盐、苔菜而已。入朝，乘敝车、驽马。"景公使者将实情汇报，景公为此赐千家之县给晏子，晏子再三辞谢说："君王的恩泽覆及臣下三族，已经很知足了。厚取之君而施之民，是代君施恩于民，忠臣不为；厚取之君而不施于民，是藏富于己，仁人不为；进取于君，退罪于士，身死而财归于他人，智者不为。富而不骄者没有听说过，而我能做到贫而不恨。十缕之布，一豆之食足矣。"景公了解到晏子住宅狭小并靠近市场，劝他换一个僻静宽敞的，晏子辞谢道，我住在这里就很好了，且离市场近也很方便。景公笑问晏子，你离市场近，知道物品的贵贱吗？当时景公刑罚苛重，触犯者众多，因之相劝曰：市场踊贵屦贱。景公听后变色改容，刑罚为之减轻。但景公仍想让晏子住一大宅，乘晏子使晋国时将他的旧宅翻新，晏子归后感谢君王之恩，把新宅拆掉仍如旧室，最后景公只好作罢。

齐景公有爱女想嫁给晏子，于是他到晏子家去喝酒，当看到晏子妻子时，景公问道：她是你妻子吧？怎么又老又丑？我有一个女儿年轻漂亮,就嫁于你为妻吧。晏子避席回答,我妻子现在虽然既老且丑,但年轻时也很漂亮,我与她生活了很久,经历了从年轻到年老,从娇美到丑陋,她把一生托付于我,虽君主有赐,晏婴不敢背她而接受。

晏婴于国家社稷忠诚廉洁,生活俭朴,不为私利,一心为民,其操守令人敬佩,堪为楷模,其品行连其车夫之妻也为之感动。史载车夫为晏婴赶车,以拥大盖、策驷马而得意扬扬,他的妻子批评他说:晏子身不满六尺,身相齐国,名显诸侯,而在外谦虚谨慎,你身长八尺,却以为人赶车为满足,我要离你而去。之后车夫改正缺点,虚心善学,晏子了解情况后,将他推荐为大夫。由此可见晏子的人格力量。

二　蔺相如

蔺相如,战国时赵人。当时赵惠文王得到著名的和氏璧,秦昭王垂涎欲得,愿以十五城交换,实际企图以强大国力诈取。与璧怕被欺诈,不与又怕秦兵来攻,赵王为此左右为难。宦者令缪贤将智勇双全的蔺相如介绍给赵王,蔺相如分析道:秦强而赵弱,不可不与之交换,如果秦予城而赵不许,赵国理亏;如果赵国给璧而秦不换城,秦国理亏,看来只好相机行事。蔺相如奉璧入秦,秦昭王在章台接见了他,昭王对和氏璧大加赞赏并令左右传观,但却丝毫没有偿还赵国城池的意思。机智的蔺相如假意要给秦王指点玉璧上的瑕疵,待玉璧到手后,怒发冲冠,倚柱斥责秦王:"大王想以城换璧,赵王以秦无信而不欲交换,臣下认为布衣相交都讲究诚信,互不欺瞒,何况两大国相交。而且以一璧妨碍秦赵之交,甚为不好。为此赵王斋戒五日,让臣下奉璧和书信来见大王,为的是维护大国威信,以诚敬示天下。"这里蔺相如以信义诚敬将秦昭王置于不利地位,虽然战国时期互相攻伐,兵不厌诈,毫无信义可言,但在表面上还要维持这种社会道德。

131

因此当蔺相如威胁要将自己的头颅与和氏璧一块在柱上碰碎时,秦昭王只好连连道歉,并让有司拿出地图,指示哪些地域与之交换。蔺相如感到秦昭王欺诈无信,不能与之公平交易,因此故意让秦昭王也斋戒五日,设九宾于廷后才献璧,暗中却让人送璧返赵。当秦昭王准备好后,蔺相如以实相告,并大义凛然地表示:自己有欺大王之罪,随你如何处罚。面对舍生忘死、忠于职守、具有崇高气节的蔺相如,秦昭王也只好毕礼放还。蔺相如由于不辱使命被拜为上大夫。

之后秦不断攻赵,拔城略地。赵惠文王十九年,秦王提出与赵王在西河渑池相会,以修好两国关系,赵王畏惧,不敢赴行。蔺相如认为不去是软弱和怯懦的表现,他提出与赵王同行,以壮声威。当秦赵二王大会渑池酒兴正浓时,秦王以赵王善音律为由要他鼓瑟助兴,赵王无奈只好照办。秦史官却乘机将这件事记录下来以羞辱赵国。蔺相如见状道:听说秦王善为秦声,请击瓴盆,以相娱乐。秦王生气地拒绝了,蔺相如手捧瓴盆跪请秦王,秦王还是不肯,这时蔺相如说:"我现在离您只有五步远,可以用颈血溅大王一身。"意思是我离你很近,随时可以危及你的生命。秦王左右想上来加害相如,被他呵斥而退。秦王虽然极不高兴,也只好为赵王击瓴,蔺相如立刻让史官记录:某年月日,秦王为赵王击瓴。秦国群臣不甘心,又大喊:"请以赵国十五城为秦王祝寿。"蔺相如也大喊:"请以秦都咸阳为赵王祝寿。"由于蔺相如勇敢机智,整个宴会秦国无法压服胜过赵国。

蔺相如以智勇为赵国争得了面子,以功大拜为上卿,位在廉颇之上。廉颇是赵国猛将,听说后很不服气,抱怨说:"我以攻城野战之大功拜为将军,他蔺相如本为贫贱之人,搬弄口舌就位居我之上,我实在咽不下这口气,要是见了他,一定羞辱他。"蔺相如听说后,相会时故意称病不与廉颇争列,出门相遇,绕道而走。他的舍人非常不解地说:"臣下仰慕您的高义而追随您左右,您却非常害怕廉颇将军,这种事连平常之人都羞于为之,何况将相呢!如此我只能离您而去。"蔺相如耐心地劝说:"你看廉将军能比得上秦王吗?"舍人说当然不能比。相如又说:"以秦王之威我却能当廷呵斥并辱其群臣,我怎么能怕廉将军呢?因为有我二人在,秦王不敢加兵赵国,如果我们俩不和而斗,势必危害国家,我这是先国家之急而后私人之仇也。"这番话被廉颇听说,他为蔺相如的高风亮节所感动,为自己的狭隘卑贱而羞愧,因而负荆请罪,两人从此结为生死之交。这里蔺相如表现了一种先公后私、顾全大局的情怀。他对敌可以舍生忘死,对友却可以忍辱退让,显示了高度的原则性,是勇与智、仁与爱的完美结合。

第二节 彰显大一统豪情的两汉时期

一 汲黯

汲黯字长孺,河南濮阳人,好游侠,任气节,内行修絜。为人不太讲面子和礼节,有意见当面提,对君上则好直谏,数次冒犯皇帝。早在汉武帝刚即位时,河内失火,延烧千余家,汲黯被派往视察,路过河南,发现那里父子相食,涉及万余家,实情远比河内严重,因而临时决定,假借皇帝命令,发河南仓粮赈济贫民,归后以实上报。汉武帝不仅未追究汲黯矫诏之罪,反而提拔了他。汲黯性格刚直,不媚权贵,大将军卫青受宠尊贵,公卿以下皆奴颜婢膝,唯有汲黯不买账。有人劝他说:皇上想让大将军一人之下万人之上,尊贵无比,你不可以不拜服。汲黯对曰:大将军也要礼贤下士嘛!卫青听说后,更加尊重汲黯,朝廷政务有疑难问题多有请教。皇太后的弟弟田蚡当上丞相后,众公卿前往拜谒,田蚡却倨傲无礼,汲黯想你不礼贤下士,我也不尊重你,对田蚡不拜,揖之而已。汉武帝为加强集权,任用张汤等酷吏,

133

汲黯对此甚为不满，他当面指责张汤："公为卿，上不能保先帝之功业，下不能抑天下之邪心，安国富民，使囹圄空虚，何乃取高皇帝约束纷更之为！公以此无种矣！"（《史记·汲黯传》）他认为朝廷大臣应该护国安民，而不能深文巧低，怀诈饰智以阿附取媚皇帝，陷良民于监狱，搞得天下重足而立，侧目而视。如果这样，将会招致灾祸而殃及子孙。后来张汤等果然被汉武帝除掉。

汲黯不仅敢于反对权贵，而且敢于顶撞皇帝。汉武帝当时为了改变汉初黄老之学，招揽大批儒士为之谋划，说是要效法唐尧虞舜，汲黯立刻对曰："陛下内多欲而外施仁义，奈何欲效唐虞之治乎！"（同上）汉武帝无言以对，愤然退朝。众公卿有点为汲黯担忧，有的指责不应这样对待皇上。汲黯说：天子设置公卿是作为辅弼之臣，如果一味地谀谄奉承，将会陷君主以不义，在位食禄不能光为自己打算而辱及朝廷。武帝退朝后，无奈地对左右说：汲黯真是一个憨直之臣啊。

匈奴浑邪王率众降汉，汉武帝好大喜功，发车二万多辆迎接，由于汉廷财政困难，下令百姓出钱资助马匹，百姓不乐意，故而马匹不够。汉武帝为此大怒，要杀长安令。汲黯谏道：长安令无罪，要杀就杀我吧！匈奴背主降汉，朝廷为迎接他们搞得天下骚然，如此疲敝中国而事奉夷狄有何意义？汉武帝无言以对。汉武帝设立乐府，让司马相如等撰写诗赋，以宦者李延年为协律都尉，佩二十石印，弦次初诗以合八音之调，所作诗多尔雅之文，必须会集五经博士等专家共同诵读才能理解其意。当汉武帝征西域得汗血宝马后，让乐府为之作诗赋："天马来兮从西极，经万马兮归有德。承灵威兮降外国，涉流沙兮四夷服。"汲黯谏曰："大凡王者乐，上以承祖宗，下以化兆民。现今陛下得宝马，以它为诗作歌，协于宗庙，祖宗先帝和百姓难道能知道此音乐吗？"说得汉武帝默然不悦，但也无可奈何。汉武帝为求大治，大批招延人才，但严刑峻法，其所亲信者时有犯法斩杀之，毫无宽贷。汲黯为此进谏："陛下求贤若渴，但未尽其才就因小过杀之，以有限之才士恣无已之诛，臣下害怕贤才将尽，无人与陛下治天下。"汲黯越说越激动，似乎无人臣之礼，而汉武帝却并不生气，笑而与之对答。

汲黯虽然数次进谏冒犯，但忠心为国，高风亮节，大公无私，汉武帝也感慨地说："都说古代才有社稷之臣，其实现代也有，他就是汲黯。"为此武帝对他特别礼敬，当接见大将军卫青时，武帝踞厕而视之；召见丞相公孙弘，武帝有时可以不戴皇冠；而汲黯进见，武帝总是正襟危坐，不冠不见也。有一次汲黯奏事，武帝未戴皇冠，赶忙避入帐中，使人可其奏。淮南王谋反，但害怕汲黯，说在汉廷大臣中，只有汲黯好直谏，守节死义，非常难以拉拢说服；而对丞相公孙弘，则如对付小孩和震落灰尘那样容易。可见汲黯之忠。

二　苏武

苏武字子卿，陕西杜陵人，以父荫与兄弟并为郎官，后迁升至中厩监。当时汉武帝连年征伐匈奴，经过数次大的战役，给予匈奴以沉重打击，之后双方进入相持阶段。为了窥视对方，汉朝与匈奴经常互通使者，为此匈奴扣押汉使郭吉、路充国等前后十几批，汉廷也扣押不少匈奴使者。天汉元年（前100年）匈奴鞮侯单于新立，害怕汉朝乘机袭击，将汉使者不投降的如路充国等归还。汉武帝因此派遣苏武以中郎将身份持节带领副使张胜等百余人，送还扣押在汉朝的匈奴使者，以回报匈奴单于的善意。当苏武等完成使命准备返汉时，匈奴内部发生谋叛事件。匈奴緱王与长水虞常谋反匈奴，因为虞常在汉时与张胜关系很好，母亲兄弟又在汉朝，所以时刻想回归汉朝。为此他向张胜献计：乘单于出猎，杀掉皇上痛恨的叛汉胡人卫律，劫持单于母亲阏氏归

135

汉。张胜答应。后缑王等事机不密被人告发,七十余人皆被杀,只有虞常被生俘。单于派卫律审狱,张胜听说,害怕与虞常相谋的事泄露,将此事告之苏武。苏武说:"事情既然如此,必然要牵连于我,我宁死不负国家!"说完就要自杀殉国,被张胜、虞常等制止。虞常果然牵引出张胜,单于大怒,派卫律质问苏武,苏武大义凛然地说:"屈节投降虽保全性命,但无面目回归汉朝!"说完用佩刀自刺,身受重伤。卫律见状大惊,亲自抱持苏武就医,然后凿地为坑放置温火,将苏武放置火上,蹈其背以使淤血渗出。苏武昏迷,半日才苏醒,单于佩服其忠烈气节,朝夕派人问候苏武,而将张胜逮捕。

苏武伤势转好后,单于想迫使苏武等投降。卫律持剑威胁张胜:"你谋杀单于近臣,罪该死,但如果投降,可以赦免。"说罢举剑欲刺,张胜胆小恐惧,屈节请降。卫律又举剑威胁苏武道:"副使有罪,正史应当连坐",苏武驳斥说:"我未参与谋划,又非亲属,怎么能连坐呢",不为所动。卫律见以死胁之不成,又以利诱之道:"我卫律背负汉朝投靠匈奴,得到单于的恩幸,赐号称王,拥众数万,牲畜遍野,富贵如此。你今日投降,明日就与我一样。如果不这样的话,死后埋葬荒野,有谁能知道你苏武呢?"苏武根本不加理睬。卫律无奈,只好说:"你听我的话投降,我们可以结为兄弟,不然后悔就来不及了。"苏武听后大怒,痛斥道:"你作为汉臣,不顾恩义,背主求荣,有什么脸面来见我!既然你得到单于宠信,有生杀之权,却不平心持正,挑动汉匈双方斗争,自己坐观祸败。你应该知道南越杀汉使,被征服后辟为九郡;大宛王杀汉使,头悬北关;朝鲜杀汉使,即时被诛灭;唯独匈奴还没有遭到报应。如果你加害于我,促使汉匈两国相攻,匈奴的灾祸就不远了。"

卫律知道苏武意志坚定,威胁利诱不起作用,将这种情况告诉单于。单于不死心,仍想招降苏武。于是将他关押在一个地窖中，断绝饮食。当时天下大雪，苏武饥渴难耐，乃就着雪吞咽牛羊毛，许多天不死。匈奴见状大为惊奇，以为神仙，就把苏武迁徙到北海一带无人区，让他放牧公羊，说："等到公羊下奶，你就可以回归汉朝了。"苏武在荒凉无人之处牧羊，缺乏食物，只好掘野鼠采草果充饥，但他仍无时不手持汉节，以表示自己是大汉使节，尽管节杖上的旄毛已经脱落，但卧起操持从不离手。

李广之孙李陵继承祖父之业为汉将，勇冠三军，率步兵五千出击匈奴，杀伤甚众，被围矢尽，屈节投降。之前他与苏武俱为侍中，比较熟悉。苏武被扣后，初时他无颜与之相见。后来单于派他到北海地劝降苏武。李陵置酒设乐，劝说苏武道："单于听说我与足下交往甚厚，让我来劝说您；我说句心里话，您这样在艰苦荒凉之地生活，回归汉朝遥遥无期，您所崇尚的信义又在哪里呢？我听说您的兄弟已犯事自杀，高堂也已病逝；您的夫人年纪轻轻，因你久在匈奴不归，她已改嫁；现在您的几个孩子也无音信，生死不知。人生如朝露之短暂，何必自苦如此。我当初投降匈奴时，也忽忽如狂，对自己背负汉朝痛苦追悔，与你情况非常相似。现在陛下年事已高，法令无常，大臣无罪而被夷灭者几十家，祸福不可预测，你这样守节自苦到底是为谁呢？请君三思。"苏武回答说："我们父子没有什么功德，全靠陛下恩赐才有所成就，位列诸将，爵位通侯，我们经常想肝脑涂地以报答皇上之恩。现在有这个机会杀身以报，虽然斧钺砍头，汤鼎烹身，也心甘情愿。臣下事奉君上，犹如儿子事奉父亲，子为父死无所遗憾。请你不要再多言。"李陵与苏武宴饮数日，反复劝说，苏武终不为其所动。李陵无奈，仰天长叹："唉！苏武真是义士！我与卫律背叛之罪上天也不原谅！"泪如雨下，诀别而去。

后来苏武听说汉武帝驾崩，向南号哭吐血，数月旦夕哭临遥祭。鞮侯单于死，壶衍鞮单于即位，内部不和，上下离心，害怕汉兵乘机袭击，因而与汉和亲。汉使来到后向匈奴索要苏武等被扣人员，单于诡称苏武已死来搪塞。苏武属吏常惠夜见汉使，告以实情，又教使者这样对单于说："汉天子射猎上林苑中，得一大雁，雁足上系有帛书，上写苏武在匈奴某地。"汉使据此斥责单于，单于无奈，只好承认苏武仍在。为表示对汉善意，将出使西域的马宏与苏武一并归还。至此，苏武在匈奴十九年，守节死义，坚贞不屈，扬名于匈奴，功显于汉室。汉昭帝元年（前86年）苏武等回到京师，昭帝下诏拜苏武为典属国，官秩中二千石，赐钱二百万，公田二顷，宅一区。苏武将所得赏赐全部送予昆弟故人，家不余财，皇帝和大臣等对他极为敬重。苏武八十多岁病逝，甘露三年（前51年）朝廷画苏武图像于麒麟阁，署其官爵姓名，以示表彰。孔子曰："志士仁人，有杀身以成仁，无求生以害仁"；"使于四方，不辱君命"。苏武就是这方面的代表人物。

三　盖宽饶

盖宽饶字次公，魏郡人，以明经为州郡文学，以孝廉举为郎，累迁至卫司马。盖宽饶初为司马，穿短衣，戴大冠，佩长剑，亲至士卒居处，视察卫卒的饮食起居，有疾病的亲加抚问，致以医药，卫卒以此感恩戴德。汉宣帝诏罢卫卒休更返乡，数千卫卒叩头自愿留更戍卫一年，以报答盖宽饶之厚德。汉宣帝对盖宽饶的政绩大加赞赏，提拔他为太中大夫，来维护风俗，纠劾不轨，大称皇帝旨意。又提拔为司隶校尉，专门纠察督则京师百官，他纠举诸官无所回避，无论事情大小都所劾奏，廷尉据此处置，在京的公卿贵戚和到长安的郡国吏使都非常害怕，不敢犯禁，京师为之安宁。

盖宽饶为人严谨，不媚权贵，行动中规中矩。一次平恩侯许伯搬迁新造府第，丞相、将军、中二千石等官吏都前往祝贺，盖宽饶在许伯的邀请下才勉强前往。当酒酣乐作时，长信少府檀长卿竟然模仿沐猴和狗跳舞，其他人观之大笑，而盖宽饶甚为不悦。他仰视叹曰："现实很美好，但富贵无常，忽然就物是人非，只有谨慎才可以得久远，诸位不可以不引以为戒！"说完起身离府，立刻劾奏长信少府身为列卿大臣，却为沐猴狗舞，失礼不敬。皇帝为此要处罚少府，许伯出面解释谢罪，很久后才被宽宥。

盖宽饶性格刚直，廉洁奉公，每月俸禄才数千钱，却拿出一半作为吏民充当耳目和提供信息者。身为司隶校尉，朝廷重臣，其儿子盖常不仗父权逃避兵役，自己步行去戍守北疆。由于职责所在，经常招致京师贵戚公卿的怨恨，又出于公心，多次上书言事忤逆皇上。皇帝以盖宽饶儒学之士，特别优容，但因此官职不能升迁。当同行升迁超过自己时，盖宽饶以自己品格高能力强，对国家贡献大，却被平庸之辈超越，心中失意不快，数次上疏谏诤。太子庶子王生非常佩服盖宽饶的节操，很为其鸣不平，他写信劝慰盖宽饶说："皇上知道您道德高尚，公正廉洁，不畏强权，所以任命您在位司察，以代皇上纠察督责。足下应宿夜思考当前政务，奉洁宣化，忧劳天下。自古历代治理，各有制度，您不以当前官场风俗为务而以太古久远之事劝说天子，多次以逆耳之言批评君上左右，这不是可以扬名节保性命的办法。当前掌权之人都熟悉法令，言语可以掩饰君主不当之言辞，这可以担当君上之过，足下不惟蘧氏之高踪，而习慕伍子胥的行为，用自己宝贵的生命之躯，来面对不测之危险，我私下为您痛惜。《诗经·大雅》云：'既明且哲，以保其身'。请您以此为鉴。"盖宽饶不听劝告。

当时皇帝方用刑法，信任阉人宦官，盖宽饶不畏艰险，又上书批评皇帝说："现在圣道浸废，儒术不行，以阉人为朝廷大臣，以法律代替诏书"；又引用韩氏《易传》曰："五帝官天下，三王家天下，家以传子，官以传贤，若四时之运，功成者去，不得其人则不居其位。"皇帝认为盖宽饶谤上习惯不改,让朝廷议其罪,众僚认为盖宽饶意欲皇上禅位,大逆不道,罪在不赦。谏大夫郑昌愍认为盖宽饶忠直忧国,以言辞不当遭到文吏诋毁,为此上书曰:"臣下听说山中有猛兽,藜藿为之不采;国家有忠臣,奸邪为之不起。司隶校尉盖宽饶居不求安,食不求饱,进有忧国之心,退有死节之义,由于职务司察,直道而行,得罪权贵,上书陈述国家大事,竟被有劾以重罪,臣以谏大夫名义请求宽宥。"书上皇帝不听,将盖宽饶交付狱吏,宽饶不堪受辱,在北阙下引佩刀自杀,众人皆嗟叹怜之。盖宽饶终因忠直廉洁,不媚君上权贵而断送了性命,正所谓"直如弦,死道边;曲如钩,反封侯"。

四 鲍宣

鲍宣字子都,渤海高城人。好学明经,初任县乡啬夫,守束州丞。后为都尉太守功曹,举孝廉为郎,升迁转至郎博士。汉哀帝初年,鲍宣升任谏大夫,经常上书谏诤,其文章少文采而多事实。当时汉哀帝祖母傅太后专权,子弟并进,董贤贵幸,丞相孔光,大司空师丹、何武,大司马傅喜反对封爵外戚亲属被罢免。鲍宣为此上书谏曰:"汉成帝时外戚专权,朝廷充满了各种私人,由此妨碍了有贤德之人的仕进,浊乱天下,奢侈无度,百姓日益穷困,因此日食出现十次,彗星出现四次。这些危亡的征兆都已经亲眼目睹,为何现在反而比前朝更甚!朝廷没有骨鲠大儒、白首老臣和魁垒之士;论议通古今,喟然动众心,忧国忧民者也见不到。而朝廷公门却拥塞了大量如董贤一样的奸佞宠臣,陛下如果想与这些人共承天地,安抚海内,太难了。当今世俗以不智者为能,谓智者为不能。往昔唐尧放四罪而天下服,今天任用一官吏众皆疑惑;古代刑罚让人服,现今赏赐却让人不解。群小日进,国家空虚,人民流亡。民众流亡有七种原因:一是阴阳不和，水旱为灾；二是国家赋税沉重；三是贪官污吏敲诈勒索；四是豪强大姓兼并小农；五是苛吏徭役使农桑失时；六是部落鼓鸣，男女遮列；七是盗贼劫掠民众财物。另外民众还有七种死亡原因：一是酷吏殴杀；二是治狱深刻；三是冤陷无辜；四是盗贼杀害；五是怨仇相残；六是灾害饥饿；七是疾病时疫。民有七亡而无一得，民有七死而无一生。如此还能指望减轻刑罚，国家平安吗？这不都是公卿守相贪污残酷所造成的吗？"另外鲍宣在上书中对汝昌侯傅高、方阳侯孙宠、宜陵侯息夫躬等无功而封，尸位素餐进行了批评，要求恢复原大司空何武、师丹、丞相孔光、左将军彭宣等有功德之人的职务。上书中虽语词尖刻激烈，但皇帝以鲍宣名儒而优容之。

不久郡国发生地震，百姓议论纷纷，鲍宣再次上书要求罢免奸佞，恢复贤良，汉哀帝只好罢免孙宠、息夫躬及侍中诸曹黄门郎几十人，恢复孔光、何武、彭宣三公职位，拜鲍宣为司隶，后因属下逮捕丞相掾吏，拒绝御使追查被免官。王莽时期企图篡汉，将鲍宣等忠于汉室、反对王莽的骨鲠直臣杀害。

鲍宣不但忠贞仗义，敢于反对贪官佞臣，而且生活俭朴。他岳父奇其清苦，将女儿少君嫁给他，并送给大量嫁资，鲍宣甚为不悦，劝说妻子退回嫁妆，穿着短衣回乡拜见公婆，忙活家务，其妇道乡里称赞。

五　董宣

董宣字少平，陈留国人。当初为司徒侯征辟，累迁至北海相。到任后以当地大姓公孙丹为五官掾。公孙丹是当地豪强，横行乡里，无恶不作。他家造新宅，卜者认为新宅造成必须杀死一人才能避邪禳灾。于是公孙丹让他的儿子杀死道路行人，置尸舍内。董宣知道后，立刻逮捕公孙丹父子并处以死刑。公孙丹宗族亲党三十余人持兵器到衙门称冤闹事，董宣以公孙丹以前亲附王莽，怕他余党勾结海贼，将其全部逮捕归案，让自己属吏水丘岑将之尽杀之。青州府衙以董宣滥杀罪关押廷尉监狱，董宣在狱中昼夜讽诵毫无惧色；临刑前官署以酒馔送行，董宣厉色道："我平常从未吃别人的饭食，何况要死的时候！"说罢登车而去。同时行刑的有九个人，当要刑及董宣时，光武帝派飞骑至刑场赦免董宣死罪。回到监狱后，皇帝使者诘问董宣为何滥杀无辜，董宣讲明了当时的情况，并说是我让水丘岑干的，他没有罪，请杀我活岑。光武帝为此免董宣之罪，诏令青州衙也不要追究水丘岑之罪。后来江下人夏喜等寇乱郡县，朝廷以董宣为江夏太守。董宣到任伊始即宣布："现在我已带兵到了江夏，檄书到日，好自为之。"夏喜等听说后，非常恐惧，即时降散。这时外戚阴氏正好为官郡都尉，董宣不媚权贵，没有逢迎巴结，结果被免职。

后来光武帝惜董宣之才，任命他为洛阳令。京师权贵豪门众多，在此为官困难重重。但董宣忠义气节，毫不畏惧。不久湖阳公主奴仆白日杀人，然后藏匿其主子家中，官吏不能搜捕。董宣却乘公主出行，奴仆为之驾车时在夏门侯亭将之截获。董宣以刀画地，大言历数公主三件过失，叱其奴仆下车杀之。湖阳公主到皇宫向光武帝诉说，皇帝大怒，将董宣召入皇宫，欲笞杀之。董宣叩头要求讲一句话再死。光武帝允诺。董宣说："陛下盛德中兴，而放纵奴仆杀害良民，将何以治理天下？臣不用笞刑，请我自杀。"说完用头击楹，流血满面。光武帝让小黄门侍从按住董宣，让他叩头向公主谢罪，董宣两手撑地，不肯屈从。公主说："陛下为布衣时，藏匿逃亡，狱吏不敢至门，现在成了天子，威势反而不能使一洛阳令服从？"光武帝笑曰："天子不能与布衣一样啊。"赦免董宣之罪并赐食太官。董宣将赐食全部吃尽，光武帝怪而问之，董宣回答说："臣使不敢遗余，如同奉职不敢遗力。"光武帝大为赞赏，赐钱三十万，董宣全部将之散之属吏部下。之后董宣更是敢作敢为，搏击豪强，权贵莫不震恐，京师号

142

为"卧虎"。董宣七十四岁卒于任上，皇帝派遣使者视丧，发现家中只有大麦数斛，敝车一辆，以布被覆尸，妻子对哭。光武帝为之伤悼曰："董宣廉洁的程度，到他死我才知道。"诏赐艾绶，葬以大夫礼，拜董宣儿子为郎中，后官至齐相。

六　第五伦

第五伦字伯鱼，京兆长陵人。少年时介然有义行，因而得到郡尹鲜于褒的赏识，被署为属吏。数年后鲜于褒为谒者随车驾到长安，将第五伦推荐给京兆尹阎兴，做他的主簿。由于长安当时盗铸猖獗，任命他为督铸钱掾，领长安市。第五伦平铨衡，正斗斛，市无阿枉，百姓悦服。光武帝建武二十七年（51年）第五伦举为孝廉，补为淮阳国医长工，随王之国，受到光武帝召见，对其义行节操甚为惊异。二年后任命他为会稽太守。第五伦到任后，为政清正廉洁，亲自斩草养马，妻子自己烧火做饭。俸禄经常只取赤米，仅留一月口粮，其余皆贱价卖给贫苦之民。当时会稽风俗多淫祀，好卜筮，百姓经常以牛祭神，因此民众贫穷困匮，前任官吏都不敢禁止。第五伦到任，立刻移书属县，告诉百姓：如有巫祝依托鬼神欺诈恐吓百姓，严惩不贷；如有随便屠宰耕牛者，立刻惩罚。刚开始风俗难禁，后第五伦坚持不懈，陋俗终于改变，百姓得以安居乐业。东汉明帝永平五年（62年），第五伦因犯法回京接受审判，会稽百姓攀车叩马，啼呼相随，不让他回去，车辆一日才行走数里。第五伦假装宿亭舍，私下坐船而去，百姓听说后又追之水中。到京后送交廷尉审判，有一千余吏民到京城上书为他诉冤。汉明帝为此将他赦归田里。

几年后第五伦被任命为蜀郡太守。蜀地肥饶，百姓和官吏都很富裕，属吏家资多至千万，皆鲜车怒马，以财货自达。第五伦将富裕掾吏遣还辞退，选一些孤贫志行之人担任属吏，于是贿赂求托之风收敛，从而为政清明，所推荐的属吏后来多官至九卿、二千石。

七　班超

班超字仲升，扶风平陵人。为人有大志，不太注意细节，但他非常孝顺谨慎，居家常执勤苦，不耻劳辱。富于辩才，经常览阅公羊春秋。东汉明帝永平五年（62年），其兄班固被任命为校书郎，班超与母亲一起迁居洛阳。当时他家里非常贫穷，经常为官府抄书以谋生。班超有时抄书困乏，投笔叹曰："大丈夫的志向应该是效法傅介子、张骞立功边疆，以取封侯，怎么能久事笔砚间呢？"旁边一起抄书的人闻言都取笑他。班超说："你们安知壮士的志向！"后来汉明帝听说班超为官写书受值养母，任命他为兰台令。永平十六年，奉车都尉窦固出击匈奴，班超为假司马带兵别击伊吾，战于蒲类海，多斩房首而还。窦固很欣赏班超的才干，派他与从事郭恂出使西域。班超等到达鄯善，鄯善国王刚开始时对汉使非常礼敬，几天后忽然懈怠，其他汉使认为胡人不能长久，没有什么异常，班超却认为一定是匈奴使者到来，鄯善王左右为难，犹豫不定。班超召来侍奉的胡人诈言道："匈奴使者来了好几天了，他们现在居住何处？"侍者惊恐对曰："已到三天，现住在离此地三十里。"班超将侍者关押以免走漏消息，然后招集部属三十六人喝酒商议。酒酣之时，班超说："我们现在处境非常危险！因为匈奴使者才到几天，鄯善王对我们的礼敬即废；如果将我们逮捕送往匈奴，葬身异域，我们怎么办呢？"官属都激愤地说："今在危亡之地，是死是生都跟着司马您！"班超说："不入虎穴，不得虎子。现在只有乘夜火攻匈奴，使他们不知我们虚实，从而大为惊恐，这样可以一举消灭之。之后鄯善见状胆破，即可归附汉朝，大功告成。"众人说是否与从事郭恂计议一下，班超怒曰："郭恂文人俗吏，听说后必然害怕而使计谋泄露，我等就死得不值了。"众人皆称善。半夜班超率众包围匈奴使者营地，命令十人持鼓藏在匈奴营舍后，与众人相约曰："见火起你们鸣鼓大呼，其余的持兵操弩，埋伏在门旁准备进攻。"当夜正好刮大风，班超顺风纵火，前后鼓噪，匈奴使众大惊失色，自相扰乱，班超亲自杀死三人，部属斩首三十余级，其余百人都被烧死。第二天班超召鄯善王广，以匈奴使者头颅示之，鄯善全国震动。班超晓谕汉朝威德，让他们今后不许与匈奴来往。鄯善王叩头表示愿意归属汉朝，遂纳子为质。汉明帝于是任命班超为军司马，率原部属36人，经略西域。

班超到达于阗，其王广德刚攻破莎车，雄霸天山南道，又得到匈奴支持，对汉使礼意甚疏。于阗国风俗信巫，其巫大言曰："神灵发怒，因而不能向汉朝，汉使有好马，急求取来祭祀我。"班超密知情况后，佯为应允，让巫自来取马而斩之。于阗王久闻班超神勇，大为恐惧，即杀匈奴使者而降，班超重赏于阗王及其部下，因以镇抚，西域与汉朝断绝关系六十五年，至此恢复。永平十八年汉明帝去世，焉耆以中国大丧，攻没汉都护陈睦，班超孤立无援，而龟兹、姑墨数次发兵进攻疏勒。班超士卒单少，坚守岁余。东汉章帝即位后，以都护陈睦新没，恐怕班超不能坚守，下诏班超回朝。疏勒国听说后举国忧恐，其都尉黎弇说："汉使走后，我等必被龟兹所灭，实在不忍心见汉使去。"举刀自杀。班超走到于阗，王侯以下皆号泣曰："依汉使如父母，诚不可去。"抱住班超所乘马腿，使之不能前行。班超感于当地人民的热情，又想完成建功立业的志向，因而回到疏勒，重新安定之。

汉章帝建初三年（78年），班超率疏勒、康居、于阗等国兵一万人攻破姑墨石城，斩首七百级。为了平定西域诸国，班超上书章帝，请兵击破龟兹、焉耆，认为如此即可全取西域三十六国，断匈奴右臂。章帝嘉其志向，派徐幹率千人增援。为了进攻龟兹，借乌孙兵以制之，建初八年拜班超为将兵长史，假鼓吹、幢麾，以徐幹为军司马，另派卫侯李邑护送乌孙使者。李邑到于阗时正值龟兹攻疏勒，他恐惧不敢前行，反而上书认为西域之功不可成，诋毁班超拥爱妻、抱爱子，安乐外国，无心内顾。班超听说后，为避嫌疑，将妻子休掉。章帝知道班超忠贞仗义，下诏斥责李邑，让他受班超节度。班超不计前嫌，让李邑和乌孙侍子一起回到京师。后来经过数年战斗，平定疏勒、莎车等反叛，击破龟兹、月氏进攻，终于在建初八年（83年）平定龟兹、姑墨、温宿，复置西域都护骑都尉，戊己校尉官，以班超为都护，徐幹为长史。后又攻破焉耆、危须、尉梨，至此西域五十余国都纳质内属，东汉完全恢复了在西域的统治。为此汉章帝下诏封班超定远侯，邑千户。这时班超已在西域近三十年，年老思乡，上书乞归，朝廷不允，其妹班昭又上书皇帝请求，终于在永元十四年（102年）回到洛阳。这时班超在西域三十一年，年已七十一岁，不久病故。接替班超的任尚由于没有遵守班超的"政宽简易"嘱托，致使数年后西域反叛，都护罢免。

八　杨震

杨震字伯起，弘农华阴人。少年丧父，家庭贫困，但勤于学习，他假地耕种，奉养老母，乡里称孝。杨震跟随太常桓郁研习欧阳尚书，并博览明经，穷究其理。诸儒生都称赞他是"关西孔子"。他教授生徒二十余年，州郡请召，多次称病不就。大将军邓骘听说杨震的贤才而征辟之，举为茂才，当时他年龄已五十多岁。后来逐渐升至荆州刺史、东莱太守。当他上任经过昌邑，他原来举荐的荆州茂才王密时任昌邑令，前来拜见他。到晚上临辞别时王密拿出黄金十斤送给杨震。杨震说："我了解你，你却不了解我，这是为什么？"王密说："夜晚没有人知道。"杨震说："天知，地知，我知，你知，怎么能说没有知道的呢！"王密愧疚而出。杨震非常廉洁，从来不受私人馈赠，他的子孙经常蔬菜粗粮，不乘车辆。故旧长者想为杨震置办产业，他不肯，说："这样做是为了让后世称为清白官吏的后代，以这种方式传之后代，难道不丰厚吗！"

元初四年（117年）杨震被征为太仆，迁太常，一反博士选举不实陋习，举荐明经名士陈留、杨伦等五人，显传学业，诸儒称赞。永宁元年（120年），杨震代替刘恺为司徒。第二年邓太后去世，汉安帝开始宠信宦官，内侍开始骄横。杨震却不怕权贵，上疏反对。延光二年（123年），杨震升转为太尉。当时安帝舅大鸿胪耿宝将中常侍李闰之兄推荐给杨震，杨震拒不接受。耿宝对杨震说："李常侍是国家重臣，想让您征辟任用其兄，我是传达圣上的意思。"杨震说："如果朝廷想让三府辟召，应该有尚书的赦令。"仍然拒绝，耿宝大恨而去。后来皇后兄长阎显也推荐其所亲厚者于杨震，杨震又不从。司空刘授听说后，马上征辟二人为官，几天后又接连提拔，于是这些贵戚越发怨恨杨震。

安帝下诏为其乳母王圣大起第舍，耗费巨万，杨震为此上疏曰："灾害频发，百姓困苦，太仓匮乏，而贵戚穷奢极欲，大起园池庐观，役营无数，时又地震，此乃中官弄权之象，伏请陛下度之。"上书言辞激烈，樊丰等奸佞皆侧目愤怨，但以杨震名儒，不敢加害。延光三年安帝巡游岱宗，樊丰等乘皇帝在外，竟修宅第，杨震部属高舒令大匠令史考校之，发现樊丰等诈下的皇帝诏书，杨震准备就此上奏告发。樊丰等大为恐惧，正好太史言星变逆行，因而诋毁诬陷杨震与外戚邓氏勾结心怀怨望。安帝车驾返回京师，派使者夜收杨震太尉印授，杨震就此闭门谢客；樊丰等仍不罢休，让大鸿胪耿宝出面劾奏杨震，说他拒不服罪，心怀不满，于是安帝下诏遣送杨震回归故里。杨震走到城西几阳亭时，慷慨激昂地对儿子和门人们说："士大夫死是正常的事，我蒙圣恩官居上司，痛恨奸臣狡猾但不能诛灭，厌恶嬖女倾乱却不能禁止，有何面目去见日月星辰，我死之日，以杂木为棺，用布单覆盖，不要起坟冢，不要设祭祀。"之后饮毒酒自杀，年七十余岁。弘农太守移良秉承樊丰意旨，将杨震棺木停留陕西道侧，不予发丧入殓，并贬谪杨震诸子代邮行书，百姓都为之冤惜流涕。

太仆征羌侯来历听说杨震蒙冤去世，说："耿宝托元舅之亲，荣宠过厚，不思念报答国恩，却联合奸臣残害忠良，其祸患将不远了。"一年多后，顺帝即位，樊丰、周广、谢恽等被逮捕下狱处死，耿宝自杀，果然如来历所言。杨震门生虞放等诣阙为之诉冤，顺帝下诏让太守丞以中牢具祠杨震，以其二子为郎，赠钱百万，以礼改葬华阴潼亭。杨震中子杨秉，继承父业，博通书传，拜为侍御使，经常任豫、荆、徐、兖四州刺史，后来升迁为任城相。他担任刺史、二千石高官，却计日受奉，余禄不入私门，故吏送钱百万，闭门不接受，以廉洁著称。延熹五年（162年）代刘矩为太尉。当时宦官专权，贪污腐败，杨秉上书要求逮捕罢免宦官子弟和贪官污吏，汉桓帝接纳杨秉意见，处死罢免匈奴中郎将燕瑗、青州刺史羊亮、辽东太守孙谊等五十余人，天下为之肃然。杨秉廉洁奉公，道德高尚，自称有三不惑：酒、色、财。

九　张纲

张纲字文纪，犍为武阳人。其父张皓为司空，在事多所荐达，天子称其推士。张纲年少时明习经学，虽为官宦公子，但有布衣之操节。张纲举孝廉不就，被司徒辟为侍御使。当时汉顺帝宠信宦官，朝纲紊乱，张纲愤而叹曰："秽恶满朝，不能奋身出命以救国家之难，虽生我不愿也。"之后上书顺帝，指责权阉近幸，要求信任道德，割捉左右。汉顺帝汉安元年（142年）朝廷选派张纲、杜乔等八使分行州郡，表扬贤良，突显忠勤，贪污有罪者即便如刺史、二千石也立马收治之，天下号为"八俊"。杜乔等皆为耆老名儒，多历显位，只有张纲年纪最轻，官次最微。其他人受命之后前往就任，而张纲却埋其车轮于洛阳都亭，曰：

"豺狼当道,安问狐狸!"遂劾奏太尉桓焉、司徒刘寿尸禄素餐,不堪其职;又劾司隶校尉赵竣、河南尹梁不疑、汝南太守梁乾等赃秽浊乱;再劾鲁相寇仪,寇仪畏惧自杀。如此张纲威风大行,郡县没有不震恐肃惧的。不久又劾奏外戚大将军梁翼:"蒙外戚之援,荷国厚恩,不能为国尽心尽力,却肆其贪欲,纵恣无底,多树谄谀,残害忠良。诚天威所不赦,应施大辟之刑。"书上,京师震动。当时梁翼之妹为皇后,内宠方盛,诸梁姻亲布满朝廷,汉顺帝虽然知道张纲说的都是事实,但无意治梁翼之罪,不能用张纲之言。

梁翼深恨张纲,经常思谋陷害。当时广陵人张婴聚众数万,在扬州、徐州一带造反十几年,朝廷二千石官吏不能压服。梁翼想以此陷害张纲,让尚书推荐张纲为广陵太守,认为张纲即便不被张婴杀死,也会因不能平乱而受惩罚。前任太守赴任都向朝廷多要兵马,而张纲却不带一兵一卒,单车赴任。张纲到后,带领吏属十余人直接到张婴营垒门前,张婴人惊,立刻关闭营垒。张纲以书晓以利害,张婴见张纲至诚,开门迎纳。张纲说:"以前朝廷臣多非其人,杜塞国恩,肆其私求,天子因为地远不能朝夕知道。你们为此怀愤以避害。这些官吏固然有罪,但你们也是不忠不孝。我这次来是想以爵禄相荣,不愿以刑罚相加,这正是转祸为福的时候。弃恶从善,智也;去逆效顺,忠也;不绝血嗣,孝也;背邪取正,直也;见义而为,勇也。"张婴等听此肺腑之言,甚为感动地说:"我们并非愚昧之人,实在是有司侵枉,不堪其困,遂相聚偷生,只是害怕归顺后被惩罚。"张纲约之以天地,誓之以日月,保证这些人的生命安全,之后张婴等万余人全部投降。张纲妥善安排这些人的田宅居处,欲为民者劝以农桑,欲为吏者随才任职。张纲未杀一人,平息广陵十几年之乱,皇帝嘉奖,想提拔张纲,但张婴等上书挽留,张纲在郡一年后因病去世。当张纲患病时,属吏为之祠祀祈福,死后百姓老幼相携到张

149

纲府上致哀者不可胜数。张婴等五百余人制服行丧，送至张纲家乡犍为县，负土成坟，四时奉祭，思慕如丧考妣。顺帝也追念不已，下诏褒扬，诏拜张纲儿子张续为郎中，赐钱百万。

十　李膺

李膺字元礼，颍川襄城人。祖父李修，汉安帝时为太尉，其父李益，赵国相。李膺性格简亢，无所交接，唯以同郡荀淑为师、陈寔为友。当初举为孝廉，为司徒胡广所征辟，举高第，迁为青州刺史。当地官属害怕李膺公正严明，很多辞官以避。后从渔阳太守转蜀郡太守，修庠序，设条教，明法令，威恩并行，蜀地多产珍玩，李膺从不私己人家。由于在蜀郡政绩显著，又转为乌桓校尉。当时鲜卑多次侵犯边塞，李膺经常亲冒矢石，率领步骑军队，临阵交战，身被创夷，拭血进战，大破鲜卑，斩首二千级，鲜卑等对李膺甚惮惧。后来以公事免官，居家教授，从学者经常达上千人。南阳樊陵求为李膺门徒，被谢绝。后来樊陵阿附宦官，官至太尉，为有气节者所不齿，李膺看人果然很准。荀爽曾经得到允许而去拜访，回来后高兴地说："今天我见到李膺先生了"，其思慕之情可见一斑。永寿二年（156年）鲜卑犯云中，汉桓帝听说李膺才能，征为度辽将军。原先羌人、疏勒、龟兹等经常攻掠张掖、酒泉、云中诸郡，百姓屡遭其害。自李膺到边郡，诸族皆望风惧服，纷纷将原先所掠男女人口，还送塞下，从此之后，李膺声震边域。

延熹二年（159年）李膺再迁河南尹，当时宛陵大姓羊元群贪污枉法被罢免北海郡，归乡时满载贪污所得，被李膺告发，但羊元群通过行贿宦官，不但未获惩罚，反而使李膺反坐轮作之刑。这时廷尉冯绲、大司农刘祐也得罪宦官，与李膺一起被罚轮作。太尉陈蕃、司隶校尉应奉接连上书为李膺等辩冤，言辞恳切，以至流涕，终于使李膺免刑获宥。不久李膺被任命为司隶校尉。当时宦官张让弟张朔为野王令，贪残无道，竟然杀害孕妇。张朔听说李膺威严，畏罪逃还京师，张让将张朔藏在自己家中的合柱中，企图以此逃避惩罚。李膺听说后带领吏卒往张让家，破柱逮捕张朔，交付洛阳狱，审讯后准备处以死刑。张让诉冤于汉桓帝，桓帝即下诏李膺入朝陛见，斥责他为何不请示皇帝便要擅自诛杀。李膺说："过去孔子为鲁国司寇，七日而诛少正卯。今天臣下到任已经一旬时间，请陛下允许我惩治凶恶，即便皇上对我不满也在所不辞。"桓帝无话可说，回身对张让说："这都是你弟弟的罪过，与司隶校尉何干？"从此诸黄门常侍阉宦鞠躬屏气，放假也不敢出宫门，桓帝怪问其故，众宦官皆叩头泣曰："害怕李校尉。"

当时朝政紊乱，纪纲废弛，李膺以高尚的气节操守，独领风骚，因而名声甚高。京师太学生有三万余人，以郭泰和贾彪最为突出，他们评判人物，议论朝政，号称"清议"。太学中流行这样一句话："天下楷模李元礼（李膺），不畏强御陈仲举（陈蕃）；"士大夫有被太学生尊敬接纳者，荣幸之至，称为"登龙门"。延熹九年（166年）河南人张成，善于占卜推算，他卜算朝廷当有大赦，因而教唆儿子杀人，李膺督促收捕，不久遇赦获免。李膺疾愤异常，竟然不顾赦令而杀之。张成平素以方伎交通宦官，汉桓帝也很相信他的推算占卜，于是宦官教唆张成弟子上书，状告李膺供养太学游士，交结诸郡生徒，互相勾结，结为党派，诽谤朝廷，疑乱风俗。桓帝震怒，下诏各郡国逮捕党人，布告天下。案情经过三府时，太尉陈蕃说："现在审查的都是海内知名人士，忧国忠公之臣，这些人应该宽宥十代，怎么能以这等微小过失就收捕呢！"陈蕃不肯审理。汉桓帝益发恼怒，将李膺等人逮入黄门北寺狱。李膺等人纷纷揭发宦官子弟罪行，宦官由此恐惧。于是请汉桓帝大赦天下，李膺等被免官禁锢回归乡里，居住阳城山中，天下士大夫皆佩服他的高风亮节、志向操守，而对宦官奸佞把持的朝廷非常反感。

当陈蕃将要卸任太尉一职时，朝野都倾向李膺接任。名士荀爽害怕李膺以名高致祸，想让他在乱世中屈节以保全自己。为此写信劝他归隐山水，不要在朝廷与奸人为伍而致祸。不久桓帝驾崩，灵帝即位，改元建宁（168年），陈蕃迁为太傅，任命李膺为长乐少府。二人同心努力，弥缝其间，极想改良东汉政治。陈蕃与大将军窦武密谋诛杀宦官，因事机泄露，陈蕃窦武等被杀，李膺等又被免官禁锢。宦官对李膺等人极为仇恨，必欲置之死地而后快。建宁二年大宦官侯览指使人上书告发张俭等别相署号，共为部党，图危社稷。同时要求将罢官的李膺、范滂等一块逮捕考治。当时汉灵帝年仅十四岁，年幼无知，问曰："何为钩党？为何诛之？"宦官欺骗小皇帝说："他们相举群辈，欲为不轨，危害社稷。"当时乡邻劝李膺赶紧逃跑，李膺说："事不辞难，罪不逃刑，这是我的气节操守；我已经六十岁了，死生有命，逃跑又会到哪里安身呢？"于是自赴诏狱，在狱中被拷掠致死。妻子儿女都被流放边郡，门生故吏等都被禁锢。

十一　陈蕃

陈蕃字仲举，汝南平舆人。祖父曾任河东太守。陈蕃十五岁时曾闲处一脏秽之屋，其父朋友薛勤造访，对陈蕃说："你这个小孩子为什么不打扫房子以待宾客？"陈蕃说："大丈夫处世，应当扫除天下，怎能仅限于一室呢！"薛勤对陈蕃的志向甚为惊异。汝南太守王堂好才爱士，欣赏陈蕃志向高远，礼辟为吏，举为孝廉，除郎中。后遭母忧，弃官行丧。太尉李固举荐陈蕃，征拜议郎，再迁为乐安太守。当时李膺为青州刺史，廉洁勤政，颇有威名，污浊官吏听说，纷纷辞职逃离，只有陈蕃以政绩清明而留下。郡人周璆是高洁之士，前后郡守征召都不肯应命，只有陈蕃能招致幕下。陈蕃对周璆称字不名，非常礼敬，特别为他设置一坐榻，周璆不在时就悬挂起来。乐安有民叫赵宣的，埋葬父母后没有封闭墓道而居住其中，服丧二十余年，乡间邻里都称他至孝，州郡也数次以礼相请。郡内将赵宣推荐给陈蕃，陈蕃了解情况后，发现赵宣的五个儿子都是在服丧中所生，因而大怒曰："圣人制礼，贤者俯就，不肖企及。你不遵礼数，寝宿冢藏，又孕育其中，欺骗诳惑民众，亵渎神灵！"马上将其治罪。

外戚大将军梁冀权倾朝野，威震天下，派人送书信给陈蕃，有所请托，陈蕃不予理睬。使者诈求谒，陈蕃愤怒，将其使者笞杀之。为此陈蕃被降职为修武令，后来逐渐迁升至尚书。当时零陵、桂阳山贼为害，朝廷讨论武力征伐，陈蕃上疏反对，认为这都是当地老百姓被官吏侵害所致，应选清贤奉公之人代替贪官污吏，不需要派军队镇压。书上忤逆当朝，被降为豫章太守。陈蕃性格方峻，不接纳宾客，士民都敬畏他的气节操守。陈蕃此后被征为尚书令，迁大鸿胪。不久汉桓帝诛杀外戚梁冀，大量封赏亲信宦官，白马令李云为此露布上书，触怒桓帝，要将之诛杀，陈蕃上疏为之求情，却被罢免归田，之后又被征为议郎，数日迁光禄勋。当时桓帝封赏逾制，内宠日盛。陈蕃不顾几次上疏被降职罢免，几起几落，仍上疏劝谏，认为无功封赏过滥，后宫女子过多，桓帝为此放出宫女五百人，但仍大量封赏。陈蕃任光禄勋后多次上疏谏净，又与五官中郎将黄琬共典选举，不偏权贵，因而遭到势家子弟的诬陷，又被罢免。由于陈蕃负节有才气，朝廷很快又征为尚书仆射，转太中大夫，延熹八年（165年）代杨秉为太尉。

大司农刘祐、廷尉冯绲、河南尹李膺因反对宦官，要被处罚。陈蕃参加朝会审理，坚决要求宽宥诸人，言及反复，诚辞恳切，竟然为之流涕，李膺等人终于被赦免。当时小黄门晋阳赵津，贪暴放恣，成为晋阳县的巨大祸患；南阳大猾张汜，与后宫有亲，贿赂勾结阉官，后得到官职，用势横暴；二郡太守刘质、成瑨审查案验他们的罪行后，不顾皇帝赦令而杀之，宦官竟然指使有司将二太守定为弃市之罪；另外中常侍侯览家在防东，其家人残害百姓，山阳太守翟超不畏权势，劾奏侯览罪行，捣毁侯览家宅，籍没其资财；中常侍徐璜兄子徐宣为下邳令，暴虐尤甚。曾经求婚汝南太守李暠之女不能得，竟然带领吏卒到李暠家将其女掠走后射杀之，东海相黄浮将徐宣逮捕杀掉，为此翟超、黄浮二人都被宦官诬陷，受髡钳刑后罚做劳役。陈蕃与司空刘茂共同谏请免除刘质等四人之罪，桓帝不悦，刘茂不敢再言，陈蕃性情刚烈，继续上奏陈述时政之弊，桓帝得奏愈怒，一无所纳。刘质、成瑨竟死狱中。宦官对陈蕃恨之入骨，以他节操高尚名满天下而不敢加害。

延熹九年，汉桓帝以李膺捕杀张成之事，下诏逮捕党人。此案经过三府审查时，陈蕃为李膺等说情，拒不平署。桓帝怒，将李膺等逮入黄门北寺狱，牵连太仆杜密，御使中丞陈翔及陈寔、范滂等二百多人。陈蕃又上疏极谏，认为李膺等人正身无玷，死心社稷，以忠忤旨，乃奸佞诬陷。桓帝感到陈蕃言辞激烈，假口陈蕃征召非其人，将之免职。朝臣震栗，没有人再敢为党人说情。永康元年（167年）桓帝驾崩，窦后临朝，以陈蕃为太傅，与大将军窦武、司徒胡广参录尚书事。当时新遭大丧，国嗣未立，诸尚书畏惧，多托病不朝。陈蕃写信责之曰："古人立节，事亡如存。今帝祚未立，政事日蹙，诸君可何息偃在床，于义安乎！"陈蕃以节操、仁义相督责，诸尚书惶惧，皆起而视事。灵帝即位，窦太后认为陈蕃忠孝仁义，德冠本朝，有辅弼拥戴之功，封陈蕃高阳乡侯，食邑三百户。陈蕃上疏辞让，前后十次，竟不受封。

窦太后临朝，政无大小皆委于陈蕃和大将军窦武，二人同心努力治理天下，征召天下名贤李膺、杜密、尹勋、刘瑜等列于朝廷，共参政事，颇有太平治世之希望，但灵帝乳母赵氏和中常侍曹节等人相互勾结，秽乱宫中，陈蕃与窦武密谋诛杀曹节等宦官，但事机泄露，被曹节挟持灵帝，诛杀窦武、陈蕃等，家属株连流放，宗族、门生、故吏皆遭斥免禁锢。

十二 李固

李固字子坚，汉中南郑人，司徒李郃之子。李固少年好学，经常改易姓名，杖策驱卫，千里寻师，学习五经。十几年后博览古今，明于风角、星算、河图、谶纬、仰察俯占，穷神知变。每次到太学，秘密进入公府，看望父母，不让一起学习的太学生知道自己是司徒李郃之子。为此李固名望甚高，四方有志之士，多慕其风度节操而来太学。曾经五次察孝廉，朝廷五府连续征辟，李固皆以疾病推辞，其义高如此。阳嘉二年（133年），有地动、山崩、火灾之异，汉顺帝下诏对策。李固对策认为要想避灾祛邪，必须罢退宦官，远离奸佞。顺帝披览众对，以李固为第一，即时出乳母还舍，诸常侍都叩头谢罪，朝廷肃然。宦官等对李固甚为仇恨，诈为飞章以诬陷李固，经大司农黄尚等救请，被释放出为洛令，李固弃官归乡，杜门不出。阳嘉四年，大将军梁商征辟李固为从事中郎。司空王龚，深疾宦官专权，上书极言阉宦之祸，遭诸黄门诬陷获罪，李固请梁商救护之。永和二年（137年）象林人区怜等造反，攻杀县吏，侍御使贾昌与郡县并力攻讨，岁余不克，汉顺帝召集公卿百官四府掾属讨论镇压策略。众官都以为要派大将，发荆、扬、兖、豫四州四方人讨伐。李固认为劳师万里征讨，耗费钱粮，死伤民众，且这四州本身也不安宁，一旦有事，不可收拾，不如招抚以平息。朝廷听从李固建议，不久叛平。永和六年，荆州叛乱，弥年不定。朝廷任命李固为荆州刺史，李固遣吏劳问境内，赦免叛乱人等，头领夏审等人率众六百人自缚归降，李固全部释而不问，半年间州内悉平。南阳太守高赐等贪赃枉法，被李固劾奏。高赐重贿大将军梁冀，企图获免，李固毫不放松，梁冀为此将李固改任泰山太守。当时泰山盗贼啸聚数年，郡兵千人追讨不能制。李固到任后将郡兵裁减只剩百人，并对盗贼恩信招诱，不到一年，贼众自行解散。

汉安元年（142年），朝廷派杜乔、张纲等八使分行州郡，表贤良，显忠勤。杜乔至兖州，表奏泰山太守李固忠于职守，德才兼备，政绩为天下第一，汉顺帝征召李固为将作大匠。当时八使所劾奏的都是梁冀、诸宦官亲党，他们害怕恶行暴露，请求皇帝不要再考核。为此李固与廷尉吴雄上疏，认为八使所纠劾，应该立即处罚，选举署置，应归有司。汉顺帝听从李固等建议，下诏免八使所纠举刺史、二千石；从此三府特拜官吏减少，选官明加考察，朝廷上下称善。建康元年（144年）汉顺帝死，冲帝刘炳即位，以李固为太尉，参录尚书事。第二年冲帝崩，李固等众公卿要拥立年长有德的清河王刘蒜，但外戚梁冀为把持政权，拥立年仅八岁的质帝。李固辅佐幼帝，匡正时弊，斥遣阉宦，大有治平之望。永昌太守刘君世铸黄金文蛇给大将军梁冀以邀宠，被益州刺史种暠纠发逮捕，驰传上言。梁冀深恨之，借机构陷，李固上疏救免。质帝虽然年幼，但天资聪慧，对梁冀专权甚为不满，当面指斥其为"跋扈将军"。梁冀指使用毒饼将其杀死。朝廷围绕立嗣问题展开激烈斗争，外戚梁冀、中常侍曹腾想立年幼的蠡吾侯，以便仍然操纵朝政，李固等仍坚持立年长的河间王刘蒜，大部分朝臣在梁冀威势下不敢坚持，只有李固仍然持其议。之后梁冀借机诬陷李固，李固遭下狱处死，朝士闻之莫不悲叹。

十三　范滂

范滂字孟博，汝南征羌人，少年时即有清节志向，为州里所服，举为孝廉。当时朝廷征召有敦厚、质朴、逊让、节俭四种德行的人，此时冀州饥荒，盗贼群起，于是朝廷以范滂为清诏使，前往督察按验。范滂登车前行，慨然有澄清天下之志。到了冀州境界，贪官污吏听说范滂节操高尚，吏治严明，纷纷解印绶而去。范滂所举奏，都是根据官吏的表现和众人所议论。后被太尉黄琼征辟为掾属，范滂举奏刺史、二千石权豪之党二十余人，尚书认为范滂所劾太多，可能挟有私怨。范滂说："我所举劾者都是贪污奸暴，甚为民害之人，这好比农夫去草，嘉谷必茂，忠臣去奸，王道以清，若臣言有贰，甘受显戮。"尚书无言以对。范滂看到时局混乱，奸臣当道，感到难伸其志，辞职而去。汝南太守宗资久闻范滂之名，请为功曹，委心听任。范滂在职，严正刚劲，疾恶如仇，显荐异节，抽拔幽陋。如果有行动违反孝悌，不遵仁义者，通通贬斥。范滂外甥李颂，是官宦公族子孙，但因品行不好被乡曲所弃。中常侍唐衡向宗资推荐，宗资用李颂为吏。范滂认为李颂不可用而辞之，宗资怒而捶打书佐朱零，朱零说："范滂主持裁退，我今天宁可受笞而死，而不违背范滂之意。"宗资只好罢手。由于范滂得罪了郡中财势之人，因而他们对范滂非常怨恨，都指范滂所用之人为"范党"。

汉桓帝末年，因李膺、范滂等正直大臣反对宦官专权横暴，被诬陷为钩党作乱，范滂也被逮黄门北寺狱。当时狱中被逮者都祭拜皋陶，范滂说："皋陶是古代的贤者直臣，他知道我无罪，将会把情况反映给圣上；如果有罪，祭之何益！"众人从此停止祭拜。由此可以看出范滂对自己正义廉洁的自信。狱吏将要拷掠党人，范滂说他们有病，自己挺身而出，与同郡袁忠争受楚毒，汉桓帝派中常侍王甫审问在押党人。王甫问范滂说："你为人臣，不惟忠国，共造部党，自相褒举，评论朝廷，虚构无端，你们到底要干什么？全部具实交代。"范滂这时戴着刑具，从容对答："我听孔子说：'见善如不及，见恶如探汤。'要使善善同其清，恶恶同其污，谓王政之所愿闻，不悟更以为党。"王甫又问："你们更相拔举，迭为唇齿，有不合者，责见排斥，其意如何?"范滂慷慨陈词曰:"古之修善,自求多福;今之修善,身陷大戮。身死之日,愿埋我于首阳山侧,上不负黄天,下不愧夷、齐。"王甫肃然起敬,为之改容,立刻将范滂桎梏解下。这时李膺等多引宦官子弟,众宦官害怕引火烧身,建议桓帝大赦天下。不久党人二百人皆赦归田里,禁锢终身。

范滂归乡汝南,南阳士大夫迎接的有数千辆车。建宁二年(169年)宦官仇视李膺、范滂等党人日甚,必欲置之死地而后快。大宦官侯览指使奸佞朱并上书告发张俭与同乡二十四人别相署号,共为部党,图危社稷。大长秋曹节又指使有司诬告李膺、范滂、杜密等人,奏请下州郡考治,开始大肆逮捕迫害党人。汝南督邮吴导带着逮捕范滂的诏书到了征羌,因为爱戴、同情范滂,但又不能不执行朝廷命令,因而关闭传舍,伏床而泣,整个征羌县都不知他为何如此。范滂听说后曰:"这肯定是为我缘故",乃自首县狱。县令郭揖见了大惊,说:"天下大矣,子何为至此?"解下印绶,要与范滂一同逃亡。范滂说:"我死了则可以塞祸,不敢以罪连累你,也不会使老母遭流离之苦。"然后与母亲诀别曰:"仲博(滂弟)孝敬,足以供养,范滂从龙舒(滂父)君归黄泉,存亡各得其所。请母亲大人割舍不忍之恩,不要悲痛感伤。"其母曰:"你今日与李膺、杜密齐名,死亦何恨!既有令名,复求寿考,可兼得乎?"范滂跪下聆听母亲教诲,再拜而辞。临走时其母对范滂说:"吾欲使汝为恶,恶不可为;使汝为善,则我不为恶。"行路的人听说后,都为之感动流涕。范滂被害时年仅三十三岁。

第三节 天下纷扰的魏晋南北朝时期

一 诸葛亮

诸葛亮字孔明,山东琅邪阳都人。父诸葛珪,东汉末为泰山郡丞，在诸葛亮幼年时即去世，因而跟随从父诸葛玄生活。诸葛玄原为袁术所署豫章太守，后朝廷更换人选，诸葛玄投靠故旧荆州牧刘表并死在那里。诸葛亮至此寓居襄阳隆中，躬耕陇亩，好为梁父吟，每自比于管仲、乐毅，当时的人都对他的豪情壮志不以为然。诸葛亮志存高远，隐居苦读，除经史等书外，于诸子百家、兵、农、医、天文等无所不通；他读书求其大要而不烦琐，一改两汉经学只注重循章据义之风，所以他能把握儒家思想的精髓，又能吸收众家之长。诸葛亮才高清雅，重视才能而不注重外貌，沔南名士黄承彦就将自己的黄头发、黑皮肤但才德甚高的丑女配给了他，诸葛亮不顾乡人耻笑欣然纳之。襄阳名士司马徽、庞德公清雅识人，素有重名，都非常看重青年才俊诸葛亮，称之为"卧龙"。果然，经刘备三顾茅庐而出山后，这条"卧龙"一飞冲天，做出一番经天纬地的事业。

诸葛亮以深刻的洞察力分析了汉末天下大势，为刘备的发展设计了跨有荆益、三分天下的蓝图，之后又以过人的才智促使孙刘结盟，取得赤壁之战的胜利并乘胜占领益州，实现了最初的战略构想。建立政权不易，巩固政权更难。诸葛亮辅佐刘备治蜀，颇尚严峻，蜀人多有怨叹者。法正对诸葛亮说："往昔汉高祖入关，约法三章，秦民知德。现在您借助武力跨据一州，初有其国，还未有示以恩惠，应缓刑弛禁以慰其望。"诸葛亮说："你只知其一，不知其二。秦以无道，政苛民怨，匹夫大呼，天下土崩。高祖因之，可以弘济。刘璋暗弱，文法羁縻，德政不举，威刑不肃，从而造成蜀土人士专权自恣，君臣之道，渐以陵替，所以致弊。我今天威之以法，法行则知恩；限之于爵，爵加则知荣。恩荣并济，上下有节。为治之要，于斯而著。"诸葛亮赏罚严明，领赏者感恩，犯法者惭愧。如参军马谡言过其实，违反诸葛亮节度，致使街亭丢失，汉军失败。马谡弃军逃窜，其罪不赦。诸葛亮与马谡私交甚好，诸将也以马谡有功有才杀之可惜，但诸葛亮考虑到法律的公正严明，不能因一人而废法，不然无法统军服人，因而挥泪斩之。李严督运粮草不济，矫诏退军。诸葛亮发现后将之免官流放，但仍任用其子李丰为中郎将参军事，不以其父有错而废其子。诸葛亮对待自己也是一样。当他未听从刘备临终对马谡的客观评价，识人不明，用人不当而遭致失败，并未委过马谡，而是上表自责用人不当之罪，自贬三等。因此史书这样评价诸葛亮治蜀：尽忠益时者，虽仇必赏；犯法怠慢者，虽亲必罚；服罪输情者，虽重必释；游辞巧饰者，虽轻必戮。善无为而不赏，恶无纤而不贬。庶事精练，物究其本，循名责实，虚伪不齿。终于封域之内，畏而爱之，刑政虽峻，而无怨者，以其用心，劝诫明也。

诸葛亮的另一特点是忠诚廉洁。自刘备三顾茅庐，诸葛亮深怀知遇之恩，因而尽心竭力，死而后已。正如他在《出师表》中所言："受任于败军之际，奉命于危难之间；……受命以来，夙夜忧叹，恐托付不效，以伤先帝之明。"忠于刘氏，匡扶汉室，统一华夏，这是诸葛亮的平生之志。当刘备临终托孤，让诸葛亮辅佐其子，不然取而代之时，诸葛亮诚惶诚恐，叩头涕泣曰："臣敢不竭股肱之力，效忠贞之节，继之以死！"这里不仅是对一家一姓的忠诚，而是对自己的信念职守的忠诚。这正是儒家文化的精要所在，也是中华民族的传统之一。诸葛亮掌握蜀汉军政大权，不但没有篡夺之心，而且公正廉明，不贪财聚敛，死后只有桑树八百株，薄田十五顷，内无余帛，外无赢财。这种贤明廉洁就连被他罢黜的人也无不叹服，如李严听说诸葛亮去世，悲痛发病而死。

诸葛亮治家甚严。他戒其子曰："夫君子之行，静以修身，俭以养德，非澹泊无以明志，非宁静无以致远。夫学须静也，才须学也，非学无以广才，非静无以成学。怠慢则不能励精，险躁则不能治性。年与时驰，意与日去，遂成枯落，多不接世，悲守穷庐，将复何及！"戒其外甥曰："夫志当存高远，慕行贤，绝情欲，弃凝滞，使庶几之志，揭然有所存，恻然有所感。忍屈伸，去细碎，广谘问，除嫌吝，虽有淹留，何损于美趣，何患于不济。若志不强毅，意不慷慨，徒碌碌滞于俗，默默束于情，永窜伏于凡庸，不免于下流矣！"这种严格要求使他的儿子诸葛瞻年十七拜都尉，后累迁至射声校尉、侍中、尚书仆射，加军师将军。诸葛瞻工书画，强识念，蜀人追思其父，都爱其才敏。每当朝廷有一善政佳事，虽非诸葛瞻所建倡，百姓皆传相告曰："葛侯之所为也。"炎兴元年（263年）邓艾伐蜀，诸葛瞻督诸军驻守涪地拒防邓艾，邓艾以书诱降诸葛瞻曰："假若投降，表奏你为琅邪王。"诸葛瞻怒斩其使，列阵以待。双方交战，诸葛瞻与其子诸葛尚都战死于阵。这真是祖孙三代俱为忠烈之士。

诸葛亮刚去世时，蜀汉各地就要求为之立庙纪念，朝议以未合礼秩不允，百姓则因时节私自祭奠于道陌上。有言事者上奏请立庙于成都，蜀汉后主不从。步兵校尉习隆、中书郎向充上表认为历代有德有功者都存像立庙，现今诸葛亮德范遐迩，勋盖季世，不如顺应民心，立庙祭祀。后主诏令在沔阳立庙。之后成都、夔州、泸州、临安等地竞相为诸葛亮立庙；宋代在洪州，元代在祁山五丈原又建武侯庙。历代文人墨客为之慷慨赋诗，歌功颂德不断。平心而论，诸葛孔明没有完成统一大业，其功业与历代相比，并不算高，但他的尽忠竭力，他的廉洁奉公，他的满门忠烈，他的智慧才思，均被人们所传颂，所敬仰，因而他被后代公推为德才兼备第一人。

二　刘毅

刘毅字仲雄，东莱掖人。幼年时即有孝行，少年时厉行清节，好评论人物，王公贵人望风惮之。后来侨居阳平，太守杜恕请为功曹。刘毅上任后即减汰郡吏百余人，当地人都称赞说：

"但闻刘功曹，不闻杜府君。"曹魏末年，刘毅征辟为司隶都官从事，京邑为之肃然。刘毅要弹劾河南尹，司隶校尉阻止他说："攫兽之犬，鼷鼠蹈其背。"刘毅说："既能攫兽，又能杀鼠，何损于犬！"投传而去。同郡王基将刘毅推荐于公府，这样评价他："刘毅方正亮直，介然不群，言不苟合，行不苟容。以往侨居平阳时，为郡股肱，正色立朝，举纲引墨，朱紫有分，郑、卫不杂。孝悌著于邦族，忠贞效于三魏，就像骐骥在吴坂、百里在商旅那样需要赏识提拔。"之后转为相国主簿。晋武帝受禅后，以刘毅为尚书郎、驸马都尉，又迁散骑常侍、国子祭酒。晋武帝以刘毅忠贞正直，使掌谏官。转城门校尉，迁太仆，拜尚书，坐事免官。咸宁初（275年）复为散骑常侍、博士祭酒。后转司隶校尉，纠绳豪贵，无所顾忌，贪秽司部守令望风投印绶者甚众。皇太子入朝，仪仗鼓吹将入东掖门，刘毅以为不敬，止之于门外，并劾奏保傅教导无方之罪，晋元帝下诏赦之，皇太子才得以入朝。中护军、散骑常侍羊琇因与皇帝有旧恩，故典掌禁兵，参与机务十余年。他恃宠骄侈，多次犯法，刘毅劾奏羊琇罪恶当死。晋武帝派齐王司马攸私下为羊琇求情，刘毅表面应允，暗中却派都官从事程卫径直驰入护军营，收捕羊琇属吏，拷问阴私，然后上奏羊琇所犯罪行，晋武帝不得已罢免羊琇官职。丞相、侍中、郎陵公何曾，生活奢侈豪华，帷帐车服，穷极丽绮，厨膳滋味，过于人主，日食万钱，犹曰无下箸处。刘毅多次劾奏何曾，但晋武帝以何曾为朝廷重臣，并不追究。当时的人将刘毅比作汉代著名谏臣诸葛丰、盖宽饶。

晋武帝曾南郊祭祀，礼毕后喟然问刘毅曰："卿以为朕能比汉代何帝？"刘毅毫不客气地说："可以与汉桓帝、汉灵帝相比。"晋武帝说："我的才德虽不及古人，但克己为政，又平东吴，混一天下，应该比汉代桓灵强多了。"刘毅说："桓帝灵帝卖官，钱入官库；陛下卖官，钱入私门，以此言之，殆不如也。"晋武帝大笑曰:"桓灵之世,不闻此言;今有直臣,故不同。"这里可以看出刘毅的刚直忠贞,出言不讳,也说明晋武帝有一定胸怀,可以容纳犯颜直谏。当时有龙出现在武库井中,晋武帝亲临观之,有喜色,百官将贺,只有刘毅上表认为无贺龙之礼,表现了他不唯迷信、重视现实的态度。魏文帝曹丕时实行九品中正制,刚开始时中正官还能以德行品评人物,后来中正非其人,奸弊日滋。为此刘毅上疏认为中正不精才实,务依党利;不均称尺,务随爱憎;高下任意,荣辱在手,操人主之威福,夺天朝之权柄。造成天下争讼之俗成,廉让之风灭。认为治人才是为了治民,是国之大事,应该罢中正,废九品,更立一代新制。刘毅虽然认识到荐举制的弊端,但门阀世族掌握政权,这种局面的改变只能留待将来以后。刘毅以年龄七十岁告老还乡,晋武帝以他廉洁清贫,门绝行马,赐钱百万。刘毅夙夜在公,坐而待旦,言议切直,无所曲挠,为朝野之所式瞻。但性格刚直,所以官不至台辅。太康六年(285年)去世,晋武帝抚几惊曰:"失吾名臣,不得生作三公!"赠仪同三司,使者监护其丧。

三 祖逖

祖逖字士稚,范阳遒人。父亲祖武,晋王掾、上谷太守。祖逖少孤,兄弟六人都直爽有才干。祖逖性格豁达豪放,不修仪检,年龄十四五犹未知书,诸兄为之忧虑。但祖逖轻财好侠,慷慨有节尚,每到田舍,总是以兄长的名义将帛谷散给贫乏,乡党宗族由是器重之。后来祖逖博览群书,涉猎古今,往来京师,见者都说祖逖有赞世之才。侨居阳平时祖逖二十四岁,阳平辟察孝廉,司隶再辟举秀才,皆不就。与后来的司空刘琨皆为司州主簿,两人关系密切,共被同寝,半夜听到雄鸡打鸣,祖逖叫醒刘琨,即穿衣起床,到庭院中练武,所谓"闻鸡起舞"是也。祖逖、刘琨两人并有英豪之气,经常谈论天下大事,有时半夜起来互相鼓励说:"如果四海鼎沸,豪杰并起,我与你要共赴中原。"后辟为齐王司马冏大司马掾、长沙王司马乂骠骑祭酒,转主簿,累迁太子中舍人,豫章王从事中郎。跟随晋惠帝北伐,失败后退回洛阳。东海王司马越以祖逖为典兵参军、济阴太守,因母亲去世未就任。

永嘉五年(311年)匈奴刘聪进攻洛阳,晋兵前后十二败,京师大乱。祖逖率领宗族数百家避难淮泗,路上他以所乘车马载同行老弱疾病,自己徒步行走,医药衣服粮食等与众共同享用,而且又多权略智慧,于是大家都愿意听从祖逖调度,以他为行动之长。到达泗口后,东晋元帝任命祖逖为徐州刺史,征军谘祭酒,居住京口。祖逖以西晋灭亡,社稷倾覆,常怀振复之志。他带领的宾客义从多是暴桀勇士,虽然这些人遇到饥荒时多盗窃劫掠富室,但祖逖多曲意护之,遇之如子弟。当时晋元帝刚刚拓定江南,无暇北伐,祖逖进说曰:"晋室之乱是由于藩王争权,自相诛杀,使得戎狄乘机入侵中原。现在北方黎民惨遭涂炭,人人都愿意奋起反抗。大王如果能发威命将,让我等为前驱,上为国家雪耻,下为百姓请命,则大事成矣。"晋元帝以祖逖为奋威将军、豫州刺史,给了供应一千人的粮食和三千匹布,让他自行招募军队、制造兵器。祖逖带领本部流徙部曲百余家渡江而北,到江心时祖逖击楫而誓曰:"祖逖不能清中原而复济者,有如大江!"辞色壮烈,众人皆受感动。过江后屯于淮阴,开始冶铸兵器招募人员,得到二千余人后开始进发。

祖逖击破据守谯地的流民张平、樊雅数千人,又击破蓬陂坞主陈川,打败石勒援兵五万。太兴三年(320年)晋元帝下诏加祖逖为镇西将军。祖逖在军,与将士同甘苦,约己务施,即使是疏交贱隶,也都恩礼待之。如果部下有很小的功劳,行赏不逾日。祖逖躬自节俭,不蓄资产,他的家属子弟耕耘田亩,负担樵薪。又收葬枯骨,为之祭奠,当地百姓非常欢迎祖逖的军队。有的坞壁子弟被迫在胡人政权做事，祖逖表面派军队围攻，以表示该坞堡未降服东晋，使得诸坞甚为感激，经常暗中通风报信，于是黄河以南都被东晋军队占领。当地百姓父老置酒欢庆，喜极而泣曰："吾等老矣！更得父母，死将何恨！"祖逖在河南练兵积谷，准备进攻河北。后赵石勒甚恐，在幽州为祖逖修父祖墓，与祖逖书求通使及互市；祖逖不报书而听其互市，收利十倍，此后边境之间稍得休息。正当祖逖秣马厉兵，准备越过黄河，扫清冀朔时，东晋朝廷以戴渊为征西将军，都督司、兖、并、雍、冀六州诸军事，祖逖受制于人，意甚怏怏；又听说王敦与刘隗矛盾很大，虑有内乱，北伐大功不成，因而忧愤成疾，病逝于前线，时年五十六岁。河南百姓闻之如丧考妣，为祖逖建立祠堂以示纪念。朝廷赠祖逖车骑将军。当时王敦久怀逆乱之心，只是畏惧祖逖而不敢发，至是始得肆意发动叛乱。

四　吴隐之

吴隐之字处默，濮阳鄄城人。博涉文史，弱冠介立，美姿容，善谈论，有清操，以儒雅标名。十几岁时父亲去世，悲痛号哭，行人为之流涕。对母亲极为孝顺，及其执丧，哀毁过礼。韩康伯与吴隐之邻居，他母亲每次听到隐之哭母，辄放箸辍餐，为之悲泣。她对韩康伯说："如果你以后居高位的话，一定要征辟提拔吴隐之这样的孝义之人。"后来韩康伯官至吏部尚书，将吴隐之征辟为辅国功曹，转参征房军事。他的兄长吴坦之为袁真功曹，袁真有罪免官后，吴坦之将受牵连，吴隐之赶紧到桓温处，要求代替兄长职务。桓温看到吴隐之仁孝感人，不仅免除了其兄长之罪，而且从此极为赏识吴隐之，拜奉朝请、尚书郎，累迁晋陵太守。他在郡清俭，妻自负薪。入为中书侍郎、国子博士、太子右卫卒。转散骑常侍，领著作郎。不久守廷尉、秘书监、御使中丞，迁左卫将军。吴隐之官居高位，但俸禄赏赐大多送给亲戚朋友，冬月无被，披絮御寒，生活如同贫庶。

广州包山带海，出产珍异，挟带一箧宝贝，可资数世。但此地多瘴疫，北方人害怕在此为官，只有贫困不能自立者冒险前来，求补长吏，所以前后所任刺史多贪污受贿。东晋政府想草除岭南之弊，于元兴元年（402年）任命吴隐之为龙骧将军、广州刺史、假节，领平越中郎将。离广州二十里有一地名石门，有水曰贪泉，据说饮了此水将会贪得无厌。吴隐之到此后对亲人曰："不见可欲，使心不乱。越岭丧清，吾知之矣。"乃酌泉水而饮之，因赋诗曰："古人云此水，一歃怀千金。试使夷齐饮，终当不易心。"及到广州，更加操守清俭，吃饭经常是蔬菜和干鱼，帷帐器服皆付外库，时人颇谓其矫情作假，但他始终如一。帐下人进鱼，每每将骨刺剔去以讨好上司，吴隐之发觉后将那人惩罚后赶走。在广州三年，使当地风化大治。朝廷下诏褒奖他"处可欲之地，而能不改其操，享帷错之富，而家人不易其服，革奢务啬，南域改观"。进号前将军，赐钱五十万，谷千斛。当初吴隐之为奉朝请官职时，谢石请为卫将军主簿。谢石听说吴隐之要嫁女儿，知道他家平素贫乏，肯定需要帮助，因而派厨账助其经营。到了后发现吴隐之的婢女正要牵一条狗去卖了换钱，此外萧然无办，谢石为之怅然久之。到番禺后，其妻刘氏买了沉香一斤，吴隐之见后投于湖亭之水，后人谓之投香浦。

后来卢循进攻南海，吴隐之率将士固守，长子吴旷之战死。卢循攻城百余日，逾城放火，焚烧三千余家，死者万余人，广州城失陷。吴隐之带领家属想出奔还都，被卢循俘获。刘裕写信让卢循遣返吴隐之，很久才被放还。归舟之日，装无余资。到家后只有数亩小宅，篱垣简陋，内外茅屋六间，连妻儿都容纳不下。刘裕赐送车牛，更为起宅，吴隐之坚决不要。不久拜度支尚书、太常，这时他仍以竹篷为屏风，坐无毡席。后迁中领军，清俭不变，每月初得禄，裁留身粮，其余悉分赈亲族，家人纺织以自给。吴隐之家中时有困绝，有时两天只吃一天的饭，身上只有麻布之衣，他的妻子一点不用朝廷俸禄。吴隐之仕宦四十年，历职要显，而清操不逾，屡被褒奖。义熙八年（412年）吴隐之年老退休，授光禄大夫，加金章紫绶，赐钱十万，米三百斛。义熙九年去世。

五 王猛

王猛字景略，北海剧人，少年时贫贱，以贩卖簸箕为业。王猛长相环姿俊伟，性格谨重严毅，气度雄远，倜傥有大志，不屑细务，博学好兵书。不与浮华之士交往，故而他们都看轻并笑话他，但王猛悠然自得，不以为意。少年游于邺都，当时人很少能赏识其才，只有徐统见而奇之，召为功曹，王猛却遁而不应，隐于华阴山。桓温北伐入关，王猛穿着粗布衣拜见桓温，扪虱而谈，旁若无人。桓温见后非常惊异，问王猛曰："吾奉天子之命，率锐师十万，仗义讨逆，为百姓除残贼，而三秦豪杰未有至者何也？"王猛说："你不远数千里，深入敌境，但离长安很近却不渡灞水，百姓不知你的用意，所以不至。"桓温默然以对，过了一会儿说："江东没有能比上你的人才。"于是任命王猛为军谘祭酒。桓温要回军时，赐王猛车马，拜高官督护，请他一起南归，王猛辞而不就。

苻坚素有大志，与王猛一见如故，相见恨晚，自谓如刘玄德之遇诸葛孔明也。苻坚即前秦王位，以王猛为中书侍郎。当时始平之地多枋头西归之人，豪石纵横，劫盗充斥，于是任命王猛为始平令。王猛上任伊始，明法峻刑，澄察善恶，禁勒强豪。鞭杀一猾吏，有司劾奏，王猛被逮入廷尉诏狱。苻坚亲自审问曰："为政之体，德化为先，你到位不久而肆行杀戮，何其酷也！"王猛说："臣闻宰宁国以礼，治乱邦以法。陛下任命臣下是为了清除凶猾，这才刚杀一奸，尚余万数，所谓酷刑臣不敢受之。"

167

苻坚对群臣说:"王猛是古代的名臣夷吾、子产。"于是赦免了他。不久迁升尚书左丞、咸阳内史。王猛举拔异才,修理废职,课督农桑,恤赈困穷,礼敬百神,建立学校,旌表节义,继承绝世,秦民大悦。王猛日亲幸用事,宗亲勋旧多嫉妒仇恨。特进、姑臧侯樊世是氐族豪首,曾辅佐苻健平定关中,他对王猛说:"吾辈耕之,君食之邪?"王猛曰:"不但让你们耕种,还要让你们做饭!"樊世大怒曰:"一定要你的头悬挂于长安城门,不然我就不活在这个世上!"王猛将樊世的话告诉苻坚,苻坚说:"一定要杀此老氐,众臣百僚才能整肃。"正好樊世上朝言事,与王猛在苻坚面前争论,樊世欲殴击王猛,苻坚乘机斩杀樊世,此后群臣见到王猛皆屏息害怕。

升平三年(359年)王猛为侍中、中书令,领京兆尹。太后之弟光禄大夫强德酗酒豪横,掠人财货子女,为百姓患。王猛收捕强德,还未等到奏报苻坚,已处死于街市,苻坚驰使赦之,未能赶上。王猛与御使中丞邓羌疾恶纠察,无所顾忌,数月之间,杀戮刑免权豪、贵戚二十余人,朝廷震栗,奸猾屏气,路不拾遗。苻坚感叹地说:"吾今始知天下之有法也!"既而以王猛为吏部尚书,不久迁太子詹事、左仆射、辅国将军、司隶校尉,居中宿卫,余官如故。王猛上疏辞让,苻坚不许。这年王猛三十六岁,一岁官职五次迁升,权倾内外,宗戚旧臣皆害其宠。尚书仇胜、丞相长史席宝数次谮毁王猛,苻坚大怒,贬黜二人,此后上下咸服,莫有敢言。

王猛率军灭前凉张天锡,有功迁司徒,录尚书事,王猛固辞不许。之后率十将步骑六万攻灭前燕,迁升王猛丞相、中书监、尚书令、太子太傅、司隶校尉。特进、常侍、持节、将军、侯如故,加督中外诸军事。王猛以职高责重,四次上疏请辞,苻坚不许。王猛从此军国内外万机之务,事无巨细,全部负责。王猛为相,刚明清肃,宰政公平,提拔幽滞,显彰贤才,惩恶扬善,放黜尸素，劝课农桑，练习军旅，无才而不用，无罪而不刑，由是国富兵强，战无不克，秦国大治。在北方战乱分裂割据的形势下，王猛能拨乱反正，平治统一北方，使得北方民众安心生产，免于战祸，应该说是有功于国家和人民的。王猛有病，苻坚亲自为之祈祷南北郊及宗庙、社稷，分遣侍臣遍祷河、岳诸神。王猛病重，苻坚亲临省视，访以后事，王猛曰："东晋虽僻处江南，然正朔相承，上下安和，臣没之后，愿无以晋为图。鲜卑、西羌，我之仇敌，终为人患，宜渐除之，以安社稷。"言终而卒，时年五十一。苻坚恸哭，赐帛三千匹，谷万担，谒者仆射监护丧事，一依汉大将军霍光故事，谥曰武侯，朝野巷哭三日。苻坚不听王猛临终之言，征伐东晋，淝水一战，兵败国亡，可见王猛先见之明。

六　高允

高允字伯恭，渤海蓨人。少孤夙成，有奇度，清河崔宏见而异之，叹曰："高子黄中内润，文明外照，必为一代伟器。"高允性好文学，担笈负书，千里就业，博通经史、天文数术，尤好春秋公羊。北魏太武帝拓跋焘神麚三年（430年），高允被征南大将军任命为从事中郎，以诸州囚多不决，让高允等共评狱事。吕熙等皆以贪贿得罪，只有高允以清平获赏。后拜中书博士，迁侍郎。北魏太武帝曾与高允议论时政，问高允曰："万机之务，何者为先？"当时多禁封良田，又京师游食者很多，因此高允从农事谈起，认为方一里有田三顷七十亩，方百里有田三万七千顷，若劝农垦辟，方百里有粟二百二十万斛，则公私有储。太武帝颇以为然，遂解除田禁，悉以授民。辽东翟黑子有宠于太武帝，奉使并州，受贿帛布千匹，事情即将暴露。黑子问计于高允曰："主上问我，是自首坦白还是隐瞒不讲？"高允说："你是皇上宠臣，有罪自首，可能原谅，不可再欺瞒罔上。"中书侍郎崔览、公孙质曰:"如果自首坦白,可能获罪,不如隐讳。"黑子以为崔览等和自己亲近,于是对高允很愤怒地说:"君奈何诱人死地!"入见太武帝,不以实对,帝怒,杀之。

河北大族崔浩为北魏政府司徒,自恃才略及魏主所宠任,专制朝权。曾经荐举冀、定、相、幽、并五州之士几十人,皆起家为郡守。太子拓跋晃认为应先征任职久者补郡县,新征者为郎吏,崔浩坚持己见。高允听说后对东宫博士管恬曰:"崔公其不免乎!苟逞其非,而校胜于上,将何以勘之!"太延五年(439年)魏廷以崔浩监秘书事,综理史职,高允、张伟参典著作。当时著作令史闵湛等性巧佞,崔浩宠信之,闵湛等上疏要求将崔浩所注诗、书、易等天下习业,又劝崔浩刊布所撰国史于石,以彰直笔,永垂不朽。高允听说后对著作郎宗钦曰:"闵湛等的建议可能要造成崔浩万世之祸,我们也要受连累。"崔浩听信闵湛等的话,将所书翔实的魏之拓跋前世史实刊石立于郊坛东道路旁,拓跋等北方诸族都很愤怒,纷纷告发诋谮崔浩于帝,认为是暴扬国恶。太武帝大怒,收捕崔浩等。当时高允正在东宫,第二天与太子一起入朝,太子让高允随他说话。太子见帝为其洗脱,认为都是崔浩所为;太武帝转过来问高允,高允却实事求是,并不推脱自己的责任,皇帝看到高允耿直仁义,"为臣不欺君,贞也;临死不易辞,信也",竟赦免其罪。太武帝又让高允拟诏诛崔浩等128人并夷五族,高允又为之力争,触怒皇帝,太子为之拜请乃解。之后只族灭崔浩,其余只杀本人,救活数千人。过后太子责曰:"我想为你开脱,你却不领情并激怒陛下,真让人害怕。"高允说:"夫史者,所以记人主善恶,为将来劝戒,故人主有所畏忌,慎其举措。崔浩辜负圣恩,以私欲没其廉洁,爱憎蔽其公直,此浩之责也。记录国家得失是史家责任,并不错,我与崔浩同事,不应推脱责任,虽然殿下有再造之慈,我不愿违心苟免。"太子动容称叹。太武帝南征,太子监国,亲任左右,营立田园，以取其利，高允切谏不听。

太孙拓跋濬即位，是为文成帝。给侍中郭善明劝帝大起宫室，高允谏劝，高宗纳之。高允好切谏，朝廷有不便，高允辄求见，高宗常屏左右以待之，礼敬甚重。有时语言痛切，皇帝不愿听，命左右挟出，然终善遇之。高允同列多升至高官封侯，而他为郎二十七年未升迁，高宗认为高允几十年为朝廷贡献甚大，提拔为中书令。当时北魏百官没有俸禄，高允让诸子樵采以自给。司徒陆麗将这一情况告诉皇帝，帝怒曰："何不先言，今见朕用之，方言其贫！"即日到高允家，发现仅草屋数间，布袍缊被，厨中咸菜而已。皇帝叹息曰："古人为官没有如此清贫的！"即刻赐帛五百匹，粟千斛，拜长子高忱为绥远将军、长乐太守。高允多次上表推辞，帝不许，高允历经五帝，仕宦五十余年，廉洁自持，存恤百姓，劝民子业，散财竭产，供养饥寒士人，多感念其厚恩。年九十八而卒，谥曰文。

七　苏琼

苏琼字珍之，武强人。父亲苏备，官至北魏卫尉少卿。苏琼幼时跟父亲拜访东荆州刺史曹芝，曹芝对苏琼开玩笑说："你想当官吗？"苏琼回答说："只有官求人，没有人求官。"曹芝非常惊异，将苏琼署为府长流参军。后任南清河太守，当时该郡多盗，苏琼任后，民吏肃然，奸盗止息，外郡奸匪从清河经过者都捉拿归案。零县民魏双成丢失耕牛，怀疑本村人魏子宾所为，将其送至郡衙，苏琼经审问后认为此人不是盗贼，将其释放。魏双成不高兴地说，"府君放贼去，百姓牛何处可得？"苏琼不予理会，密走私访，终于擒获盗牛者。从此畜牲不收，多散放，老百姓都说："放在府君处即可。"有邻郡富家将财物寄在清河郡以避盗，当有贼围攻时，此富家说："我的财物都寄存到苏太守处。"盗贼闻之而去。郡民赵颖曾为乐陵太守，八十岁时退休归

171

乡。五月时得一双新瓜奉送苏琼，苏琼推辞不受，赵颖自恃年高，苦苦相赠，苏琼只好收下。属下听说后竟相贡献新果，进门后发现赵颖贡献的新瓜悬挂在听事梁上，根本没动，这些人知道事情不妙，相顾狼狈而去。有百姓乙普明，兄弟争田多年不断，各相援引至百人。苏琼召兄弟二人及众人曰："天下难得者兄弟，易求者田地，假令得地失兄弟心，如何？"因而下泪，众人莫不涕泣。之后乙普明兄弟叩头请求苏琼允许他们在分家十年后同住。

每年春天，苏琼都要总集大儒卫观隆、田元凤等讲于郡学，朝吏文案之暇，悉令受书，时人指吏曹为学生屋。苏琼禁断淫祠，婚姻丧葬皆教令俭而哀礼。劝课农桑，兵赋调役公示民众，决不滥征。各地州郡经常派人向苏琼咨访其政术。清河郡大水灾，绝食者千余家，苏琼召集部中有粟粮家，自己贷粟以赈饥者。在郡六年，百姓怀之，遭忧解职，当地故人相赠，一无所受。不久起为司直、廷尉正，朝士嗟叹其职位低下，尚书辛述曰："既直且正，名以定体，不虑不申。"后迁大理卿，北齐亡后，仕北周博陵太守，隋开皇初年卒。

八　裴侠

裴侠字嵩和，河东解人。年十三父亲去世，哀毁有若成人。州征辟为主簿，举秀才。北魏末年迁升义阳郡守、东郡太守，后随宇文泰西入关中。大统三年（537年）裴侠领乡兵从战沙苑，先锋陷阵，西魏文帝嘉其勇决，赐名"侠"，以功晋爵为侯。不久裴侠任河北郡守，他躬履俭素，爱民如子，所食只有菽麦咸菜而已，属下和百姓都很尊敬他。此郡旧制规定渔猎夫三十人以供郡守，裴侠说："以口腹役人，吾所不为也。"全部将之罢免。还有供郡守役使的杂丁三十人，也不以入私，将这些折役钱市买官马，几年后马遂成群。裴侠去职之日，一无所取，当地百姓歌颂曰："肥鲜不食，丁庸不取，裴公贞惠，为世规矩。"裴侠曾经与诸牧守一起拜谒西魏文帝，文帝让裴侠站在一边，对诸牧守说："裴侠清慎奉公，为天下之最，你们有如侠者，可与之俱立"，众皆默然，无敢应者。文帝乃厚赐裴侠，朝野服焉。因此裴侠又号称"独立使君"。他为九世伯祖作传，欲使后生奉先祖清公而行之，从弟伯凤、世彦当时并为丞相府佐，笑曰："人生仕进，须身名并裕，清苦若此，竟欲何为？"裴侠曰："清者莅职之本，俭者持身之基，我们家族之所以见显朝廷，流芳典策即是如此，固其穷困非慕名，志在自修，惧辱先也。"伯凤等惭愧而退。557年北周孝闵帝宇文觉即位后，拜裴侠骠骑大将军、开府仪同三司，晋爵为公，迁户部中大夫。当时有奸吏主守仓储，积年吞没至千万，裴侠到任，严查不怠，几个月间奸盗略尽。又转工部中大夫，当时大司空掌钱物典李贵在府中悲泣，有的人问其原因，他说："所掌的官物侵吞甚多，裴公清严有名，害怕遭到惩罚，因而哭泣。"裴侠听说后许其自首，李贵坦白交代侵吞官钱五百万。裴侠曾患重病卧床，朋友们非常忧虑，早上五更时忽听见五鼓声，裴侠惊起顾左右曰："可向府耶。"意即到官府去办公，疾病也因此好转。司空许国公宇文贵、小司空北海公申徽来看望裴侠，发现他居住的房屋竟然不免霜露，回去告诉孝闵帝，帝叹其清廉，为其起宅，赐良田十顷，奴隶耕未粮粟都为他备足，缙绅都以裴侠廉洁奉公而受褒奖为荣。死后赠太子少师、蒲州刺史，谥曰贞。

九　辛公义

辛公义，陇西狄道人。父季庆，曾任青州刺史。公义早孤，为母氏所养，亲授书、传。北周天和年间（566年），以良家子任太学生，勤苦好学。北周武帝时，召入露门学，令受道义，每月集御前令辛公义与大儒讲论，上数嗟异，时辈慕之。建德初年

173

(572年），授宣纳中士。跟随灭北齐，累迁掌次上士、扫寇将军。杨坚做相，授内使上士，参掌机要。开皇元年（581年），除主客侍郎，摄内使舍人事，赐爵安阳县男，邑二百户。转驾部侍郎，往使江陵安辑边境。开皇七年，派辛公义勾检诸马牧，所获十余万匹。隋文帝喜曰："唯我公义，奉国罄心。"从军平定南朝后，以功被任命为岷州刺史。当地风俗对疾病特别畏惧，假若一人患病，全家避之，父子夫妻不相看养照顾，因此病死者甚多，孝义道绝。辛公义想改变这种陋俗，于是分别派遣官员巡检境内，凡是有疾病者全部收治，安置在办公的厅房中。暑月疫病流行时，病人多达数百人，厅廊全部住满。辛公义亲自设置一卧榻，独坐其间，从早到晚治疗病人，劝其饮食，所得俸禄全部用来买药。病人治好后送其归家。然后辛公义召集痊愈病人的亲戚说："原来你们认为生死由命，害怕传染，病人不予关照，所以以前被嫌弃的病人都死了。现在我聚集病人，坐卧其间，如果说传染的话，我怎么没事呢？那些病人也都康复，你们以后不要再相信以前的传说。"诸病家子孙惭愧拜谢而去。以后再有患病的，各家亲属都纷纷予以照顾治疗，父子夫妻开始相互慈爱，原来的陋习得以改变，全境之内百姓都称辛公义为"慈母"。后辛公义改任牟州刺史，下车伊始先至狱中，露坐牢侧，亲自验问。十余日间，把积压的案件都决断完，然后才返回大厅办公。受领新的诉讼，皆不立文案，派遣当值佐僚一人，侧坐讯问。事若不尽，应须禁者，辛公义即宿办公厅房而不回家。有人劝他说："此事有程，使君何自苦也！"辛公义回答说："刺史无德可以导人，尚令百姓系于囹圄，岂有禁人在狱而心自安乎？"罪人听说后都佩服而认罪。以后民间有想争讼者，乡间父老劝曰："此等小事，怎能忍心劳烦刺史！"讼者大多两相礼让而止。辛公义因持正得罪权贵，炀帝即位后被罢官，吏人纷纷为辛公义守阙诉冤，相继不绝，后来终于起为司隶大夫，检校右御卫武贲郎将，从征至柳城郡卒。

第四节　显露繁盛气象的隋唐时期

一　魏征

魏征字玄成，魏州曲城人。少孤，家境贫寒，但好学有大志，通贯书术，不事生产。隋末天下大乱，魏征属意纵横之说，诡为道士。瓦岗寨李密反隋武装壮大后，魏征投奔李密。王世充与李密在洛阳一带激战，魏征献计，李密长史郑颋不听，致使李密失败降唐，魏征随之入关中，为太子建成洗马。魏征见秦王李世民功高，私下劝李建成早为计。玄武门之变李建成等失败后，秦王李世民斥责魏征曰："你为何离间我兄弟？"魏征说："太子要是早听我的话，就没有今日之祸。"李世民心胸豁达，求贤若渴，改容礼之，以魏征为詹事主簿，不久拜谏议大夫。当时河北李建成、李元吉旧部多不自安，魏征前往河北招谕，释放原太子东宫的人李志安等，稳定了河北局势，唐太宗大为高兴，对魏日渐亲信。数次引魏征卧内，访以得失，魏征感念知遇之恩，尽展才华，知无不言。贞观二年间就谏陈二百余事，迁升为尚书右丞。

唐太宗听信封德彝的话，下敕征点未满十八岁但体形壮大者为兵。魏征以要取信于民劝之，说贞观元年下诏蠲免赋税但又复征，这次再次失信于民，实在不可，唐太宗听从劝告，赐魏征金瓮一个。魏征不避嫌疑，有人告发他阿党亲戚，魏征顿首曰："臣幸得奉事陛下，愿使臣为良臣，勿为忠臣。"太宗问曰："忠、良有区别吗？"魏征说："稷、契、咎陶是良臣，龙逄、比干是忠臣；良臣身荷美名，君受显号，子孙传承，流祚无疆；忠臣已婴祸诛，君陷昏恶，丧国夷家，只取空名，这是二者的区别。"唐太宗深然其言，赐绢五百匹。又问魏征人主何为而明，何为而暗，魏征答曰："兼听则明，偏信则暗，如尧舜请问下民，百事上达不蔽；秦二世、隋炀帝偏听偏信，致使亡国夷族。"太宗称善。

治书侍御史权万纪与侍御史李仁发，俱以告讦有宠于唐太宗，魏征谏曰："万纪等小人，不识大体，以讦为直，以谗为忠，陛下非不知其无堪，只是想以警策群臣，但万纪等挟恩依势，逞其奸谋，凡所弹射，皆非有罪。陛下纵未能举善以励俭，怎能昵奸以自损呢！"唐太宗默然。之后万纪等人奸状自露，果如魏征所言。贞观六年（632年）春，群臣请封禅，太宗不许，但群臣固请不已。太宗欲从之，只有魏征以为不可。唐太宗说："你不想让我封禅，是认为我功不够高德不够厚吗？"对曰："功高德厚。""是中国未安，四夷不服？还是年谷不丰、符瑞未至？"魏征答曰："陛下虽有此六者，但承隋末大乱之后，户口未复，仓廪尚虚，而车驾东巡，必然劳民伤财。同时万国来贺，赏赐不赀，既费钱财又示以虚弱。如人长病之后刚痊愈，不可负担过重。"唐太宗听从之。有一次唐太宗与侍臣论安危之本，中书令温彦博说："愿陛下常如贞观初年那样。"太宗说："朕近来殆于为政吗？"魏征曰："贞观之初，陛下志在节俭，求谏不倦。近来营缮微多，谏者颇有忤旨，此其所以异耳！"太宗笑曰："诚有此事。"由于魏征敢谏，太宗纳谏，因而太宗感言道："人言魏征举止疏慢，我视之更觉妩媚。"魏征则曰："陛下导臣使言，故臣得尽其愚；若陛下拒而不受，臣何敢数批逆鳞哉！"

贞观七年进魏征左光禄大夫、郑国公。中牟丞皇甫德参上言："修洛阳宫，劳人；收地租，厚敛；俗好高髻，盖宫中所化。"唐太宗怒曰："德参想让国家不役一人，不收斗租，宫人皆无发！"想治其谤讪之罪。魏征谏曰："自古上书以激切动人主之心，所谓狂夫之言，圣人择焉，唯陛下裁察！"唐太宗醒悟道："朕罪斯人，则谁敢复言！"魏征又说："陛下近日不好直言，虽勉强含容，不如往昔豁如。"太宗乃优赐，拜监察御使。贞观十一年唐太宗作飞山宫和明德宫，魏征上书以隋炀帝恃其富强，役使百姓而亡为例谏止，正好河南大雨灾，太宗手诏嘉答，废明德宫等以赈遭水灾百姓。贞观十二年以皇孙生宴群臣，太宗曰："贞观以前我定天下是房玄龄之功，贞观之后纳忠谏，正朕违，为国家长利，魏征而已。虽古名臣亦何以加！"亲解佩刀，以赐二人。唐太宗对魏征说，"朕政事何如往年？"对曰："威德比贞观初增加，但人情悦服不如当初。"太宗问为什么，魏征说："贞观初陛下恐人不谏，常导之使言，中间悦而从之。今则不然，虽勉从之，犹有难色，所以异也。"太宗让他举几个例子，魏征举了元律师罪不当死欲杀之、皇甫德参谏修洛阳宫而罪之等，太宗曰："非公不能及此，人苦不自知耳。"

贞观十三年，魏征给唐太宗上疏，总结不克终者十条：一是万里遣使市索骏马并访怪珍；二是营建多而轻役民力；三是纵欲劳人；四是疏君子近小人；五是玩好奢靡；六是不任用贤才；七是好田猎鹰犬之乐；八是下情不上达；九是骄傲拒谏；十是抚慰百姓不如以前。太宗得疏曰："朕今闻过矣，愿改之，以终善道。"赐魏征黄金十斤，马二匹。平定高昌，太宗宴群臣于两仪殿，叹曰："高昌若不失德，岂至于亡！然朕亦当自戒，不以小人之言而议君子，庶几获安也。"魏征曰："昔齐桓公与管仲、鲍叔牙、宁戚四人饮，叔牙奉觞为之寿曰：'愿公无忘在莒时，使管仲无忘束缚于鲁时，使宁戚无忘饭牛车下时。'桓公避席而谢曰：'寡人与二大夫能无忘夫子之言，则社稷不危矣。'"太宗曰："朕不敢忘布衣时，公不得忘叔牙之为人。"有时太宗问魏征为何近来朝臣论事不多，魏征说："陛下虚心采纳，必有言者。大凡臣徇国者寡，爱身者多，彼畏罪，故不言耳。"太宗曰："对人臣如果关说忤旨，动及刑诛，自然没有上书言事者。"房玄龄、高士廉路遇少府少监窦德素，问他北门最近营建什么，窦德素将之告诉太宗，太宗怒斥他们，让他们只管南衙政事，不要干预北门君事。魏征听说后谏曰："房玄龄等是陛下股肱耳目，他们应该知道内外之事，如果所营缮是对的，应助陛下成之，反之助陛下罢之。问于有司，理则宜然，不知何罪而责，亦何罪而谢也！"太宗甚愧之。

贞观十六年右仆射缺，太宗欲拜之，魏征固让乃止。因太子李承乾与魏王李泰争宠，诏拜魏征太子太师，魏征以疾辞让，太宗诏曰："汉太子以四皓为助，我赖公，其义也。公虽疾，可卧护之。"贞观十七年魏征病重。当初魏征家无正寝，太宗命辍小殿材为其营构，五日完成。并赐其素褥布被，以从其尚。令中郎将宿其第，动静辄以闻，药膳赏赐无算。太宗亲自问疾，屏退左右，与之语终日乃还。后复与太子至魏征府第，问他有什么要求，对曰："我只忧宗周之亡！"太宗闻之悲泣。魏征去世，太宗临哭悲痛，诏内外百官朝集使皆赴丧，给羽葆、鼓吹、班剑四十人，其妻裴氏说："魏征平生俭素，今假一品礼，仪物褒大，非亡者之志。"悉辞不受，以布车载柩而葬。太宗祭苑西楼，望哭尽哀。自制碑文，并为书石。赠司空、相州都督，谥曰文贞。

魏征去世后，唐太宗思念不已，临朝叹曰："以铜为镜，可以正衣冠；以古为镜，可以见兴替；以人为镜，可以知得失；魏征没，朕亡一镜矣！朕曾使人到他家，得书一纸，上书曰'天下之事，有善有恶，任善人则国安，用恶人则国弊。公卿之内，情有爱憎，憎者唯见其恶，爱者止见其善。爱憎之间，所宜祥慎。若爱而知其恶，憎而知其善，去邪无疑，任贤无猜，可以兴矣。'朕顾思之，恐不免斯过，公卿侍臣可书之于笏，知而必谏也。"魏征相貌一般，有志气胆略，每次犯颜进谏，虽逢太宗甚怒，但神色不变，天子也为之息怒霁威。魏征去世，太宗思念不已，登凌烟阁观画像，赋诗悼痛，闻者嫉妒，毁短百为。当初魏征推荐杜正伦、侯君集才可大任，后来杜正伦以罪被罢黜，侯君集坐逆诛,谗毁者说魏征阿党,还攻击魏征将前后谏诤语录下给史官褚遂良看,太宗不悦,停止与其子魏叔王的婚约,推倒自制御碑,魏征家开始衰落。辽东之役,唐太宗未能成功,非常后悔,叹曰:"魏征若在,必不使有此行!"命召其子至行在,赐劳魏征妻子,以少劳祠魏征墓,再次立碑,恩礼加焉。

二 狄仁杰

狄仁杰字怀英,并州太原人。儿时即聪慧异常,举明经,授汴州参军,为吏诬告,河南道黜陟使闫立本召讯之,异其才,称之为沧海遗珠,荐授并州都督府法曹参军。同府参军郑崇质母老有疾但却要充使绝域,狄仁杰以其母病忧虑而请代行,长使蔺仁基与司马李孝廉二人愧而和解,蔺仁基经常对人说:"狄公之贤,北斗以南,一人而已。"仪凤元年(676年)迁升大理丞,一年断滞狱一万七千人,没有冤诉者。左威卫大将军权善才等误砍昭陵柏树,唐高宗特命杀之。狄仁杰力争,免二人死罪。调露元年(679年)司农卿韦弘机作宿羽、高山、上阳等宫,制度壮丽,狄仁杰劾奏其导上为奢靡,韦弘机坐免官。左司郎中王本立恃恩用事,朝廷畏之。狄仁杰奏其奸,请付法司,唐高宗特宽宥之。狄仁杰曰:"国家虽然缺英才,但不少王本立之辈,陛下何惜罪人,以亏王法。如果赦王本立,请将我放逐无人之绝,作为以后忠贞之士的警戒!"高宗将王本立罪之,由是朝廷肃然。之后迁度支郎中。高宗临幸汾阳宫,为知顿使。并州长史李冲玄以道路经过妒女祠,容易招致风雷之变,要发卒数万改驰道,仁杰止其役,高宗叹曰:"真丈夫也!"不久转宁州刺史,抚和戎夏,人得欢心,郡人立碑颂德;监察御使郭翰巡察陇右,所至多所按劾,及入宁州境内,父老歌颂刺史德美者盈路。郭翰荐之于朝,征狄仁杰为冬官侍郎,持节江南巡抚使。当时吴、楚一带多淫祠,仁杰奏毁一千七百所,唯留夏禹、吴太伯、季札、伍员四祠而已。

当时正值越王李贞党狱,连坐者六七百家,籍没者五千口。身为豫州刺史的狄仁杰密奏武后,请求宽宥,特赦原之,皆流丰州。豫因在宁州狄公德政碑下设斋三日而后行,至流所立碑颂狄使君之德。越王之乱,宰相张光辅率师三十万平之,至是将士恃功,多所求取,仁杰不应,张光辅怒责。狄仁杰不屈,因而衔恨劾奏,降为洛州司马。天授二年（691年）任命为地官侍郎,与冬官侍郎裴行本并同平章事。武后对他说:"卿在汝南,甚有善政,然有谮卿者,你想知道是谁吗?"仁杰对曰:"陛下以臣为过,臣当改之;陛下明臣无过,臣之幸也,不愿知谮者名。"武后深叹美之。长寿元年（692年）被来俊臣所构陷于狱,判官让狄仁杰引杨执柔为党,可以减刑,狄仁杰以头触柱,血流满面,不屈而止。狄仁杰表面承认反状,暗中送诉状于武后,得以不死出狱。万岁通天元年（696年）契丹陷冀州,复寇瀛州,河北震动。唐廷任命狄仁杰为魏州刺史。前刺史独孤思庄害怕契丹突然进攻,尽驱百姓入城,缮修守备。仁杰至,悉让百姓回去务农,说:"契丹犹远,何烦如是! 万一贼来,吾自当之。"百姓大悦,为之立祠。契丹听说后也撤走了。武后赐紫袍、龟带,亲制金字十二个于袍上,其文曰:"敷政术,守清勤,升显位,励相臣。"以旌其忠。

神功元年（697年）,以狄仁杰为鸾台侍郎、同平章事。当时发兵疏勒四镇,百姓怨苦,仁杰苦谏,又请废安东以息民,不从。圣历元年（698年）武承嗣、武三思营求为太子,武后意未决,狄仁杰从容谏曰:"大唐乃太祖、太宗所定,传之子孙,陛下立子,千秋万岁之后配食太庙;立侄,则未闻侄为天子而附姑于庙者也。"武后不再想立武承嗣等,而迎庐陵王于房州,人心安定。突厥入寇河北,命狄仁杰知元帅事,率兵击退之,并抚慰百姓,散粮运以赈贫乏,修邮驿以济施师,自食粗粮,禁止部下侵扰百姓,河北遂安。武后将造浮屠大像,度费数百万,官不能足,更诏天下僧日施一钱助之,狄仁杰上疏谏曰:"为政之本,必先人事；功不使鬼，止在役人，物不天来，终须地出，必损百姓。"武后曰："公教朕为善，何得相违！"遂罢其役。狄仁杰推荐的张谏之、桓彦范、敬晖、窦怀真、姚崇等数十人，率为名臣。有的人对狄仁杰说："天下桃李，悉在公门矣。"仁杰曰："荐贤为国，非为私也。"年七十一卒。赠文昌右相，谥曰文惠。当初仁杰在朝，特为武后所信重，常谓之国老而不名。狄仁杰好面谏廷争，武后每屈意从之。狄仁杰屡次以老请求退休，武后不许。仁杰卒，武后泣曰："朝堂空矣！"从此朝廷有大事，众人不能决，武后辄叹曰："天夺吾国老何太早耶！"中宗即位，追赠狄仁杰司空，睿宗又封梁国公。

三　徐有功

徐有功，国子博士徐文远之孙。举明经，累补蒲州司法参军，袭封东莞县男。为政宽仁，不忍杖罚，吏人感其恩信，更相约曰："若犯徐参军杖者，众必斥罚之。"由是人争用命，讫代不辱一人。累迁司刑丞。当时酷吏周兴、来俊臣、丘神勣、王弘义等揣摸武后意旨，构陷无辜，钩捕将相，楚掠残酷，皆抵极法，公卿震恐，莫敢正言。只有徐有功敢于廷殿犯颜争枉直，武后厉色诘之，左右莫不股栗，唯有徐有功神色不变，争之弥切。左右及卫杖在廷阶者数百人，皆缩项噤舌不敢息，而有功气定言详，截然不挠，反当人主意，大为当时朝士所恃赖。有一叫韩纪孝的曾受徐敬业伪官，前已物故，推事使顾仲琰请籍其家。诏亦报可。徐有功追议曰："律，谋反者斩。身亡即无斩法，无斩法则不得相缘，所缘之人既亡，则所因之罪自灭。"诏从之，皆以更赦免，如此获宥者数十百姓。天授元年（690年）道州刺史李仁褒及弟被酷吏诬陷，当诛。徐有功为之固争而不能得，周兴弹劾徐有功说："汉法，附下罔上者斩，面欺者亦斩。徐有功故出反囚，请按之。"武后不许，但仍坐免官。不久起为左肃政台侍御使,徐有功伏地流涕固辞,但武后雅重徐有功,特褒异固授之,天下听说他被再次任用,都洒泪相贺。长寿元年(692年)冬官尚书裴行本等七人被诬当死,武后想宽宥他们,但来俊臣坚持如法;徐有功奏曰:"来俊臣故违陛下再生之赐,陛下何以示信于天下乎!"裴行本等全部免死。他为润州刺史窦孝谌妻庞氏辩诬被免为庶民,不久起拜左司郎中,转司刑少卿。与皇甫文备同按狱,竟诬徐有功放纵逆党。后来文备坐事下狱,徐有功将之救出。有的人说:"他曾经陷你于死地,现在你又救他,这是为什么?"徐有功说:"你所说的是私愤,我所守的是公法,不可以私害公。"他曾经对身边人说:"大理寺,人命所系,不可阿旨诡辞,以求苟免。"徐有功前后为狱官,经常操平守正,平反冤狱。曾经与武后反复争论按狱,辞色愈厉。武后大怒,令拽出斩之,徐有功四顾:"臣虽死,法终不可改。"到了刑场才得到赦免。总共有三次被判大辟罪,终不改平生之志。将要被处死时,泰然不忧;有诏赦之,怡然不喜,武后以此愈发重用。所救治的人很多,酷吏受到抑制,六十八岁卒,赠司刑卿。中宗即位后,赠官赐物,授一子官。开元初,窦孝谌之子窦希诚请求以己之官爵让给徐有功儿子徐愉,以报旧德。

四 宋璟

宋璟,刑州南和人。少年时耿介有大节,好读书,工文辞,举进士中第。调上党尉,为监察御使,迁凤阁舍人,居官耿正,武后甚为赏识。张易之诬御使大夫魏元忠有不臣语,让凤阁舍人张说为证,将要在廷堂上争辩。宋璟对张说曰:"名义至重,鬼神难欺,不可党邪以求苟免。若缘犯颜流贬,芬芳多矣。若事有不测,璟当叩阁力争,与子同死。努力为之,万代瞻仰,在此举也!"张说感其言,入以实对,魏元忠得以免死。不久宋璟迁升左御使台中丞。当时张易之、张昌宗兄弟受宠横恣,倾朝附之。

张昌宗私引相工李弘泰观占凶吉,言涉不顺被告发,宋璟请求穷治,武后想宽免之。宋璟认为昌宗等事涉谋反,如不收治,将动摇众心。武后不允,宋璟仍将张昌宗下狱治罪,不久武后遣中使特敕赦之。宋璟叹曰:"不先击小子脑裂,负此恨矣。"武后让张昌宗到宋璟处拜谢,宋璟拒而不见,说:"公事公言之,若私见,法无私也。"宋璟多次不媚奸佞张氏兄弟,故而深恨之,经常在武后面前中伤,并诱使出巡以劾奏诛之,甚至派刺客谋杀,但都被宋璟巧妙躲过。中宗即位,迁宋璟吏部侍郎,兼谏议大夫,内供奉,仗下与言朝廷得失。当时武三思得宠执权,曾请托于宋璟,宋璟正色拒绝,并警告他安分守己,不要干政。不久有京兆人韦月将上书告武三思潜通宫掖,将为祸乱,武三思激怒唐中宗,诏命斩韦月将。宋璟坚持推按审理,中宗不允,宋璟曰,"必欲斩韦月将,请先斩臣!不然,臣终不敢奉召。"中宗怒少解,将韦月将流放岭南。武三思由此深恨宋璟,将他出为检校贝州刺史。当时河北频遭水灾,百姓饥馑,武三思的封邑在贝州,派专使征其租赋,宋璟拒不缴纳,武三思更加嫉恨,多次排挤宋璟。睿宗即位,宋璟迁升吏部尚书、同中书门下三品,又兼右庶子,加银青光禄大夫。中宗时,外戚和诸公主干政,请托甚多,用人不当。这时宋璟与姚元之、卢从愿等协心革除中宗弊政,进忠良,退不肖,赏罚尽公,请托不行,纲纪修举,当时都认为有贞观、永徽之风。景云元年(710年)宋璟与姚元之等上言停废斜封官数千人,又因太平公主干政,不利于太子李隆基,请出公主、诸王于外而得罪太平公主,被贬楚州刺史。

开元四年(716年)唐玄宗任命宋璟为刑部尚书、西京留守。不久升任吏部尚书兼黄门监。宋璟为相,务在择人,随才授任,使百官各称其职;他刑赏无私,敢于犯颜直谏,玄宗甚敬惮之,虽不合意,也曲从之。宋璟曾任广州都督,因勤政爱民,广人德之,立颂纪其政,宋璟为此上言请停,以防阿谀者。宋璟要求恢复被许敬宗、李义府破坏的贞观之制,即中书、门下及三品官奏事,必使谏官、史官随之,有失则匡正,美恶必记之;诸司皆于正衙奏事,御使弹百官,服豸冠,对仗读弹文,故大臣不得专君而小臣不得为谗慝。开元七年日食,玄宗素服以俟变,撤乐减膳,命中书、门下察系囚,赈饥乏,劝农功。宋璟等奏曰:"陛下勤恤仁隐,此诚苍生之福。但臣听说日食修德,月食修刑。亲君子,远小人,绝女谒,放逸夫,此所谓修德也。囹圄不扰,兵甲不渎,官不苛治,军不轻进,此所谓修刑也。陛下常以为念,虽有亏食,人何患乎?且君子耻言浮于行,苟推至诚而行之,不必数下制书也。"玄宗嘉纳之。开元十二年玄宗东巡泰山,宋璟再次为留守,临出发前,玄宗对宋璟说:"卿,国朝元老,为朕股肱耳目,朕出去时间长,有嘉谋良策请告诉我。"宋璟因极言得失,玄宗赏赐彩缎,手制答曰:"所进之言,当书座右,出入观省,以诫终身。"王毛仲得宠于玄宗,百官趋附之。开元十三年王毛仲嫁女,玄宗问他准备如何,对曰:"万事已备,但未得客。"玄宗说:"张说、源乾曜等不去吗?"王毛仲说这些人容易去。玄宗说:"我知道有一人你叫不去,他就是宋璟。"王毛仲默然。玄宗笑曰:"朕明日为你召宾。"第二天众客等到中午,宋璟才到,先执酒西向拜谢,饮不满杯就假称腹痛而归,其刚直如此。开元二十年以年老退休,二十五年去世,终年七十五岁,赠太尉,谥曰文贞。安史之乱爆发,唐玄宗出奔,至咸阳不得食,百姓献粗饭,杂以麦豆,皇孙辈争以手抓食之,仍未吃饱,玄宗与众人哭泣。有父老曰:"安禄山包藏祸心久矣,圣听阻塞,只是没有宋璟那样的忠臣良相进直言,致使天下崩坏如此,草民才得以面诉陛下!"玄宗悔之不及。

五 韩休

韩休,京兆长安人。年青时有词学,应制举,累授桃林丞。

后升至礼部侍郎、知制诰。开元二十一年（733年）侍中裴光庭卒，唐玄宗命中书令萧嵩推荐替代者，萧嵩拟荐右散骑常侍王丘，王丘推辞而盛荐韩休之能，韩休被任命为黄门侍郎、同中书门下平章事。韩休性格方直，不务进趋，不干荣利，当宰相后天下人感到非常适宜。有万年尉李美玉有罪，唐玄宗要将之流放岭南，韩休说："李美玉小官，犯的不是大罪，现在朝廷有大奸恶即金吾大将军程伯献，他依仗恩宠，贪污受贿，第宅舆马，僭逾法度。臣下请先处理程伯献，再处理李美玉。"唐玄宗不许，韩休固争曰："犯了小罪尚且不放过，大奸巨猾却放置不问，除了陛下罢我的官，臣不敢奉诏。"玄宗以韩休忠贞切直，听从了他的建议。当初萧嵩以为韩休柔和易制，所以推荐了他，但韩休当政后守正不阿，临到事情能与中书令萧嵩争论，萧嵩心里很不平衡。宋璟听说后曰："没想到韩休能如此耿直，仁者之勇也。"韩休性格耿直，时政所得失都所论及，玄宗曾畋猎苑中，有时大张音乐稍有过度，必视左右曰："韩休知否？"不一会韩休的奏疏就到了。玄宗曾对着镜子默然不乐，左右侍从说："自从韩休入朝，陛下无一日欢，何必自我烦恼，不如将韩休逐出朝去。"玄宗说："吾貌虽瘦，天下必肥。萧嵩奏事，必顺朕旨，我退而思天下，睡不安寝。韩休敷陈治道，经常力争，我退而思天下，寝睡必安。吾用韩休是为了江山社稷，不是为了我自己。"开元二十四年，迁韩休太子少师，封宜阳县子。开元二十七年病卒，年六十八，赐扬州大都督，谥曰文忠。

六　张巡

张巡，邓州南阳人，博通群书，知晓阵法，气志高迈，不与庸俗合，所交往的都是大人长者。开元末年，举进士及第，由太子通事舍人出为清河令，能力较强，重仁义高气节，当人有危窘困难时，必倾家财以帮助。秩满还都城时正值杨国忠专权，有人劝他拜谒杨国忠以得到提拔重用，张巡不肯。之后调派真源县令，当地多豪猾奸吏，尤其是大吏华南金横行恣肆，邑中语曰："南金口，明府手。"张巡到任后以法诛之，赦免余党，之后都弃恶从善，百姓为之称快。天宝十四载（755年）安史之乱爆发，唐玄宗命吴王在河南练兵以拒叛军，张巡与单父尉贾贲各募豪杰，同为义举。当时雍丘令令狐潮举县投降，吏民不降者百余人杀雍丘守卫者，迎接张巡和贾贲进入，令狐潮进攻雍丘，张巡率军死战，被创不顾。不久叛军四万余人进至雍丘，守城将士有些害怕，张巡说："叛军知道城中虚实，有轻我心，不如突然出击，挫其锐气，然后城可守。"使千人守城，自率千人出城进攻，叛军遂退。之后继续围城。在战斗中粮食缺乏，张巡就截取叛军的盐米千斛以自给，城中矢尽，张巡就缚草人千余个穿以黑衣，夜缒城下，叛军争射草人，由此得矢数十万。第二夜张巡再次缒以草人，叛军不再设防，于是张巡以死士五百人偷袭敌营，叛军大乱，溃退十余里。令狐潮增兵围城，这时薪柴饮水都没有了，张巡假意说要撤军，让叛军退军而舍，结果张巡将城外周围三十里的树木房屋拆掉运回城中以加固城防。令狐潮大怒，再次围城。张巡又说请给马三十匹以逃奔，结果用骑兵猛击叛军，擒贼将十四人，斩首百余级。叛军数万围雍丘四个月，大小四五百战，张巡军队数千人，每战必克。

不久东平、济阴被叛军占领，张巡只好引兵与睢阳太守许远会合。叛军杨朝宗帅马步二万攻宁陵，张巡、许远与之战昼夜数十合，大破叛军，斩首万余级，张巡以此升为河南节度副使。至德二年（757年），叛军十余万人进攻睢阳，张巡大飨士卒，尽军出战，亲自执旗，率诸将直冲贼阵，斩将三十余人，杀士卒三千余人，昼夜数十合，气不衰。夜里张巡在城中鸣鼓整队，假装要出击；叛军听说后一夜警备不眠。天亮后张巡息鼓休息，叛军从飞楼上看到城中没有动静，解甲休息。张巡于是率雷万春等十余将各带精骑出击，直冲叛军营垒。叛军大乱，斩将五十余，杀士卒五千多人。张巡不认识叛军首领尹子奇，乃以蒿木为矢，叛军以为张巡矢尽，赶忙去告诉尹子奇，张巡命部将射之，中其左目，差一点将其俘获。此战后张巡被任命为御使中丞，许远为侍御使。当初许远在睢阳城中储粮六万石，但被上司分一半给了濮阳、济阴二郡，许远固争不听。城被围多日，粮食吃尽，将士只好杂以菜纸、树皮为食。叛军粮食兵员充足，而睢阳将士无法补充，友军馈救不至，城中士卒只剩一千六百人，皆饥病不堪战斗。七月叛军以云梯攻城，张巡以铁笼盛火焚之；叛军又造木驴攻城，张巡溶铜汁灌之；叛军又在城西北以土囊积柴为道攻城，张巡以松明等投火烧之，叛军佩服张巡智慧，不再攻城而长期围困。这时睢阳守军只剩六百人，张巡、许远分别守之，与士卒同食菜纸，不再下城。当时谯郡、彭城、临淮都有官军，却拥兵观望不肯救助。张巡派南霁云突围求救，贺兰进明等将领害怕出战遭到袭击，又忌张巡声威，恐其成功，都不出师救援，南霁云涕泣而去。经过真源和宁陵时，得步骑三千，但多所死伤，只有千人入城。城中将吏知道情况，皆痛哭。叛军得知城中援绝，围攻益急，守军商议突围东奔，张巡、许远认为睢阳是江淮的屏障，如果放弃，叛军必然乘胜长驱；而且守军饥疲，也走不远，不如坚守以待援。此时城中菜纸俱尽，于是吃马匹，马又吃尽，就吃鼠雀，鼠雀吃尽，张巡将自己的爱妾杀之以食士卒，许远杀其奴，然后括城中妇女老弱食之。人知必死，莫有叛者，城中只剩四百人。十月叛军登城，将士饥疲不能战，张巡西向再拜曰："臣竭力而不能全城，生既无以报陛下，死当为厉鬼以杀贼。"城陷后张巡、许远等被俘。叛军将领尹子奇胁迫张巡投降，张巡大骂曰："我为君父死，你附贼，是猪狗，不会长久的！"于是张巡与部将南霁云、雷万春等36人同遇害。张巡临死前，颜色不乱，貌如平常，时年49岁。

张巡守睢阳近一年，前后大小战四百余次，斩将三百，杀叛军十二万。每战临阵，激励将士，赏罚信，号令明，与士卒共甘苦，故众人感其诚，皆以一当百，争致死力，故能以少敌众，每战克敌。城危时肃宗命中书侍郎张镐代替贺兰进明，率浙东、浙西、淮南、北海诸节度及谯郡太守闾丘晓共救张巡，闾丘晓素傲不受张镐，结果张镐背道急进到睢阳，城陷已三日，张镐为此杖杀闾丘晓。韩愈等天下名士都认为天下不亡张巡之功，于是天子下诏赠张巡扬州大都督，宠恩子孙，之后画张巡、许远、南霁云图像于凌烟阁，睢阳也为张巡等立祠纪念。

七　颜真卿

颜真卿字清臣，琅玡临沂人，少年丧父，母亲躬加训导，长大后博学有文采，尤善书法，对母亲特别孝顺。开元中举进士，又擢制科。调醴泉尉，迁监察御使、殿中侍御使。当御使吉温以私怨构陷宋璟之后中丞宋浑，颜真卿仗义执言，得罪杨国忠，被出为平原太守。安禄山练兵储粮，蓄谋已久，颜真卿知其必反，暗中修城设壕，集丁壮，实仓廪。表面宴会文士，泛舟外池，饮酒赋诗，以解安禄山之疑。有人谗告之，安禄山以其书生，没有放在心上。不久安禄山果然反叛，河朔全部失陷，只有平原城独存。颜真卿派司兵参军李平奔赴长安告变，唐玄宗原来以为河北二十四郡皆陷，见到李平乃大喜。当时平原郡有静塞兵三千，颜真卿招募勇士，旬日至万余人，他大飨士卒，论以举兵讨伐叛逆，慷慨泣下，士皆感愤。饶阳太守卢全诚、济南太守李随、清河长史王怀忠、景城司马李暐、邺郡太守王焘各以众归，有诏北海太守贺兰进明率精锐五千渡河相助。安禄山派部将守土门，颜真卿从兄常山太守颜杲卿收复土门，十七郡同日归顺，共推颜真卿为盟主，聚兵二十万，横绝燕赵。肃宗任命颜真卿为工部尚书兼御使大夫，仍任河北招讨、采访、处置使。史思明围饶阳，颜真卿力量不够，为拉拢平卢将领刘正臣，送军资十余万，并以儿子颜颇为质。此时史思明等急攻河北，诸郡再次失陷，只有平原、博平、清河固守，颜真卿等只好撤退。至德元年（756年）十月历江淮荆襄至陕西凤翔拜见肃宗，诏受宪部尚书，迁御使大夫。

当时战争时期，兵荒马乱，颜真卿却绳治如平日。有人带酒容入朝、在班不肃，颜真卿都劾奏斥降。如此被宰相忌厌，出为冯翔太守，后贬为饶州刺史。乾元二年（759年）召为刑部侍郎。宦官李辅国矫诏迁玄宗西宫，颜真卿首率百僚上表请问起居，李辅国恶之，奏贬蓬州长史。代宗即位，迁吏部侍郎，改尚书右丞。因反对元载专权，被贬出京师。元载被杀后，颜真卿擢为刑部尚书，进吏部。杨炎当国，又以颜真卿亢直所不容，升太子少师，外示尊崇，实夺其权。卢杞擅权，更加讨厌他的耿直，改太子太师，想将其赶出京城。正赶上藩镇李希烈反叛，攻陷汝州，数败官军，卢杞游说皇帝下诏颜真卿去宣慰李希烈，诏下，举朝失色。颜真卿到东都洛阳后，留守郑叔则劝他不要去，很危险，等一等朝廷的诏命。真卿曰："君命也，怎能避之！"朝中李勉上表要求留住颜真卿，认为失一元老，为国家羞。而颜真卿留给儿子的家书只有"奉家庙，抚诸孤"等诸语。到了许州后，李希烈派丁余养子围攻谩骂，拔刀威胁，真卿足不移，色不变，李希烈只好礼遇之。然后派人劝降，遭到痛斥；又大会诸党，演戏污辱朝廷，颜真卿大怒，拂衣而起，李希烈惭愧而止。当时诸反叛藩镇使者在坐，以利诱之，颜真卿大义凛然地说："我兄颜杲卿被叛军抓获，骂贼不绝于口而死，我年已八十岁，誓守节操，死而后已，岂受你们威胁利诱！"诸贼失色，不敢复言。李希烈又把颜真卿扣押，以甲士看守，在庭院中挖一大坑，表示要坑杀之。颜真卿神色恬然地对李希烈说："死生已定，何必多端！不如给我一剑，岂不快公心事！"李希烈只好拜谢。荆南节度使张伯仪讨伐李希烈兵败，丢失所持节杖，颜真卿见到代表朝廷的信物后痛苦昏绝，从此以后不与人交谈。李希烈想僭称皇帝，使人问仪式，颜真卿回答说："老夫曾为礼官，所记只有诸侯朝拜天子之礼！"兴元元年（784年）唐廷军力增加，李希烈害怕有变，想谋害颜真卿，积柴于庭上浇以油说："如果不屈节投降，就烧死你。"颜真卿面不改色，向火堆走去，李希烈部下急忙将他拉住。八月李希烈弟弟被唐廷处死，叛贼怒而杀害颜真卿，终年七十六岁。听说真卿遇害，三军悲痛，皇帝废朝五日，赠司徒，谥曰文思，赠布帛米粟等，授一子五品正员官。

八　郭子仪

郭子仪，华州郑人，身材高大，体貌俊秀。以武举高第补左卫长史，累迁单于副都护、振远军使。天宝八载（749年）后任九原太守、朔方节度右兵马使。天宝十四载安禄山反，以郭子仪为卫尉卿兼灵武郡太守，充朔方节度使，率军东讨叛军。收复云中、马邑，下井陉，破史思明数万众。又在恒阳杀叛军四万，史思明坠马后露髻跣足逃走。河北诸郡全部收复。肃宗即位后，召郭子仪将兵五万赴灵武，拜子仪兵部尚书、同中书门下平章事，郭部朔方军成为唐军主力。肃宗至德二年（757年）三月，安禄山死，唐廷图谋大举，诏郭子仪还凤翔，进司空、天下兵马副元帅，率师进攻长安。九月唐军十五万收复长安，郭子仪率部追击至潼关，斩首五千级，之后收复东都洛阳，河东、河西、河南州县悉平。郭子仪以功加司徒，封代国公，食邑千户。入朝，肃宗派兵仗迎郭子仪于灞上，慰劳说："国家再造，卿之力也。"郭子仪顿首陈谢。乾元元年（758年）七月郭子仪北讨还京，诏百官迎于长乐驿，皇帝御望春楼待之，进位中书令。之后以九节使讨伐安庆绪。九节度使没有元帅，互不统属，围攻邺城久不下，而宦官鱼朝恩素来嫉妒郭子仪功绩，以此谗于肃宗。乾元二年七月以赵王为天下兵马元帅,李光弼副之,代郭子仪领朔方兵。诏下,士卒涕泣,遮中使请留。郭子仪为顾全大局,急速离军而去。

上元二年(761年)二月李光弼败于邙山,河阳失守,鱼朝恩退保陕州。之后河中、太原等又乱,唐廷遂以郭子仪为朔方、河中、北庭、潞仪、泽沁等州节度行营,兼兴平、定国副元帅,进封汾阳郡王,平定河中、太原军乱,河东诸镇率皆奉法。代宗即位,宦官程元振忌郭子仪功高任重,多次谗毁之,郭子仪心不自安,请解副元帅、节度使,充肃宗山陵使,代宗抚慰之。不久吐蕃进犯长安,代宗出奔陕州,诏拜雍王为关内元帅,郭子仪为副元帅,出镇咸阳以御吐蕃。此时郭子仪已闲居日久,部曲离散,受诏命招募兵士才二十骑,但郭子仪凭借才德威望,收集散卒,屯军商州,威震关中,终于赶走吐蕃。代宗返回长安,郭子仪率百官诸军迎驾,代宗慰劳说:"用卿不早,故及于此。"于是赐铁券,图形凌烟阁。仆固怀恩纵兵掠并、汾属县,代宗以郭子仪为关内河东副元帅、河中节度使,出镇河中,仆固怀恩军队原为郭子仪部下,为此纷纷归属,怀恩逃窜,其子被杀。广德二年(764年)进郭子仪太尉,兼领北道邠宁、泾原、河西、朔方招抚观察使,不久仆固怀恩引诱吐蕃、回纥、党项数十万入寇,朝廷恐惧,诏郭子仪率诸将出镇奉天。当时吐蕃等军三十万,郭子仪军队只有万余人。这时仆固怀恩暴死,吐蕃与回纥出现矛盾,郭子仪率数骑入回纥军营,执回纥大帅药葛罗手,斥责其背义不忠,药葛罗说:"怀恩骗我说天子驾崩,郭公您也不在,中国无主,不然我等岂肯与您交战。"于是双方约定共击吐蕃,斩首五万,生擒万人,尽得所掠士女牛羊,唐廷加封二百户。郭子仪率军还镇河中,当时军常乏食,郭子仪自耕百亩,将校以下各有等差,于是士卒皆不劝而耕,河中自此野无旷工,军有余粮。

大历二年(767年)二月,郭子仪入朝,代宗特别礼重,经常谓之大臣而不名。郭子仪的儿子郭暧尚升平公主,有一次两人争吵起来,郭暧说:"你依仗你父亲是天子吗?我父亲还不愿做这个天子呢!"公主哭着回去告状。代宗说:"此话不假。有些情况你不知道,如果郭子仪想当皇帝,天下岂能是你家的!"劝慰之后让公主回去了。郭子仪听说后,将儿子郭暧囚禁,然后入朝请罪,代宗说:"谚语说得好:不痴不聋,不做家翁。儿女们闺房之言,何必当真。"郭子仪回家,杖郭暧数十以惩戒。有盗贼发掘了郭子仪父亲的坟墓,没有捕获掘墓者,有人怀疑宦官鱼朝恩指使。这时郭子仪自奉天入朝,唐廷害怕郭子仪以此生变。见到代宗后,郭子仪流着眼泪说:"臣长期带兵,不能约束部下,军士多发人坟冢,今天我父遭掘坟,乃天遣,非人事也。"朝廷上下才安定下来。吐蕃连年进攻,唐廷需要联络回纥以抗吐蕃,因此以银帛等市马以互通有无。这时回纥又请市马万匹,有司以财政匮乏,只市千匹,郭子仪认为回纥平叛有大功,需要拉拢,中原也需要战马,请自纳一年俸物以充马价,代宗诏旨不允,朝廷内外都看到郭子仪的无私忠诚。大历四年正月,郭子仪入朝,鱼朝恩邀他游章敬寺,宰相元载害怕两人相结,派人告诉郭子仪说鱼朝恩有阴谋,将不利于郭公。将士请郭子仪带甲士三百人以护卫。郭子仪坦然说:"我是国家大臣,他无天子之命怎敢害我!假若有诏令,你们跟着我又有什么用?"随身只带家童数人前往。鱼朝恩迎接,惊讶郭子仪带人之少。当郭子仪将耳闻之事告诉鱼朝恩时,老阉感动得抚膺流涕,郭子仪的心胸坦荡可见一斑。

  大历九年郭子仪入朝,极言朔方之重要,并自陈衰老,愿避贤路,请求退休,代宗不许。郭子仪还回邠州,曾奏请除州县官一人,朝廷未允。他的僚佐议论说:"以令公的勋德,奏一属吏而不从,这是哪个宰相如此不识大体。"郭子仪听说后解释说:"自安史之乱,方镇武臣多跋扈,凡有所求,朝廷常常委曲从之，这是担心方镇不满而生变。现在我奏事，天子以其不可行而未允，是不把我与其他武臣一样看待，你们应该相贺，又怎么能奇怪呢！"闻者皆服。德宗即位，诏郭子仪还朝，担任宰相，充山陵使，赐号"尚父"，进位太尉、中书令，增实封通前二千户，给一千五百人粮，二百匹马草料。建中二年（781年）病笃，德宗派舒王到郭家府第传诏省问，郭子仪卧床不能起，以手叩头谢恩，不久病逝，终年八十五岁。德宗悼痛，废朝五日，赠太师，陪葬建陵，谥曰忠武。郭子仪事上诚，御下恕，赏罚必信。身为朝廷大将，拥重兵，虽然宦官奸佞程元振、鱼朝恩百般谗毁，但忠贞不贰，唐廷诏书一纸征之，无不即日就道，因此各种猜疑谗毁都无法得逞。田承嗣等藩镇虽然跋扈傲狠，但对郭子仪威服敬畏；许多将领如李怀光皆出其门下，以一身系天下安危三十年，功盖天下而主不疑，位及人臣而众不疾，侈穷人欲而君子不非，富贵寿考，哀荣终始，人臣之道无缺。

九　裴度

裴度字中立，河东闻喜人。贞元五年（789年）擢进士及第，以宏辞补校书郎。唐宪宗元和六年（811年）以司封员外郎知制诰。七年以抚慰魏博六州有功拜中书舍人。元和十年刘禹锡以王叔文党被贬播州刺史，裴度以其母老劝告唐宪宗将之改派连州刺史。宣徽五坊小使每年秋天在长安郊区放纵鹰犬扰民，所到之处官吏必须厚饷贿赂才肯离去。下圭令裴寰恨宦官横暴，公馆之外，一无曲奉。小使怒而诉于宪宗，系送诏狱，裴度极言裴寰无辜，说他忧惜百姓，岂可加罪，宪宗怒解而释之。宰相武元衡、御使中丞裴度力主平定淮西、蔡州诸方镇，引起诸镇嫉恨，派刺客杀死武元衡，重伤裴度，由于他的帽子较厚而幸免于难。朝议想罢免裴度，以安抚二方镇，宪宗大怒曰："裴度活下来是天意，如果罢免他，止好使方镇计谋得逞，朝廷从此没有纪纲；

我用裴度一人，足破三贼。"裴度养伤期间，宪宗下诏卫兵保卫其府第，派中使问讯不绝。伤愈后拜中书侍郎、同中书门下平章事。当时讨伐蔡州方镇战事不利，群臣想罢兵，裴度认为腹心之患不可不除，坚定了宪宗的信心。元和十二年，唐官军讨伐淮西蔡州方镇已经四年，劳师费饷，宪宗也开始动摇。此时裴度挺身而出，亲自任督战，慷慨而曰："主忧臣辱，义在必死。臣若灭贼，则朝天有期；贼未授首，则归阙无日。"宪宗为之感慨流涕。然后御通化门为之送行，赐通天御带，发神策骑三百为卫。裴度将监军宦官罢免，使诸将专治军事，战事开始好转。之后李朔在裴度支持下雪夜袭击蔡州，生擒吴元济，淮西叛镇得以平定。裴度以功封金紫光禄大夫、弘文馆大学士、上柱国、晋国公、户三千。

唐宪宗平定淮西诸镇后，以为天下太平，日渐骄侈，刻剥百姓，用数进羡余以供皇室奢侈消费的皇甫镈、程异为相，裴度极谏不听，被二人排挤出朝。穆宗即位，进裴度检校司空，后为镇压藩镇叛乱，再度经略军事，因与宰相元稹不和，守司徒、平章事、东都留守，罢其兵权。朝廷内外认为裴度有将相全才，不应置之散地，军中认为裴度在朝，诸镇忠义者怀，思叛者畏，穆宗又恢复了裴度的兵权。裴度历经四朝，克己奉公，镇压叛乱，唐廷倚为干城，以身系天下安危二十年。当年平叛淮西后宪宗赐玉带一条，裴度临去世时又封还朝廷，闻者皆叹其廉洁。

第五节　南北对峙而归于一统的宋辽金元时期

一　曹彬

曹彬字国华，真定灵寿人。任后周世宗柴荣供奉官，擢河中都监。显德五年（958年）出使吴越，私赠之礼，一无所受。吴越派人轻舟四次追送，曹彬想总是拒绝，别人认为是沽名钓誉，因而收下，然后全数交公。周世宗让他自己留用，曹彬则全部散给了亲旧。当时赵匡胤掌典禁军，众人皆瞩目亲近，唯独曹彬中立不倚，非公事不去造访，很少与之宴会。赵匡胤镇澶州，曹彬掌管菜酒，赵匡胤向曹彬索要，曹彬说："此官酒不敢相与。"自己买酒给赵匡胤喝，由此得宋太祖的器重。为此叹曰："不敢负其主者，独曹彬耳。"乾德二年（964年）宋军伐蜀，曹彬为都监，平蜀后王全斌等诸将昼夜宴饮，纵部下劫掠，曹彬劝之不听，终于激起事变。蜀乱平后回师，诸将多取子女玉帛，曹彬囊中只有图书、衣服。宋太祖责罢王全斌等，独授曹彬宣徽南院使、义成军节度使。乾德九年曹彬奉诏伐江南，宋太祖亲授上方宝剑，可以"副将以下，不用命者斩之。"主将潘美等皆失色。宋军一路势如破竹，围困金陵，临破城之日，曹彬忽然称疾不视事，诸将都来问安，曹彬说："我的病非药石所能治愈，愿诸公共为信誓，破城日不妄杀一人，则我的病就可以好了。"诸将许诺，相与焚香为誓。攻克金陵，兵不血刃，得19州，108县，65万多户。宋太宗即位，从征太原，进检校太师，加兼侍中。雍熙三年（986年）曹彬与潘美率师伐契丹，先胜后败。咸平二年（999年）卒，终年六十九。曹彬性格仁敬和厚，清谨自守，被服雅同儒者，不好钱财，奉入给宗族，没有积储。位兼将相，不居功自傲，遇士大夫于途，必引车避之；其所居堂屋敝坏，子弟请修理，曹彬不许。保功名，守法度，当时良将，称为第一。

二　李沆

李沆字太初，洺州肥乡人，其父李炳，殿中侍御使、知舒州。李沆少年好学，气度宏远，父亲非常钟爱。太平兴国五年（980年）举进士甲科，以后逐渐迁升。淳化二年（991年），判吏部铨。曾侍曲宴，宋太祖目送之曰："李沆风度端凝，真贵人也。"几个月后拜给事中、参知政事。真宗即位，迁户部侍郎、参知政事。咸平二年（999年）天气大旱，宋真宗为此诏中外臣直言极谏，有人上书指责中书过失，要求罢免。真宗不悦，对宰相说："此辈皆非良善，当谴责以警之。"李沆说，应该广开言路，以利于朝廷。真宗称赞曰："你真是忠厚长者。"一天晚上宋真宗派使者持手诏想封刘氏为贵妃，因为不符合制度，李沆将手诏引烛焚毁，对使者说："你对皇上说臣下李沆以为不可。"其议遂寝。驸马都尉石保吉求为使相，真宗征求李沆意见，李沆认为石保吉无功难以升迁故而不同意，第二天再三问之，李沆执意如初，真宗只好作罢。当时诸臣皆有密奏，唯独李沆没有，真宗问故，李沆说："公事则公言之，何用密启？人臣有密奏，非谗即佞，臣常恶之，岂可效尤。"当时李沆为相，王旦为参知政事，澶渊之盟后，李沆担心边患平息后，人主渐生侈心，于是日取四方水旱盗贼之事上奏，王旦认为这些细事不足烦上听。李沆曰："人主少年，当使知四方艰难。不然，血气方刚，即使不留意声色犬马，也会有土木甲兵祷祠等事。"李沆死后，宋真宗以契丹既和，西夏纳款，果然封岱、祠汾，大营宫观，亲近王钦若、丁谓等佞臣，王旦才佩服李沆先见之明。寇准与丁谓友善，屡次向李沆推荐丁谓，李沆不用。寇准问其原因，李沆说："因为丁谓的为人，所以不用。如果你不信我的话，以后你会后悔的。"以后丁谓结党营私，排陷寇准，果如李沆所言。

李沆性格直谅，内行修谨，言无枝叶，居位慎密，不求声誉，动遵条制，人们很难求他谋私。家中房屋陈旧损坏而不修整，认为有屋居即可。景德元年（1004年）病殁，终年五十八岁。真宗临哭甚恸，废朝五日，赠太尉、中书令，谥曰文清。

三　吕蒙正

吕蒙正字圣功，河南人。太平兴国二年（977年）擢进士第一，授将作监丞，通判升州，三年后拜左补阙、知制诰。当初，吕蒙正父亲多内宠，与其母刘氏不和，将蒙正与母一块赶了出去，从此生活窘迫困乏。等到吕蒙正登第入仕后，将二亲迎接同堂异室而住，奉养备至。不久迁都官郎中，入为翰林学士，擢左谏议大夫、参知政事，赐第丽景门。吕蒙正初入朝堂，有的朝士指着他说："此人也参政吗？"蒙正装作没听见而走过去，同事心中不平，诘问他人姓名，吕蒙正马上制止说："如果知道其姓名，终身难忘，不如不知。"朝士都佩服他的大度。端拱二年（989年）吕蒙正为中书侍郎兼户部尚书，并同平章事，监修国史。他质厚宽简，有重望，以正道自持，不结党羽，遇事敢言。主动要求将自己的儿子仅授六品京官，自此成为定制。有一朝士家中藏有古镜，自言能照二百里，想通过吕蒙正的弟弟献给他以求官职，吕蒙正笑曰："我的脸面不过碟子大小，安用照二百里？"他弟弟遂不敢再言。闻者叹服。淳化五年（994年）上元节，宋太宗赐宴群臣，对吕蒙正说："五代时天下动乱，生灵涂炭，朕躬觉庶政，万事粗理，上天视佑，致以繁盛。"吕蒙正避席说："陛下所见是京城情况，臣曾见都城外数里饥寒而死者甚众，愿陛下近以及远，苍生之幸。"宋太宗变色不语，蒙正侃然复位，同列都服其伉直。太宗曾与大臣讨论使朔方选人，吕蒙正三次提出同一人选，太宗怒，投其书于地说："何太执呢！"吕蒙正不紧不慢地说："臣不是偏执，而是陛下未察，只有此人可使，臣不想媚随人主以害国事。"同列大臣都屏息不敢动，吕蒙正则慢慢拾起奏书收入怀中而退，太宗对左右叹息道："蒙正气量，我不如。"事后用蒙正所选，果然非常称职，太宗益知蒙正能任人。宋太宗曾对宰臣说："幸门如鼠穴，何可尽塞！但去其甚者斯可矣。"吕蒙正对曰，"水至清则无鱼，人至察则无徒。小人情伪，君子岂不知，以大度容之，则庶事俱济。"宋真宗即位后授太子太师，封莱国公。大中祥符四年（1011年）卒，终年六十八岁，赠中书令，谥曰文穆。

四　杨业

杨业，并州太原人，父亲李信，北汉麟州刺史。杨业幼年即倜傥任侠，善骑射，好畋猎，所获倍于人，从小就有用兵疆场之志。成年后效事北汉，任保卫指挥使，以骁勇善战闻名天下。由于杨业屡立战功，所向克捷，在北汉号称"无敌"，累迁升至健雄军节度使，赐名刘继业。宋太宗征太原，素闻杨业之名，很想招致麾下，当时宋军围攻甚猛，杨业劝北汉刘继元投诚，刘继元不听。后来刘继元投降，杨业仍据守太原城苦战，宋太宗让刘继元派亲信告之，杨业才痛哭而降。宋太宗得一猛将大喜，慰抚甚厚，复其杨姓，单名业，不久授右领军卫大将军、郑州防御使。太平兴国四年（979年）宋太宗以杨业熟悉边事，洞晓敌情，任命他知代州兼三交驻泊兵马部属，赐予甚厚。五年辽兵十万侵雁门，杨业率麾下数百骑与潘美部合击辽军，大败敌众，杀其节度使驸马侍中萧多啰，生擒马步军都指挥使李重诲，获大量铠甲草马，以功迁云州观察使，仍判郑州、代州。自雁门之役，辽人畏之，每次望见杨业旌旗，即逃离。因此宋军主将屯边者多嫉妒，有的暗中上书诽谤，斥言杨业之短，宋太宗披览后皆不问，封其奏书送给杨业，其信任如此。雍熙三年（986年）宋军北伐契丹，以潘美为云、应、朔等州都部署，杨业副之。宋军出雁门，连克云、应、寰、朔四州，军队驻扎桑干河，这时曹彬所部出师不利，诸路宋军班师，潘美、杨业等回到代州。这时宋廷命令迁四州之民于内地，潘美杨业护送，而耶律斜珍率辽军十万逼来。杨业为避辽军锋锐，主张保护云、应、朔三州百姓内迁，不与辽军正面接触。不懂军事的监军王侁斥责杨业畏敌，要趋雁门北川中，鼓行而往马邑，杨业认为这是莽撞之举，定要遭受失败，王侁则指责杨业逗挠不战，是否有他志异谋。杨业只好自为先锋，临行前哭着对潘美等说："我本太原降将，陛下恩宠不杀，授之兵权，将以尺寸功以报国恩，当先死于敌阵。"要求潘美王侁领兵在陈家谷救援。杨业率部与数倍于己的辽军作战，遭受重创，退至狼牙村。王侁派人登台望之，以为辽军败走，为了争功，领兵离开陈家谷口，潘美制止不住；宋军前行二十里听说杨业战败，王侁又拥众潜逃。杨业从中午至傍晚且战且退至陈家谷，却无宋军接应，杨业抚膺大恸，再率帐下士兵力战，身被数十创，士兵伤亡殆尽，杨业仍手刃几十人，最后伤重被俘。杨业为保持气节报恩国家，不食三日而死，其子杨延玉也战死。

宋太宗听说后非常痛惜，下诏旌表，赠太尉、大同军节度，赐其家布帛千匹，粟千石。大将军潘美降三官；监军王侁除名。杨业识字不多但忠烈武勇，有智谋，与士卒同甘苦。代北苦寒，人们大多穿皮毛之衣，而杨业只穿棉衣，坐在露天处理军务，旁边也不生火取暖，侍者几乎冻僵，而杨业怡然无寒色。杨业为政简易，御下有恩，所以士卒多乐为之用。朔州失败时，麾下还有百余人，杨业对他们说："你们各有父母妻子，与我俱死无益，可以离去报告天子。"众人皆感泣不肯离去，全部战死，无一生还，闻者皆流涕。杨业战死后，宋廷录其子杨延昭为崇仪副使，其余诸子为供奉官、殿直。杨延昭从小喜欢军阵，曾随其父杨业攻朔州，流矢贯臂，战斗更猛。咸平二年（999年）辽兵扰边，杨延昭备遂城。遂城小而无备，辽兵攻之甚急，众心危惧。延昭悉集城中丁壮登城死战，当时天气寒冷，延昭命汲水灌城上，天亮后城上冰坚不可破，辽师遂解，时人以其善守，称为"铁遂城"。杨延昭守边二十余年，遇敌身先，所战必克，辽人惮之。大中祥符七年（1014年）卒，终年五十七岁，河朔人多望柩而泣。

五　陈希亮

陈希亮字公弼，眉州东山人，幼孤好学，天圣八年（1030

199

年)中进士,初为大理平事,知长沙县,有僧海印国师,出入章献皇后家,相交朝廷权要贵戚,依仗权势侵占百姓土地,人们不敢与之理论。陈希亮将之逮捕赴法,一县为之欢呼。后知鄂县,当地有巫觋每年敛民财祭鬼,谓之春斋,如果百姓不信从,诈言有火灾。陈希亮禁断之,捣毁淫祠数百区,勒令巫者为农七十余家。富弼荐陈希亮知房州,当地有叛乱,转运使供奉官崔德斌捕之不得,遂杀良民白氏父子三人冒充以领赏,陈希亮察觉冤情,将崔德斌逮捕下狱,流放通州,不久叛乱者在商州抓获。又有华阴人张元跑到夏州当了元昊的谋臣,朝廷下诏徙其族人百余口于房州,冻饿将死,陈希亮认为张元之事很难辨其真伪,即使有此事,也只能坚定他叛离宋朝的决心,为此上疏,使皇帝下诏释放了这些人,男女老幼感恩戴德哭着不肯离去,画陈希亮图像以祠。

六 杜衍

杜衍字世昌,越州山阴人。少年苦志历操,奋发读书,中进士甲科,补扬州观察推官,改秘书省著作佐郎,知平遥县,使者荐之,通判晋州。诏举贤良,擢知乾州,又权知凤翔府,等到杜衍任期结束时,二州百姓不让他离任,曰:"何夺我贤太守也?"以太常博士提点河东路刑狱,迁尚书祠部员外郎。按行潞州,屡决疑狱,人以为神。杜衍为治谨密,不以威刑督吏,但吏民仍惮其清整。宋仁宗特召为御史中丞。杜衍认为中书、枢密、御史中丞是古代以来三事大臣,所谓坐而论道者也。不应只双日对前殿,而应经常召见,以尽知天下大事。不久兼判吏部流内铨,当时选补科格繁长,主判不能悉阅,吏多爱贿,出缩为奸。杜衍主管后,即敕吏函去铨法,全力批阅视事,具得本末曲折。第二天令诸吏不得升堂,各坐曹听行文书,铨选之事全部由杜衍主持,从此诸吏不能舞弊为奸。几个月后,声动京师。改知审官院,裁制方法和在吏部判铨一样。宝元二年（1039年）迁刑部侍郎，复知永兴军。当时正好用兵打仗，百姓苦于调发，诸吏因此从中作弊为奸。杜衍已处计划，根据道路远近，宽其期会，使得民众按次序输粮于官，比其他州县用费减半。召还京师，权知开封府，远近闻杜衍名，都不敢徇私舞弊。之后拜同知枢密院事，改吏部侍郎枢密使。当时朝廷多恩赐，请求无不从，而每当皇帝不通过正常程序手诏降恩时，杜衍辄寝格不行，不予通过，事后将积累的诏书几十道全部封还。仁宗无可奈何地对私自请求恩赐的人说："朕无不可，但这白胡老子不肯。"杜衍喜好荐引贤士，对侥幸小人躁进之上却多方阻止，因而遭到嫉恨。当时范仲淹、富弼想富国强兵，治理天下，与朝廷当权者不和，只有杜衍左右维护，有人攻击杜衍庇护二人，仁宗不悦，将杜衍以尚书左丞出知兖州，士大夫闻之莫不惜之。

庆历七年（1047年）杜衍七十岁，以太子少师退休。年八十卒，赠司徒兼侍中。临终前告诫其子努力忠孝，将他敛以一枕一席，小圹卑冢而葬。杜衍清介不置私产，当官期间家中不用官烛，屋中只有油灯一炷，荧然欲灭，与来客相对清谈而已。平生除非有宾客来才食羊肉。退休后寓居南郡十年，平时粗茶淡饭，居住也很鄙陋，但杜衍却居之裕也。行常乌帽，皂绨袍，革带，有人劝他为居士服，杜衍曰："老而谢事，尚可窃高士名邪！"一日在河南府做客，道帽深衣坐席末，正赶上府尹出衙，府中不识故相，有句运官至，年少贵游子弟轻杜衍不起作揖，厉声问道："足下前任何处？"杜衍答曰："同中书门下平常事。"平常很少出，不甚饮酒，客人来只食粟饭一盂，杂以饼饵，他品不过两种，时人赞之。

七　包拯

包拯字希仁，庐州合肥人。中进士后除大理评事，出知建昌县，以父母皆年老，辞而不就。后来任命监和州税，父母又不想让他去，包拯即解官归养。几年后父母相继去世，他仍徘徊不忍离去，乡中父老多次来劝勉，包拯终于上任天长县。有人偷偷将耕牛舌头割掉，牛主人到县里告状，包拯说："这件事不要让别人知道，你回去把牛杀了卖肉吧。"马上就有一人来告发，说有人私杀耕牛。包拯立刻识破了这人的诡计，对他说："你割了牛舌又来告状，想以此诬陷良民吗？"割牛舌者惊恐服罪。后来包拯改知端州，端州盛产砚台，前任官员借贡奉朝廷机会，索取超过官砚几十倍来送给权要贵戚。包拯到任，废此陋习，命令只制造进贡之数。等到包拯任期届满时，没有私拿一方端砚。相传包拯乘船离任时，船在水中遇暴风雨而不能前行，包拯自忖没有做对不起端州百姓的事，搜索船中，发现当地父老为感激包拯，临行前偷偷将一端砚放入船中，包拯将之抛入水中，立刻风停雨霁，船只得以前行。

　　仁宗庆历五年（1045年）八月，宋廷以包拯出使于辽。馆伴者对包拯说，"雄州新开便门，想诱纳北人（辽人）以刺探边疆的事吗？"包拯说："如果想刺探北事，自有正门，何必便门！本朝何尝问涿州开门的事！"馆伴无言以对。包拯使辽回来后上奏分析了北方的地理形势，请求朝廷沿边要冲之处专委执政大臣，精选素习边事之人以为守将。包拯历三司户部判官，出为京东转运使，改尚书工部员外郎、直集贤院，后改为三司户部副使。秦陇斜谷官府在此造船，需大量材木，全部课取于民，还有七州出赋河桥竹索，每年需费几十万，包拯皆奏罢之。契丹在边境布置军队，形势紧张，宋廷命包拯往河北调发军食。包拯认为邢、洺、赵三州有田一万五千顷用来牧马，不如给百姓耕种，宋廷从之。包拯又解决了解州盐法病民之处，上言罢除京差三番使臣，以免扰民等。包拯任天章阁待制、知谏院后，多次论斥权幸大臣，请罢一切内除曲恩。当初仁宗任命外戚张尧佐，引起包拯等大臣反对。张尧佐是宋仁宗张贵妃的伯父，此人身为外戚又无才能，竟同时任三司使、节度使等重要官职。包拯为此连上五道奏疏，阐述朝廷任用贤才、杜绝滥冗的道理，仁宗无奈，只好将之罢免。不久仁宗在张贵妃的请求下，竟然让张尧佐就任相当于副宰相级别的宣徽使高官。包拯听说后不禁大怒，当着众臣的面在廷殿上与仁宗争论起来，激动时竟将唾沫星子溅到仁宗脸上。在场的张尧佐见状慌忙声明辞职，仁宗为表示虚心纳谏，也只好接受他的辞呈。包拯又上书言七事，请去刻薄，抑侥幸，正刑明禁，戒兴作，禁妖妄。朝廷大多实行。

皇祐末年包拯权知开封府，迁右司郎中。包拯立朝刚毅，贵戚宦官为之敛手，闻者皆惮之。以至于儿童妇女都知其名，呼为"包待制"。京师为之语曰："关节不到，有阎罗包老。"旧制，凡诉讼不得经造庭下，府吏坐门，先收状牒，谓之牌司。包拯开正门，使诉讼者直接到庭内自陈曲直，府吏不敢弄虚作假，营私舞弊。当时汴京大水，包拯发现中官、势族筑园榭多跨惠民河，从而造成河塞不通，于是上奏朝廷要求全部拆毁。一些权贵声称有地契，拒绝拆掉，包拯让他们拿出地契验证，发现大多假冒不实，包拯上书劾奏，迫使其低头认罪。嘉祐三年（1058年）包拯迁谏议大夫，权御使中丞。包拯上言道："近年内臣禄秩、权任，优崇稍过，惟陛下裁抑。"凡请裁抑内侍，减节冗费，条责诸路监司，御使府得自举属官，减一岁休假日，事皆实行。三司使张平方乘势贱买所监临富民邸舍，包拯奏罢之；代任者宋祁在定州不治，纵家人贷公使钱数千缗，奢侈游宴，又被包拯奏罢。包拯听说原荆湖南路转运使王逵贪得无厌，鱼肉百姓，逼得百姓逃入山中以反抗。王逵调任江南西路转运使后仍残酷盘剥百姓，包拯为此连上六道奏章，终于将王逵罢职。嘉祐六年进三司使。包拯在三司，凡诸管库供上物品，原来都科率外郡，积以困民。包拯为此置场和市，民得无扰。三司吏贪污逃跑者，原来都关押其妻子，包拯全部释放。迁礼部侍郎，包拯辞而不受，不久病卒，终年六十四岁。赠礼部尚书，谥曰孝肃。

包拯性格耿直，恶吏苛刻，为人敦厚，虽然疾恶如仇，但未尝不推以忠恕也。与人交往不苟合，不伪辞色悦人，平居无私书，所以有故旧亲党求情办事，一律拒绝。居家俭约，衣服、器用、饮食和当官前一样。曾立下家规曰："后世子孙世宦，有犯赃者，不得放归本家，死不得葬大茔中。不从吾志，非吾子若孙也。"宋神宗初年，西羌于龙呵归宋，对朝廷请求曰："平生听说包中丞是朝廷忠臣，我即归汉，乞赐姓包。"神宗如其请，包拯忠贞节操之名连周边少数民族都极为敬重。

八 范仲淹

范仲淹字希文，苏州吴县人。二岁丧父而孤，为了生活，母亲改嫁朱姓人家，迁到山东淄州长山（邹平县）。范仲淹从小就有志向节操，长大后知道这段家事，于是感泣辞别母亲，到应天府去读书学习。范仲淹在那里学习刻苦，昼夜不息，冬天困倦就用冷水洗脸以清醒，五年未曾解衣就寝。食物很少，就以粥和咸菜度日，别人受不了，而仲淹却并不以此为苦。有同学见他日子清苦，送他一点好的食物，皆辞不受。宋真宗大中祥符八年（1015年）范仲淹考中进士，为广德军司理参军，将其母亲迎回奉养。

宋仁宗天圣七年（1029年），仁宗已成年，但刘太后仍不肯卷帘，并让仁宗率文武百官为自己庆寿。范仲淹为此上书反对，要求刘太后还政仁宗，触怒太后，被出为河中府通判。又因反对修建太一宫及洪福等院，被徙陈州，但范仲淹仍就内降除官等问题上奏不已，仁宗虽未采纳，却以为忠。明道二年（1033年）刘太后死，宋仁宗亲政，将范仲淹召为右司谏。这年江淮一带蝗虫旱灾严重，范仲淹请求赈灾救护却几天没有回应，他忍不住质问宋仁宗："如果宫中半月不食，将会怎样？现在数路艰难乏食，怎么能坐视不管呢？"仁宗无言以对，只好任命范仲淹负责赈抚江淮，所至开仓廪，禁淫祀，奏请蠲免庐州、舒州折役茶和江东丁口盐钱。将饥民充饥用的乌味草带入皇宫，展示给六宫贵戚，以戒侈心。又条上救弊十事，仁宗嘉纳之。这年冬天仁宗要废郭皇后，范仲淹从封建传统道德出发，率谏官、御使伏阙谏诤，但宋仁宗坚持己见，不但废郭皇后，还将范仲淹贬出知睦州，遣使押送立即出城。侍御使杨偕、马绛乞请皇帝将他们俩与之一块贬黜，不报。将作监丞、签判河阳富弼上疏认为范仲淹所为是职责所在，且所谏之事乃人心所愿，请追还仲淹，复其谏职，不报。

景祐二年（1035年）拜范仲淹尚书礼部员外郎、天章阁待制，召还朝内，判国子监，迁吏部员外郎、权知开封府。范仲淹还朝，言事愈急，宰相吕夷简暗中派人告诉他："待制侍臣，非口舌之任。"意思是你不是谏官，少多嘴。范仲淹说："论思正，侍臣职责。"吕夷简知道他意志坚定，不可动摇，于是命范仲淹知开封府，想用烦杂的日常事务牵制他，使之无暇他议；如果有过失则正好罢去。但范仲淹上任后才一个月，京邑肃然称治。当时吕夷简执政，进用者多出其门，范仲淹上百官图论其进退次第，吕夷简不悦。几天后又论及迁都之事，与吕夷简意见相左。范仲淹言事无所回避，指责吕夷简是汉代张禹，坏陛下家法，恐有王莽之乱。吕氏大怒，指斥仲淹越职言事，荐引朋党，离间君臣。范仲淹被罢知饶州。士大夫畏惧宰相吕夷简，很少给范仲淹送行，只有集贤校理王质、天章阁待制李弘载酒为之饯行，王质又独留范仲淹几夜与之交谈。有人为此讥讽他，王质说："范仲淹是贤者，得为朋党，幸甚矣。"之后秘书丞余靖等士大夫纷纷上言为范仲淹辩解，余靖等三人竟为此坐贬。

范仲淹在饶州一年多，又徙润州、越州。西夏元昊反，朝廷召范仲淹为天章阁待制、知永兴军，又改陕西都转运使、副招讨使。他将州兵分为六将，各将三千人，分部教之，量敌多少，更替出城御敌，西夏军队不敢进攻。范仲淹在陕西御边数年，大兴屯田，让边境民众互市以通有无，招还流亡百姓，修建堡障，使得北宋与西夏战事中的被动局面有所好转，范仲淹以功进枢密直学士、右谏议大夫。庆历三年（1043年）四月，以范仲淹、韩琦为枢密副使，两人五次推辞，仁宗不许，不久仲淹又任参知政事，正式进入北宋朝廷决策阶层。当时宋仁宗锐意改革积弊，多次问及范仲淹治理事宜，范仲淹认为积弊久远，非朝夕可治，而治世以吏治为先，为此上明黜陟、抑侥幸、精贡举、择长官、均公田、厚农桑、修武备、推恩信、重命令、减徭役十条建议，其中又以前四条最为重要。范仲淹在宋仁宗支持下，大刀阔斧，雷厉风行；他选拔监司，取班簿不才者一笔勾销，富弼有些不忍曰："一笔勾之甚易，焉知被勾的一家因此而悲哭。"范仲淹说："一家哭总比一路（相当于元代以后的省）哭好！"于是将不称职者全部罢免。

当初范仲淹因触忤吕夷简被放逐好几年，等到与西夏战争爆发，仁宗以范仲淹士望所归，提拔护边，吕夷简罢相后，召还朝廷倚以为治，天下也都盼望其成功。范仲淹慨然以天下为己任，与富弼日夜谋虑，裁削幸滥，考覆官吏，谋致太平。但北宋王朝积弊太深，吏治改革又不是一日之功，尤其是触犯了一些权贵的利益，他们便诋毁改革，攻击范仲淹等是朋党。庆历四年五月，因与西夏议和，任命范仲淹为陕西、河东宣抚使，赐黄金百两，仲淹将之全部分发给边境将领。此时攻击新政的人更加猖狂，范仲淹只好辞去参知政事，仁宗任命他为资政殿学士、陕西四路安抚使，知邠州，他新政的大部分措施被取消。庆历八年范仲淹因病出知邓州，邓州百姓爱戴，当又改知荆南时，邓人遮请留，朝廷许之，后又改杭州、青州，病重去世，终年六十四岁。赠兵部尚书，谥曰文正。

范仲淹少年即有大志，对于富贵、贫贱、毁誉、欢戚等都不在意，慨然以天下为己任，他在《岳阳楼记》中的名句"先天下之忧而忧，后天下之乐而乐"就反映了他的宏大志向和人生观。范仲淹当官为民，所至感恩戴德，邠、庆二州汉族及羌族百姓皆画其图像立其生祠。当他去世时，羌族百姓数百人哭之如父，斋祭三日才离去。范仲淹喜欢奖掖后进，鉴能惜才，门下多延贤士，如胡瑗、孙复、石介、李觏等。见到狄青，非常称奇，认为日后必为国器，将《左氏春秋》送给狄青阅读，认为"熟读此可以断大事，将领不知古今，匹夫之勇耳"。狄青后来终于成为一代名将。范仲淹在睢阳管理官学时，有一个孙秀才前来拜谒，仲淹赠钱一千。第二年又来拜谒，仲淹见他贫穷可怜，又赠钱一千。这时仲淹有些奇怪，问道：为何老是落魄而求人呢？孙秀才戚然答曰："老母无以养，若日得百钱，则甘旨足矣。"范仲淹说："我看你的谈吐外貌，决不是靠乞求为生的人，二年乞求所得几何而废学多矣。我现在补你为县学生员，每月能得三千钱供养，你能安心学习吗？"孙生大喜而拜。从此孙生努力学习，昼夜不舍，言行也很清修谨慎，范仲淹非常喜爱他。第二年范仲淹离开睢阳，孙生也辞归。十年后，听说泰山有孙明复先生以《春秋》教授学者，谊德高迈，宋廷召至太学，担任教授，原来就是当年的孙秀才。范仲淹为此感叹曰："贫之为累亦大矣，倘因循索米至老，则虽人才如孙明复者，犹将埋没而不见也。"镇守钱塘时，兵官都被推荐，唯独巡检苏麟没有，他献诗表达自己的心情："近水楼台先得月，向阳草木易为春。"范仲淹立刻推荐了他。仲淹用人多取气节，对小处细故往往忽略，他上奏主张"活人于死者，必舍生而报恩；荣人于辱者，必尽节而雪耻"。皇祐二年（1050年）范仲淹任浙西太守，勤政爱民。当时吴中大饥，发仓粟赈济并募民存饷。为了疏导饥民不致出事，他亲自宴于湖上，纵民竞渡，然后利用岁饥工价贱的机会，日役千夫以修理佛寺，使饥民有饭吃，虽然两浙大饥，唯独杭州宴然。

范仲淹性格至孝，轻财好施，但自己生活节俭，除了宾客来时才多做几样肉菜，妻子儿女的衣食，仅能自充。在邠州任职时，有一次率僚属登楼置酒，发现有士人去世准备出殡，但因缺乏费用而发愁，范仲淹为之恻然，立刻撤掉宴席，厚赠钱币以使其完葬，做客中有人感动以至泪下。还有一属官孙居中死于任上，抛下妻子和两个孩子，大的才三岁，范仲淹以自己的官俸一百缗送给孙氏家属，其他郡官也纷纷仿效。范仲淹少年贫困时曾与一术士交往，此人临去世前将炼金术方子和白银一斤送与仲淹，仲淹刚要推辞，术士已气绝。十几年后范仲淹将原封未动的炼金方和白金交还给术士的长子。范仲淹还在苏州一带买良田数千亩作为义庄，以养宗族贫困者。选一贤良年长者主其出纳，义庄中有族人百口，每人日食米一升，一年一匹布，婚丧嫁娶，皆有赠给。其他士大夫见状纷纷效法，设立义庄，但随着时代的更替，大多淹没无闻，唯独范氏义庄遵照仲淹遗教，管理有法，在历史的长河中保存了下来。范仲淹少年贫困，富贵不忘乡里，退休后有绢三千匹，全部散给闾里亲族朋旧。曾经买得一块宅基地，风水先生考察后认为是块宝地，居此当世出卿相。范仲淹听说后马上将这块地捐出建立了苏州府学，别人对此不解，他说，如果真是块风水宝地，应该由大家来共享。在杭州期间，子弟们知道范仲淹已萌生退志，因此想集资在洛阳给他造一宅院作为晚年养老之地，范仲淹说："人苟有道义之乐，形骸可外，况居室乎！吾今年逾六十，生且无几，乃谋治第树园圃，俟何待而居乎！吾所患在位高而难退，不患退而无居也。"范仲淹当初被晏元献推荐入学馆，终身以门生事之，之后虽位列宰相也未尝有丝毫变化。庆历末范仲淹路过宛丘，特意留下与晏公欢饮数日，其书题门状，犹称门生。将别时留下以诗词叙述自己的感激之情，闻者无不叹服。范仲淹为国为民，坚持节操，曾三次被贬。第一次因忤逆章献太后被贬河中，僚友为之饯于都门曰："此行极光。"第二次因谏阻废郭后被贬睦州，僚友又饯于亭曰："此行愈光。"第三次得罪宰相吕夷简，被贬饶州，亲旧故人又饯于郊曰："此行尤光。"范仲淹笑曰："仲淹前后三光矣。"后代论及宋代人物，皆以仲淹为第一。范仲淹有四个儿子即范纯佑、范纯仁、范纯礼、范纯粹，他们都英悟有能，世谓纯佑得其节行，纯仁得其德量，纯礼得其文学，纯粹得其将略。这些都与范仲淹的教导和家庭环境密不可分。

九　欧阳修

欧阳修字永叔，庐陵人。四岁而孤，家中贫穷，母亲郑氏守节自誓，亲自教育欧阳修，用荻秆在地上画字以教其书文。欧阳修敏悟过人，读书辄成诵，长大后果然成为一代文豪。他考中进士，试南宫第一，擢甲科，调西京推官。与梅尧臣等诗词常和，以文章名冠天下。进入仕途后，刚正不阿，疾恶如仇，景祐三年（1036年）范仲淹被贬，正直朝臣多上书论救，而只有司谏高若纳却落井下石，欧阳修立刻写信谴责，结果被贬夷陵令。庆历三年（1043年）知谏院，与杜衍、富弼、韩琦、范仲淹同列。庆历新政触犯了一批奸佞小人利益，夏竦等攻击范仲淹、欧阳修等为党人，欧阳修于是写了著名的《朋党论》进御宋仁宗。虽然欧阳修论事切直，小人视之如仇，但仁宗奖其敢言，当面赐其五品官服。对左右侍臣说："如欧阳修者，何处得来？"庆历三年欧阳修上疏主张立按察之法，朝廷选廉明强干者考察官吏，廉洁称职者朱笔记之，中材以下墨笔记之。又反对上献祥瑞、奇兽、异禽、草木之举，仁宗全部答应。欧阳修由于支持范仲淹等人，被诬为朋党，贬出朝廷，先后在滁州、扬州、南京等地十一年，召回时头发变白，仁宗为之恻然，任翰林学士，主修《唐书》。宰相陈执中不学无术，措置颠倒，嫉贤妒能，排斥良善，引用邪佞，欧阳修上疏直言其过，又遭打击，出知蔡州，群臣恳请才得以挽留。至和二年（1055）奉命出使契丹，辽国皇帝破例让四大贵臣陪宴，其让外部敬服如此。至和三年欧阳修加龙图阁学士，知开封府。他继承包拯公正威严作风，一切秉公处理，不徇私情。修成《唐书》后，拜礼部侍郎兼翰林侍读学士。至和五年拜枢密副使，六年拜参知政事。欧阳修平常就很耿直，讲话无所保留，主政后士大夫有所请托，辄面论可否，虽台谏论事，亦必是非论之，由此得罪了一批人。神宗即位后，欧阳修被贬出朝廷，出知亳州等地。他以风节自材，多次遭诬陷排挤，年已六十，因而多次请求退休，熙宁四年（1071）以太子少师致仕，熙宁五年去世，赠太子太师，谥曰文忠。

欧阳修天资刚劲，见义勇为，多次被放逐流离，但志气自若。被贬夷陵时，取出当地旧案反复查验，发现有许多冤假错案，为此而叹曰："以荒远小邑且如此，天下固可知。"自后遇事不敢疏忽。欧阳修文辞天才自然，简约优美，苏轼认为是"论大道似韩愈，论事似陆贽，记事似司马迁，诗赋似李白"。他负责修《唐书》纪志部分，列传由宋祁撰写，历代惯例以官高者一人署名，欧阳修坚持列传署上宋祁之名，不夺其功。他奖引后进，如恐不及，士有一言忠于道，不远千里而求之，甚于士之求欧阳修。做河北转运使时，路过滑州，访精通经史的刘羲叟于陋巷中，推荐其为大理评事。为翰林学士时，经常随身携带空头门状，对贤明人士称道的人物记录其住处，然后寻访，果如其言即推荐之。王安石、曾巩、苏洵父子等都是欧阳修推荐而名显天下的。晚年修改自己平生文章，用思甚苦，他的夫人开玩笑说："何必自苦如此，还害怕你的老师吗？"欧阳修答曰："不畏先生嗔，却怕后生笑。"退休居颍，自称六一居士，即书一万卷，金石遗文一千卷，琴一张，棋一局，酒一壶，老翁一位，其高雅恬淡如此。

十　王安石

王安石字介甫，抚州临川人。少年喜好读书，过目终身不忘。属文动笔如飞，初若不经意，写成后见者皆服其精妙。好友曾巩将其文章拿给欧阳修看，欧公立刻将之推荐。中进士上第，签书淮南判官，后调知鄞县，起堤堰决陂塘以兴修水利，贷谷与民，出息以偿，方便民众。宰臣文彦博召试馆职，欧阳修荐为谏官，皆辞不就。仁宗至和元年（1054年）任命王安石群牧判官，多次推辞后才就任。王安石才高贤德却又礼让谦虚，为他在士大夫中获得较大声誉。嘉祐三年（1058年）王安石以提点江东刑狱入为度支判官，写了著名的万言书上交朝廷，提出了变法改革的设想，以后王安石当政后的变法基本上按照这个思路进行。万言书虽没有被立即采纳，但在社会上引起很大反响，士大夫争相与之结交，恨不识其面；朝廷每次想任命王安石官职，总怕他辞而不就。从集贤院调任知制诰后，王安石因与执政意见相左，以母忧辞官，终英宗之世，屡招不就。

宋神宗即位前即闻知王安石大名，即位后立刻任他知江宁府，然后召为翰林学士，兼侍讲。王安石对宋神宗讲了变法的必要性和可行性。熙宁二年（1069年）以王安石为右谏议大夫参知政事，设置三司条例司，开始变法。主要有农田水利、青苗、均输、保甲、免役、市易、保马、方田均税等内容。御使中丞吕诲，判刑部刘述等都反对新法被罢免。熙宁三年河北安抚使韩琦上言新法害民，王安石称疾求去，宋神宗固留之，大批反新法官员因此罢去。由于新法实行中各级官吏从中作弊，青苗、保甲等部分地区还成了害民之政，加之新法触犯了一批既得利益者，因而反对者甚众。熙宁七年王安石第一次罢相，吕惠卿为右谏议大夫，参知政事。吕某本王安石提拔，是变法的得力干将，但他执政后怕王复出，凡可以害安石者无所不为，于是变法营垒陷入争权夺利之争，加速了变法的失败。王安石第二次任相，与吕惠卿矛盾更加激化，加之彗星出现，人心恐慌，宋神宗也开始动摇。这时王安石最有才华的儿子王雱病逝，使他悲伤不已，眼看失去神宗支持，变法无望，因而请求离去。熙宁九年十月，王安石第二次罢相，判江宁府。元丰元年（1078年）又改尚书仆射、集禧观使等，王安石均辞谢。宋哲宗即位，任命司马光门下侍郎，将新法一一废除。刚开始时王安石不以为意，当听说罢助役、复差役时，不禁愕然。元祐元年（1086年）四月王安石病逝，终年六十六。赠太傅，绍圣中，谥曰文。崇宁三年（1104年），追封舒王。

　　王安石性格刚直，自信所见，执意不回；为文雄健峭刻，豪气奋生，年轻时的文章被耆儒惊叹，年老后的文章更加弥精妙成，为一代宗师。王安石性不好华腴，自奉至俭，再罢相退隐金陵后，所居宅仅蔽风雨，不设垣墙，平日乘一驴，从数僮游诸山寺。宋神宗派内使传宣抚问，赐金二百，王安石拜受后送与寺院主持。平常喜欢读书，吃饭睡觉前也手不释卷；担任知制诰后，夫人吴氏为他买了一妾，王安石问后才知是某军官运米失舟，家资赔尽犹不够，又卖妻以偿，王安石听后恻然，赐钱九十万，让其夫妻团圆。王安石与司马光平素交往甚厚，只是因为政见不同而反目，王安石去世后，司马光对吕公著说："介甫文章节义，颇多过人，但性执拗耳。今方矫其失，革其弊，不幸介甫谢世，反复之徒，必诋毁百端；光以为朝廷宜优加厚礼，以振起浮薄之风。"之后果如司马光所言。

　　十一　宗泽

　　宗泽字汝霖，婺州义乌人。自幼豪爽有大志，元祐六年

（1091年）中进士，廷对极陈时弊，考官厌恶其耿直，放置末甲。调馆陶县尉，吕惠卿檄令邑令和宗泽视察河防，此时宗泽刚丧长子，但他立刻奉檄而行。吕惠卿听说后感叹地说："可谓国尔忘家者。"隆冬季节，朝廷役民大开御河，百姓苦之，宗泽上书请初春可不扰而办，上司从之。调龙游令，当地较为落后，百姓不知读书，宗泽为此建学校，设师儒，讲论经术，改变了当地的风俗。知莱州掖县，朝廷要买牛黄，急于星火，宗泽对使者说："太平已久，和气充塞，牛安得黄？"面对发怒的使者，一人承担责任。靖康元年（1126年）金兵南下，太原失守，在两河一带当官者多托故不行。当时宗泽刚被任命知磁州，他带领羸卒十余人即日上道，到磁州后修缮城池，治理器械，招募义勇，准备坚守。金兵数千骑犯磁州，宗泽率众击破之，斩首数百级，所获羊马金帛，全部赏给军士。这年十一月宋廷任命康王赵构为河北兵马大元帅，宗泽、汪彦伯为副元帅，入援京城。宗泽将兵二千人渡河击败金军，破三十余寨。靖康二年正月，宗泽至开德，与金兵十三战皆捷，遂劝康王檄诸道兵会合京师。四月金人掠宋徽宗、钦宗北去，宗泽想率军渡河救回二帝，但勤王之师无一兵卒到达，因而失败。高宗赵构即位，以宗泽为龙图阁学士，知襄阳府。当时李纲主政，奇宗泽之才，推荐为开封府尹。金兵掠徽钦二帝北退后，京师周围有大量乘时而起的军队，如河东王善拥众七十万，车万乘，想占据京师。宗泽亲至其营，激以忠义，使王善为宋廷所用。还有杨进、王再兴、李贵、王大郎等乘乱侵掠的部众都被招抚，于是宗泽要求宋高宗回銮开封，前后数十次，但均被黄潜善所阻。为了阻止金兵围困开封，宗泽又联络河东、河北山水寨民兵，从此陕西、京东西诸路人马均愿听宗泽节制。

秉义郎岳飞犯法将刑，宗泽见而奇之，认为岳飞是难得的将才，将其释放，给五百骑击金兵以立功赎罪。岳飞大败金兵而还，遂以岳飞为统制，岳飞由此知名。建炎二年（1128年）正月，金兵至白沙，距京师数十里，都人震恐，僚属请问计，宗泽此时正与宾客下围棋，笑曰："何事张惶，刘衍等在外必能御敌。"乃选精卒数千，绕于敌兵，前后夹击，金兵大败而去。二月，金兵再侵开封，宋军失利，金兵继而攻滑县，宗泽派骑一万驰援，王宣与金兵大战于滑县北门，斩首数百，自此金兵不敢进犯开封。这时天下大乱，有的以抗金义师为名侵掠，宋廷商议停止勤王，宗泽坚决反对，认为此诏一出，草泽之士解体，不再有愿忠效义之心。为此宗泽笼络了王策、赵世隆、赵海等一批降将降寇加之各地义兵，宗泽声威日著，北方人称为宗爷爷。五月宗泽又请高宗回銮开封，黄潜善等忌宗泽成功，从中阻之，宗泽为之叹曰："吾志不得伸矣。"宗泽前后二十余次上疏请帝还京，言极切至，每次被黄潜善等人阻止，忧愤成疾，疽发于背。七月病重，诸将入内问安，宗泽勉强起身说："我因为二帝蒙尘而忧愤成疾，你们能歼灭强敌，以成主上恢复之志，则我虽死无恨！"众人皆流涕曰："敢不尽力！"诸将出，宗泽叹曰："出师未捷身先死，长使英雄泪满襟。"无一言及家事，遗表犹赞帝还京，连喊三声"过河"而卒，终年七十。宗泽去世，都人号恸，三学之士千余人，为文以哭祭。赠观文殿学士、通议大夫，谥曰忠简。宗泽质直好义，自奉甚薄，青年时生活贫困，吟啸自如；俸入稍厚，与往常一样。所得俸赐，都分给寒士与亲故贫困者，养孤遗百余人。宗泽去世，将士散去一半，所结两河豪杰不听调度，有的仍聚集城下为盗。金人听说后，决计用兵，中原从此不守。

十二　陈东

陈东字少阳，镇江丹阳人。青年才俊，倜傥负气，有节操大志，不甘心于贫贱。当时宋徽宗任用蔡京、王黼等，人们不敢明说，只有陈东无所隐讳。在宴会上有的坐宾害怕陈东议论连累自己，悄悄离去。后来进入太学讲授，在太学生中很有影响。钦宗即位，陈东牵其徒伏阙上书，认为"今日之事，蔡京坏乱于前，梁师成阴谋于后，李彦结怨于西北，朱勔结怨于东南，王黼、童贯又结怨于辽、金，创边隙，宜诛六贼，传首四方，以谢天下。"言极愤切。靖康元年（1126年）正月，金兵渡河，童贯等挟宋徽宗南逃，陈东独自上书请诛六贼，在舆论的配合下，终于将梁师成贬谪而死。此时金兵迫近京师，李纲等主战，李邦彦主和，李纲因为接战小失利被李邦彦罢免，要与金人议和并割三镇，陈东为此又率诸太学生伏宣德门下上书，请罢李邦彦、张邦昌等，恢复李纲职位。这时军民不期而集者数万人。宋廷传旨慰劳，众人不肯离去，喧呼震地。有宦官出来，愤怒的人群将之殴杀。朝廷被迫起用李纲，复领行营，众人才逐渐散去。金人退去后，宋廷想处罚伏阙上书诸生，因而人人惴恐；为了安定局面，朝廷用杨时为太学祭酒，恢复陈东职位，又补其初品官，但陈东力辞官职，请诛蔡京。宋高宗即位五日，任命李纲为相，召对陈东。不久李纲又被排挤出朝廷，陈东为此上书请留李纲，罢免黄潜善、汪伯彦，亲征以迎还二圣，还驾京师等，章三报高宗不听。黄潜善乘间诬陷，激怒高宗，说如不立杀陈东，他又要鼓动众人伏阙闹事。于是立刻将陈东、欧阳澈处决，时年四十二。三年后高宗感悟，追赠陈东承事郎，驾过镇江，遣守臣祭陈东墓，并加朝奉郎、密阁修撰，官其后二人，赐田十顷。为纪念陈东，丹阳为其立祠，铁铸汪彦伯、黄潜善二像长跪阶前，后人题联于壁云："一片忠肝，千古纲常可托。两人屈膝，平生富贵何为？"

十三　赵立

赵立，徐州张益村人，以勇敢隶军籍。靖康初年，金人南侵，赵立数有战功，封为武卫都虞侯。建炎三年（1129年）三月金人已尽得河北，于是开始进攻徐州。王复率军拒守，命令赵立往来守御。赵立六中飞矢，三中兵刃，犹拔矢裹创洒血以战。王复壮其勇，亲自持酒慰劳。徐州城失陷，王复与全家皆遇害。赵立率众巷战，受伤昏死过去，半夜淋浴苏醒，乃杀守者，回到城中废墟中找到王复尸体，痛哭后埋葬。这时金兵北还，赵立乘其防守松懈，率残兵邀击，断其归路，尽焚营垒，夺舟船金帛以千计，军势复振。尽结乡民为兵，互相誓约抗金，退者必斩。赵立叔父迟到，赵立认为宽宥则无法号令众，促命斩之，士皆感奋。宋廷任命赵立忠翊郎、权知徐州事。赵立在疮疾之后，抚慰百姓，使其复业，井邑一新。赵立迁右武大夫、忠州刺史。这年十二月赵立以徐州城孤立无援，难以坚守，率众三万南归，诏命其守楚州。当时金左监军完颜昌正围攻楚州，赵立率众兼程前进至淮阴遇敌，有人劝他回徐州，赵立切齿怒曰："正欲与金人相杀，何谓不可！"率众先登，从早至晚，且战且行，出没敌中，七次破敌，无有当其锋者；两颊贯流矢，口不能言，以手指挥，入城军士休息后才将箭镞拔掉。建炎四年（1130年）正月，金军数万围攻楚州，赵立命令拆除废屋，在城下燃火池，壮士持矛以待。金兵登城，钩取投火中。金人选死士突入，又搏杀之，金人不能入，退守孙圃大寨，不时派游骑骚扰，以断城中出外求粮采薪者，楚州城粮薪日竭。五月加赵立楚、泗州，涟水军镇抚使，兼知楚州。金宗弼自六合北归，屯于楚州九里径，欲断宋军粮道，赵立又大破之。伪楚政权刘豫派赵立故旧葛进前来招降，令贡赋税，赵立大怒，主斩来使。刘豫又派沂州举人刘偲持旗榜招抚赵立，说金人大军一到，必屠一城生灵，赵立立令杀之；刘偲大呼曰："公非吾故人乎？"赵立曰："吾知忠义为国，岂问故人耶！"将刘偲缠以油布，焚死市中，由此赵立忠义之声倾天下，远近闻风纷纷归之。赵立虽被金军数万包围，但毫不畏惧，一次率六骑出城接战，有两敌骑将袭其背，赵立夺敌二枪使其坠马，金军数十骑追赶，赵立瞋目大呼，金人纷纷逃遁。第二天金

216

兵列三队邀战，赵立三阵应之，金人铁骑数百包围，赵立奋身突围，持梃冲击，金兵纷纷落马。楚州军民不满万人，当初还有野豆、野麦为食，后来粮尽，只能以草木榆皮充饥。承州失陷，楚州成为孤城，赵立派人向宋廷告急，但各路援兵不能到达，刘光世在宋高宗五次催促下却按兵不动。金兵知楚州外援断绝，攻城愈急，赵立在城上被炮石击中头部，不治而死，终年三十七岁。众军民为之痛哭不止，金人怀疑赵立诈死，不敢动，不久城陷，剩下军民全部巷战而死。

十四 岳飞

岳飞字鹏举，相州汤阴人，生时有大鸟飞鸣室上，因以得名。未满月时黄河发大水，其母抱岳飞坐瓮中漂到岸边得免，时人异之。少年有气节，沉厚寡言，家贫力学，父母恪尽己责，亲加训导教育。岳飞喜好《左氏春秋》，孙、吴兵法，尤有神力，未成年时即可挽弓三百斤、弩八石。向周同学习射箭，完全掌握要领，能左右开弓，射无虚发。周同去世，岳飞在朔望日祭于其家，岳飞父亲感到其子虽然年轻，却非常义气，认为如果有机会，必能殉国死义。徽宗宣和元年（1119年）娶刘氏，生子岳云，是岁大饥，岳飞佃于相州故相韩琦家，因为食不果腹而离去。宣和四年岳飞向名枪手陈广学习枪法，技艺为诸县之冠。真定宣抚招募敢战士，岳飞应募任小队长。相州盗贼陶俊、贾进为乱，岳飞率百骑设伏擒之。丁父忧回乡，宣和四年再次应募，隶属河东路平定军，升偏校。靖康元年（1126年）九月，金兵破太原，岳飞携妻儿返乡里，母亲励以"从戎报国，光复河山"之义，在岳飞背上刺以"尽忠报国"四个字。这年冬天武翼大夫刘浩在相州招募义士，岳飞毅然应募。康王赵构任河北兵马元帅，在相州开府，以刘浩为前军统制，隶属宗泽指挥。为了解东京之围，与金兵相持于滑县南；金兵猝至，宋军仅率百骑，岳飞麾众曰："敌虽众，未知吾虚实，应乘其未定击之。"独骑迎敌，斩敌枭将，金兵溃败，以功迁秉义郎。进战开德，射杀敌执旗者，升修武郎。转战曹州，再次立功，升武翼郎。

建炎元年（1127年）七月，岳飞上书指责黄潜善、汪彦伯畏敌怯战，要求光复中原，迎还二帝。黄潜善将岳飞夺官削籍。岳飞投靠河北招讨使张所。张所见而奇之，待以国士，借补武经郎，充中军统制。张所命岳飞随都统制王彦渡河收复怀、卫，至新乡，金兵甚盛，王彦不敢进，岳飞独引所部出战，夺敌大旗，生擒金千户阿里索，遂拔新乡。第二天敌集数万围宋军，岳飞突围，身被十余创，士皆死战，敌溃。当时天黑食尽，岳飞率部回王彦处乞粮，王彦认为岳飞虽违命出战，罪名当诛，但得胜归来，胆气可嘉，不予追究，但拒而不纳。岳飞引兵战于太行山，擒金将拓跋耶乌，几天后与金兵万余战，刺杀金酋黑贝大王。岳飞率部复归宗泽。留守司职司欲追究岳飞背王彦出战之罪，宗泽以岳飞骁勇善战而释之，然后让岳飞率五百骑出战，一举破敌，宗泽大奇之，称赞曰："尔勇敢才智，古良将不能过。"建炎二年七月宗泽去世，杜充代之，岳飞率军驻西京，护陵寝，与金兵三战皆捷。建炎三年正月岳飞破盗贼王善、曹成、孔彦舟五十万众；八月金兵陷建康，杜充投降，金兀术进攻杭州，岳飞率军邀击，六战皆捷，斩敌一千二百余级。建炎四年金兀术攻常州，岳飞驰救，四战皆捷，擒女真万户少主字菫等十一人，之后又在建康多次打败兀术，收复建康，肃清江南，金所籍兵称"岳爷爷军"，争来降附，宋高宗嘉纳，赐金带、鞍马以慰劳。绍兴元年（1131年）岳飞灭李成、张用等盗贼，平定江、淮，加神武右军副统制，驻军洪州。绍兴二年又平曹成等，九月入见高宗，高宗问道："天下何时可致太平？"岳飞答曰："文臣不爱钱，武臣不惜命，天下当太平。"高宗悚然，手书"精忠岳飞"字，制旗以赐之，授镇南军承宣使等职。绍兴四年五月，岳飞率军渡江大破伪齐，连克邓、唐诸州，岳飞因功授清远军节度使，荆、襄、潭州制置使，这年岳飞才32岁。他登楼凭栏，俯瞰江流，壮怀激烈，写下流传千古的《满江红》，表达了他忠贞爱国、恢复故土的决心。绍兴五年六月，岳飞率军镇压了杨幺农民起义军。绍兴六年六月，岳飞军屯襄阳，以窥中原。绍兴七年正月入见高宗，拜岳飞太尉、宣抚使兼营田大使。岳飞威名日著，淮西宣抚使张俊忌之，两人嫌隙日深。岳飞多次被高宗召见，谈论恢复之略。高宗对岳飞说："中兴之事，一以委卿，除张俊、韩世忠外，其余并受卿节制。"诏谕刘琼、王德等"听飞号令，如朕亲行"。

岳飞正图大举，恢复中原，而秦桧力主和议。高宗诏岳飞宣抚诸路，又招致张俊嫉恨，秦桧、张俊从中作梗，高宗改变初衷，刘琼、王德改由朝廷指挥，岳飞只节制淮西之兵，又在都督府与张俊发生争吵，于是岳飞上章乞解兵柄，为母服丧，未得朝廷允许，即将军队交于张宪负责，自己到庐山为母守墓去了。张俊大怒，上疏告岳飞积虑专兵，求去要君。宋高宗闻讯大震怒，召司谏陈公辅，指斥岳飞跋扈。陈公辅为岳飞辩解。高宗乃命参议官李若虚、统制官王贵赴江州，敦请岳飞依旧管军，如违并行军法。经过李若虚劝说，岳飞回心转意，受诏赴行在。高宗虽然对岳飞依然倚重，但言谈话语中已露出对岳飞的不满。绍兴八年岳飞回到鄂州，上言："金人不可信，和议不可恃，相臣谋国不臧，恐贻后人讥。"秦桧恨之。宋廷派王庶到江淮视察军队，岳飞表示，"今岁若不举兵，当纳节请闲！"认为机不可失，时不再来，王庶甚壮之。绍兴九年金人议和，宋廷大赦天下，岳飞上表坚决反对。高宗为示宠络，进秩开府仪同二司，岳飞三辞而后接受，秦桧更加厌恶岳飞。岳飞以累表出师不获所请，连上札子，请解军务，高宗不许，岳飞愁满忧结，登黄鹤楼，赋诗表达自己宏志不伸的心情。绍兴十年五月，金人果然背盟，四路入侵，进攻河南、陕西，刘锜告急。宋廷命岳飞驰援，岳飞率部赴河南诸郡，又渡河纠合忠义社，取河东、河北州县。岳飞部上下莫不奋跃，争欲杀敌。岳飞进至德安府，司农少卿李若虚奉召至，谕曰："兵不可轻动，宜班师。"岳飞曰："机不可失，岂容再误！"不听。李若虚说："事既尔，事不可还，矫诏之罪，若虚当任之。"岳飞军队继续前进。不久陆续收复颍昌、江宁、郑州等地。岳飞留大军于颍昌，命诸将分道出战，自以轻骑驻郾城。金兀术调集重兵逼进郾城，企图与岳飞决战。岳飞先派岳云骑兵出击，大战数十合，又命步卒以麻扎刀入阵，第斫"铁浮屠"马足，敌阵大乱，岳飞挥军奋击，金军大败。金兀术兵败郾城，愤甚，再以军队十二万进攻颍昌。岳飞命背嵬军、游奕军、前军等驰临颍，寻敌决战。前哨杨再兴等三百骑与兀术大军相遇，殊死搏战，杀金兵二千余，杨再兴等全部战死。之后兀术步骑十三万进攻颍昌，岳云率八百骑挺前驰战，步军左右翼继之，金兵以"拐子马"逆击，鏖战数十合，岳云身受百创而意气不减。中午城内董先、胡清率兵出击，兀术全军溃败。岳云、王贵等乘胜纵击，杀敌五千余，俘敌二千余，获马三千多匹，杀兀术婿夏金吾、副统军粘罕索孛堇等敌将七十八人。兀术遁去，叹曰："撼山易，撼岳家军难！"岳飞乘胜进军朱仙镇，距汴京四十五里，此时西河豪杰民兵响应，当地父老百姓箪食壶浆迎候宋军，自河东、河北金人号令不行。兀术欲签军以抗岳飞，河北无一人从者。兀术叹曰："自我起北方以来，未有如今日之挫衄。"因而准备放弃汴京北逃。岳飞则准备直捣黄龙府，与诸君痛饮。此时秦桧却下令杨沂中、张俊等退兵，然后以岳飞孤军不可久留，连下十二道金牌促令班师，岳飞愤惋泣下曰："十年之功，废于一旦。"挥泪班师。百姓遮马痛哭，大批随宋军南迁。

绍兴十一年宋金和议将成，秦桧担心岳飞反对，密奏高宗防止诸将跋扈，明升暗降，授韩世忠、张俊为枢密使，岳飞为枢密副使，位参知政事上，尽释兵权。以王贵为都统制，张宪为副都统制,代岳飞统军,而以秦桧党羽林大声为总领以监之。岳飞在诸将中年龄最轻,累立显功,加之性格耿直,忠贞为国,因而遭到张俊等将领的嫉恨;又以恢复中原、迎还二圣为己任,成为主和派秦桧的眼中钉,肉中刺;金兀术为泄屡被岳家军打败之恨,坚持必杀岳飞,而后和议可成;宋高宗讨厌岳飞擅离职守,不听退军号令,尤其厌恶岳飞以迎还二圣为号召,害怕金人送还徽钦二帝从而影响其地位的阴暗心理也使他不愿过多压迫金人,从而支持和议。这几方面因素造成了岳飞被杀的悲剧。秦桧先是指使万俟卨诬岳飞妄自尊大、略无忌惮,罢免岳飞、岳云官职;又谕张俊令王贵诱使王俊诬告张宪谋还岳飞军队,高宗诏可逮捕岳飞父子和张宪等。秦桧命御使中丞何铸、大理卿周三畏审讯,岳飞不胜愤怒,裂裳以示诸人其母所刺之字,何铸面见秦桧,力明岳飞无辜,秦桧不悦,曰:"此上意也!"何铸曰:"铸岂区区为一岳飞者,强敌未灭,无故戮一大将,失士卒心,非社稷之长计。"秦桧怒,奏改万俟卨审理。万某为人卑鄙,遭到岳飞唾弃,因而深恨之,他使用各种酷刑,逼迫岳飞自诬,但岳飞任狱卒拷掠,坚贞不屈,拒不进食,唯求速死。坐系两月,毫无证据。岳飞被诬,朝野震惊。仁人志士,奋身上书,为岳飞辩诬救援;齐安郡王赵士㒟愿以全家百口作保,请释放岳飞;进士智浃、布衣刘允升等相继上书救岳飞;大理少卿薛仁辅、大理寺丞何彦猷等力排众议,以图保全岳飞。韩世忠质问秦桧岳飞何罪,秦桧说:"其事体莫须有",世忠愤然变色说:"莫须有三字何以服天下?"当时大臣洪皓奉使在金,蜡书驰奏,认为金人畏服者唯有岳飞,全以父呼之。但宋高宗、秦桧为成和议,必杀岳飞,不久岳飞被害,时年三十九岁,岳云、张宪也被杀,家属发配广南、福建。岳飞死,天下冤之,闻者莫不垂泪,至三尺童稚,莫不痛恨秦桧。岳飞部属和为他辩冤者也遭到打击,或杀或贬或流放,尤一幸免。

绍兴三十二年（1162年）六月，宋孝宗即位，诏雪岳飞冤案，追复其官，以礼改葬，访求其后。当岳飞被害后，狱卒隗顺窃负其尸，葬于钱塘门外北山。昭雪改葬，移栖霞岭下。乾道六年（1170年）从州人请，诏鄂州建岳飞祠，以忠烈庙为额。淳熙五年（1178年）九月，谥曰武穆。南宋宁宗嘉泰四年（1204年）五月，追封岳飞鄂王。明代成化年间，浙江布政司参政周木，冶铜铸秦桧及妻王氏、万俟卨三人像，皆赤身反接跪墓前。以后被游人捶打啐毁。万历二十二年（1594年）按察副使范涞重铸，增加张俊像，游人拜武穆后，必以瓦石敲掷、唾溺，时毁时铸。武穆祠全国主要有五处：鄂州、杭州、赣州、汤阴、朱仙镇。岳飞性至孝，母亲有病，药饵必亲，母亲去世，三天水浆不入。平生节俭，不好声色，家无姬侍，名将吴玠平素佩服岳飞，饰名姝送给他，岳飞曰："国耻未雪，岂能安乐。"却不受。平居穿着麻衣，食不兼味，教子有方，练武、习文、稼穑一无所误。宋高宗想为他营造府第，岳飞以"北虏未灭，何以家为"推辞。少年时喜好饮酒，后怕误事而戒之。经常要求下属指出其不对之处，终生虚怀谦恭，每辞官，必曰："将士效力，飞何功之有？"治军严肃，赏罚分明。岳云训练重甲跳壕，马跌，岳飞怒而鞭之百。岳家军号称"冻死不拆屋，饿死不掳掠"，因而军纪严明，军队夜宿，百姓开门愿纳，无敢入者；屯江州，饷供匮乏，至以杀马、卖妻儿换米，但无一兵卒劫掠。凡有领犒，均给官吏，一钱不私藏。好贤礼士大夫，一时名人皆荟萃于幕府，如李若虚、朱梦说、高颖、朱芾等。喜览经史，雅歌投壶，如同书生，作诗词，或慷慨激烈，或婉转幽隐，无不精到。岳飞去世后，历代文人墨客无不赋诗歌颂，感念至深。

十五 虞允文

虞允文字彬甫，隆州仁寿人。绍兴二十四年（1154年）

中进士，通判彭州。秦桧死后，中书舍人赵逵推荐虞允文，任命为秘书丞，累迁礼部郎官。此时金主完颜亮准备南侵，南宋宰相汤思退却不备边防，虞允文为此上疏，极言利害。绍兴三十一年十月，完颜亮率军几十万渡淮，兵势甚盛。宋军张惶败退，两淮尽失。十一月宋廷命李显忠代王权指挥，命虞允文往芜湖，协助李显忠交接军队，并到采石犒劳军队。允文到达采石，王权已离职，李显忠还未到达，宋军无人指挥，一片混乱，而敌骑充斥，鼓声震野。从者劝他返回建康，虞允文叱之曰："危及社稷，吾将安避？"策马到江边，见江北敌营旌旗遮天，鼓声动地，有兵四十万，马倍之，而宋军只有一万八千人，马数百匹。虞允文召见统制张振、王棋等人，激以忠义，并分析敌情，认为前控大江，地利在我，可以死中求生，一战报国。在主帅李显忠未到情况下，以犒师之职担起督战重任，整步骑阵于江岸，以海鳅及战船载兵驻中流击之。刚布好阵势，北风大作，完颜亮指挥数百艘战船绝江而来，直逼宋军，宋军有些胆怯后退，虞允文亲自入阵中督战，宋军士气大振；此时江风忽止，宋军以海鳅冲敌舟，机动灵活，来往如飞，敌舟笨重缓慢，又不熟悉江道，金兵多死江中。此战杀敌四千余人，俘敌五百余。半夜又派海舟在上游杨林口夹击，焚敌舟三百，金兵逃遁。完颜亮虽然渡江失败，但不死心，又转攻瓜州。虞允文又率军一万六千赴京口，当时宋军只有舟船一百多只，虞允文遂聚材冶铁，改修马船为战舰。又至瓜州督战，命战士踏车船中流上下，三周金山，回转如飞，金军惧不敢动。不久完颜亮被部下所杀，宋金仍处于对峙状态。宋孝宗隆兴元年（1163年）入对，反对汤思退放弃唐、邓之地，力主抗金。乾道元年（1165年）拜参知政事兼知枢密院事。虞允文荐用人才，裁汰冗军，淳熙元年（1174年）去世，赠太傅，谥曰忠肃。

十六　辛弃疾

辛弃疾字幼安，山东历城人，少年师从蔡伯坚，以气节自负，功业自许。金主完颜亮死后，中原豪杰并起，耿京聚兵山东，称天平节度使，节制山东、河北忠义军马，辛弃疾为掌书记，即劝耿京决策南归。绍兴三十二年（1162年）耿京令诸军都提领贾瑞偕辛弃疾奉表归宋，高宗劳师建康，召见诸人，授辛弃疾右承务郎、天平节度掌书记。不久耿京部将杀耿京叛变降金，辛弃疾率五十人驰骑济州，斩叛将召卒率万人反正，辛弃疾时年二十三岁。乾道年间，辛弃疾通判建康府。当时虞允文当国，孝宗锐意恢复，辛弃疾意气风发，赋诗言志。迁司农寺主簿，出知滁州，当时滁州遭遇兵祸，井邑凋残，辛弃疾宽征薄赋，招流散，教民兵，议屯田，滁州人乐生兴事，荒陋之气一洗而空。淳熙六年（1179年），任大理少卿，后出知谭州兼湖安抚，上疏反对朝廷横征暴敛。淳熙八年加右文殿修撰，差知隆兴府兼江西安抚，时江右大饥，辛弃疾诏任责荒政，他鼓励籴粮，尽出官钱、银器资民，民赖以济。淳熙十五年陈亮来访，极论天下事，陈亮返回，辛弃疾心潮澎湃，赋《破阵子》以抒怀："醉里挑灯看剑，梦回吹角连营。八百里分麾下炙，五十弦翻塞外声。沙场秋点兵。　马作的卢飞快，弓如霹雳弦惊。了却君王天下事，赢得生前身后名。可怜白发生！"表现了他立志疆场、恢复中原但又壮志难伸的心情。辛弃疾豪爽气节，平生以恢复为己任，老而弥笃，虽谪居，不忘国难。宁宗嘉泰四年（1204年）病卒，终年六十八岁。德祐初，赠少师，谥曰忠敏。

十七　文天祥

文天祥字履善，江西吉水人。天祥体貌丰伟，秀眉长目，光彩动人。小时见家乡学宫供祠乡人欧阳修、杨邦乂、胡铨像，皆谥曰"忠"，文天祥极为仰慕，说："如果死后不像他们那样受后人景仰，就不是真心的大丈夫。"二十岁中进士，对策集英殿，文天祥以法天不息为对，不打草稿，万余言一挥而就，宋理宗亲拔为第一，考官王应麟奏曰："此卷古谊若龟鉴，忠肝如铁石，臣敢为得人贺。"开庆初年，元兵入侵，宦官董宋臣说皇帝迁都，朝内无人敢议其非者。文天祥当时任宁海军节度判官，上书请斩董宋臣，以正人心。不报后即自免归。后逐渐升迁至刑部郎官，又以极论董宋臣罪恶而被出守瑞州。三十七岁时文天祥任军器监兼权直学士院，又因得罪权相贾似道而被罢职。咸淳十年（1274年）由湖南提刑改知赣州。德祐元年（1275年）二月，元兵南下，南宋军队溃败，诏天下勤王，大多不至。诏书至江西，文天祥捧之涕泣，发郡中豪杰，召吉州兵，联结溪峒山蛮，有众万人，以江西提刑安抚使入卫。其友劝他说："元兵势如破竹，你以乌合之众对抗，无异于驱群羊而搏猛虎。"文天祥说："我也知道这种情况，但国家养士三百余年，故不自量力，以身殉之，来号召天下忠臣义士，保卫社稷。"然后抑损节俭生活费用，尽以家资为军费。八月文天祥提兵至临安，知平江府，之后发三千兵援常州，兵败退守余杭。德祐二年正月文天祥知临安府，元兵逼近，朝廷震恐，文天祥、张世杰请求三宫入海，自己率众背城一战，但宋廷投降，派文天祥任右丞相兼枢密使出使元廷，被扣留。三月元伯颜入临安，俘宋恭帝等北去。文天祥潜至温州，劝进益王即位，是为宋瑞宗。拜文天祥右丞相兼枢密使，都督诸路军马，他派吕武招豪杰于江淮，杜浒募兵丁温州。宋瑞宗景炎二年（1277年）元兵破汀关，八月赣州失守，文天祥率残兵驻南岭，母亲病亡，两个儿子也死于兵乱，家属皆尽。十二月在海丰兵败被俘，文天祥请速死，元将张弘范不许，与俱赴崖山，让他招降张世杰，文天祥以诗《过零丁洋》示之。祥兴二年（1279年）崖山被元军攻破，陆秀夫背负宋帝赵昺赴海死，南宋灭亡。

元兵将文天祥押送大都，路上他绝食八日，以示不屈。在大都元丞相博罗召见文天祥，天祥长揖不跪，博罗斥左右曳之地，有的压其头，有的压其背，天祥终不屈。之后二人进行了一番唇枪舌剑般的辩论。博罗语塞，恼羞成怒，要杀文天祥，元世祖想为其所用，故而将文天祥关押，以迫其投降。元人把他关在一个几米见方的小土屋中，黑暗潮湿，不见阳光，夏日暴雨，飘动床几，暑热难耐；冬日则寒风刺骨，如同冰窖；加之腐鼠秽气，令人作呕。就是在这样一个环境中，文天祥始终不屈，作《正气歌》以表其志。元世祖知其终不为屈，召入作最后劝降，说如果你改事新朝，我就让你当宰相，文天祥说："天祥为宋宰相，安事二姓！愿赐之一死足矣。"元世祖犹未忍，左右赞从其请，从之。文天祥被害之日，观者万人。终年四十七岁。其衣带中有赞曰："孔曰成仁，孟曰取义，惟其义尽，所以仁至。读圣贤书，所学何事，而今而后，庶几无愧。"

第六节 夕阳黄昏的明清时期

一、于谦

于谦字廷益，钱塘人。十六岁时补为县邑诸生，按察签事督责学生过严，引起诸生抗议，众生鼓噪推搡，致使签事坠落水池，诸生见事不好纷纷离去，此时只有于谦上前将签事扶起。签事恼羞成怒，欲以归罪于谦，于谦慢慢回答说："鼓噪您的人走了，没有鼓噪您的人留下了，这是非常明显的；现在不罪鼓噪者犹可，而因此罪援公者为何？"签事乃止，于谦由此显名。永乐十九年（1421年）于谦考中进士。宣德元年（1426年）授监察御使。因为于谦长身玉立，声如洪钟，每奏对时，明宣宗特别注意倾听。于谦上司都御使顾佐，对待僚属最严厉，御使台中很少有令他满意者，只有对于谦特别看中，巡按江西，辨一诬狱，救出数百冤死者。诸王权贵贩卖私盐，挟私和买，于谦都按律惩治。跟随宣宗征讨汉王朱高煦，代帝口数其罪，义正词严，声色震厉，朱高煦伏地称罪，宣宗从此对于谦开始赏识重用。宣德五年于谦三十二岁，超迁兵部右侍郎，巡抚河南、山西，他感念宣宗知遇之恩，轻骑遍历所部，夙夜察访郡邑，拜访父老，发现有弊端需兴革者，立刻上疏言之。丰年平价收购民粮，荒年低值出卖，民间官府各得其利。山东、陕西民饥徙入河南，于谦令县邑各给田亩，与之牛耕，以次责其税。由于黄河经常泛滥，于谦令厚筑堤坝防之，五里设一亭，责以督率修缮。又因山西大同孤悬塞外，巡按御使不及至，请求别设御使治理。又尽夺大同镇将之役卒所垦私田为官屯，以资边用。当时三杨在朝，雅重于谦，所奏请事宜，朝上而夕报可。但是于谦才大机疏，遇事敢往，而少顾瞻，所以人们以此忌之。以前河南官吏入朝，都带大量香帕、蘑菇以供交际，而于谦九年秩满，应升任兵部左侍郎，入朝时一无所持，因此得罪了朝中的权贵，未能升迁。王振专权后，将于谦下狱三月，释放后改任大理寺少卿。河南、山东吏民听说后，赴阙请留者千人，周、晋诸王也为之请，朝廷于是命于谦仍巡抚河南、山西。

正统十三年（1448年），于谦入京升任兵部左侍郎。正统十四年，土木堡事件发生，明英宗被俘，明军五十万溃散，京师大震。当时太子年幼，郕王监国，北京羸马疲卒不满十万，蒙古也先挟英宗入侵，人心动摇。朝议时侍讲徐有贞根据天象，主张南迁，于谦厉声斥责："言南迁者可斩也！"认为京师天下根本，不能动摇，应速召勤王兵，誓以死守。尚书胡濙、王直、学士陈循等支持于谦，于是守议遂定。于谦请郕王檄取两京、河南备操军，山东及沿海备倭军，江北及北京诸府运粮军亟赴京师守卫，并移通州粮入京，以次经画部者，人心稍安。太后知道于谦人望

227

所属，升他为兵部尚书，于谦也毅然以社稷安危为己任。不久在一次朝会中，群情激奋，殴死王振余党马顺，朝班大乱，于谦挺身而出，请郕王宣布王振罪恶，准备清算其余党，众心乃定。吏部尚书王直执于谦手叹曰："国家正赖公耳，今日虽百王直何能为。"九月郕王即皇帝位，是为景帝，遥尊英宗为太上皇。十月瓦剌也先率军挟英宗逼近北京，朝议多主张与之议和。于谦认为社稷为重，君为轻。应积极抵抗。在景帝的支持下，于谦总督诸营，率师二十二万列阵九门外，分遣诸将各门，于谦与石亨率副总兵范广等屯德胜门外，下令"临阵将不顾军先退者，斩其将。军不顾将先退者，后队斩前队。"将士誓死与京师共存亡。也先军队先后进攻德胜门、西直门、彰义门等，均遭失败，遣人议和，于谦、景帝又不许，相持五日，害怕归路被断，于是挟英宗由良乡西去出关。京师解严，论功，加于谦太子少保，总督军务。于谦益兵守真、保、涿、易诸州府，请以大臣镇山西，以防止也先南侵。明军严阵以待，多次击退也先犯边，也先见明朝无隙可乘，挟持英宗已没有什么用处，因而在景泰元年六月与明朝通贡议和，放归英宗。

于谦忠心为国，严于律己，但性刚烈，遇事有不如意，辄抚膺叹曰："此一腔热血，竟洒何地！"视诸权要大臣，勋旧贵戚，意颇轻之；又不避嫌怨，具实奏对，诸不任职者怨恨，用不如于谦的也嫉恨。徐有贞以议南迁被于谦斥责，心中愤恨，又请求于谦想任职祭酒，被景帝拒绝，徐有贞认为于谦从中作梗，更加恨之。石亨本来失律削职，于谦请宥而用之，总兵十营，被于谦压制不得逞，也不高兴；退敌兵后石亨以己功不如于谦而得侯爵，惭愧，上疏荐于谦一子为官，于谦推辞，且以为石亨出于私心有违公议，石亨愤甚；石亨放纵儿子石彪贪暴，于谦奏出之大同，石亨益恨之。宦官曹吉祥、刘永诚与于谦共兵事，被于谦压制，也仇恨于谦。英宗虽以于谦主战得还，但心中不快。这些因素决定了于谦的悲剧命运。景泰七年（1456年）景帝病重，石亨、徐有贞、曹吉祥等定议太上皇复位，以图富贵，壬午夜夺南门，英宗复辟。之后立速于谦和大学士王文下狱。石、徐等诬蔑于谦"谋迎外藩入继大统"，虽然所司勘之无验，但仍以"意欲"二字成狱，坐以谋逆，处极刑。英宗有些犹豫说："于谦实有功。"徐有贞进曰："不杀于谦，今日此举为无名。"英宗意遂决。于谦被害，家财被抄，家属戍边，天下冤之。

于谦自奉节俭，与夫人董氏居，旁无姬妾，食不重味，衣不重袭，乡庐数间，仅蔽风雨，薄田数亩，仅共饘粥。景帝赐第西华门，于谦推辞曰："国家多难，臣子安敢自安。"极力推辞，景帝不允，只好将皇帝所赐玺书、袍服、银锭之类存放，每年一省视而已。被抄没时，家无余资，仅有书籍。于谦被害后，都督同知陈逵感念于谦忠义节操，收遗骸殡之，后归葬杭州。几年后，谋害于谦的诸奸佞也或死或流，得到应有的报应。徐有贞被石亨中伤，下狱流金齿；石亨下狱瘐死，其子石彪弃市；曹吉祥与其从子曹钦谋反被族诛。宪宗成化元年（1465年）二月，诏雪于谦之冤，家属回归，家产发还。弘治二年（1489年）赠特进光禄大夫、柱国、太傅，谥曰肃愍，赐祠于其墓曰"旌功"，有司岁时致祭。万历中，改赐忠肃，杭州、河南、山西皆奉祀不绝。

二　薛瑄

薛瑄字德温，山西河津人，少年聪慧，过目不忘。十二岁时师从高密魏希文、海宁范汝舟研习理学，永乐十九年（1421年）考中进士，宣德年间授御使，后出监湖广银矿，闲暇探究性理诸书，学业大进。英宗正统初年为山东提学佥事，薛瑄以朱熹白鹿洞学规开视学者，延见诸生，亲为讲授，学者诸生皆呼为薛夫子。宦官王振以其乡人之故提升薛瑄为大理寺左少卿，三杨两次告诉薛瑄并让他拜谢王振，但薛瑄就是不去。王振至内阁问薛少卿安在，三杨说他很快来见，并让其好友李贤转达，薛瑄表示可以拜爵公朝，但不能谢恩私室，竟不去。一日在东阁召开会议，众公卿看见王振都先礼拜，唯独薛瑄屹立不动。王振只好先趋揖之，薛瑄亦无加礼，从此王振深恨薛瑄，欲以事构陷。不久王振借薛瑄办事诬陷下狱论死，在狱中待决时，薛瑄读书怡然自如。临到行刑，王振的一个老仆人在厨房痛哭，王振怪而问之，老仆回答说："听说今日薛夫子将刑，以乡人原因而悲泣。"又对王振讲了一些薛瑄平日为人情况，王振听后怒意稍解。正好兵部侍郎王伟申救，薛瑄免死，除名放免田里。景帝即位，起用薛瑄为大理寺丞，也先入犯，分守北门有功。不久出督贵州军饷。景泰二年（1451年）升任南京大理寺卿。当时有一富豪杀人，案狱久拖不决，薛瑄按律判决。中官金英奉命出使南京，众公卿都去欢迎宴请金英，只有薛瑄不去。金英返北京，景帝问道："你所见的官吏中谁政绩较好？"金英说："南京好官唯有薛瑄。"景泰三年召还北京，复为大理寺卿。当时苏州大饥，贫民抢掠富豪粮食并火烧其居室后逃到海上避罪，阁臣王文出视，将这些贫民定为叛乱罪，当死者二百余人；薛瑄立辨其诬，使这些人得以减刑不死。这年薛瑄已年近七十，屡次上疏告老，朝廷仍然重用，不许退休。英宗复辟，薛瑄任礼部右侍郎兼翰林院学士，入内阁参与机务。于谦、王文下狱后让群臣议论，石亨等将置之极刑，薛瑄力主减刑，后二人获减一等。英宗让薛瑄主考会试，他以有病推辞；石亨平素敬重薛瑄，想请得皇帝敕书，让薛瑄返乡教导子弟，以资其养，被薛瑄婉言谢绝。在薛瑄的多次要求下，英宗允许其退休。出北京城走到直沽，遇风雨舟不能行，粮食缺乏，中午也吃不上饭，他的儿子薛淳有些抱怨，薛瑄却仍然吟咏不辍。乡居八年，四方学者从之甚众，著作二十卷，学者宗之。天顺八年（1464年）卒，终年七十二岁。赠礼部尚书，谥曰文清。穆宗隆庆五年（1571年）八月，诏薛瑄从祀孔子庙庭，以彰其品德才学。

三　王恕

王恕字宗贯，三原人。英宗正统十三年（1448年）进士，初为翰林院庶吉士，后出为大理左寺副，迁扬州知府。天顺四年（1460年）超迁江西右布政使。宪宗成化元年（1465年）王恕进督察院副都御使，抚治南阳、襄、荆诸府。平定荆襄流民之乱后，严格约束所部毋滥杀，榜谕流民，各使复业，流民聚资为王恕立生祠，家家绘其画像。因功进左副都御史，后改南京户部左侍郎。成化十二年内阁大学士商辂等以云南重要而镇守中官钱能贪横，选有威望大臣王恕镇抚之。王恕接旨，单车就道，不携僮仆，意在洁己奉公，唯恐纵人坏事。王恕到任后上疏尽发钱能贪赎暴肆诸状，钱能大惧，急忙让贵近游说宪宗召王恕回南京。王恕在云南虽然只有九个月，但威行当地，黔国公以下全都惕息奉命，上疏二十章，直声动天下。自奉甚俭，返回时仅衣书一囊而已。王恕任南京兵部尚书，参赞机务。考选官属，严拒请托，其同事也不敢为请。不许诸营私自役使兵卒，非奉旨不得与番使自为互市。不久兼右副都御史，巡按苏松，兼督粮饷。王恕革除牟奉之烦苛，恢复周忱当政时的措施，民皆乐业，唯与宦官权豪为敌，如同水火不相容。中官王敬挟妖人千户王臣南行采药物、珍玩，所至骚然，地方长吏多被侮辱。到苏州后索要玩好，妖书惑众，王恕三次上疏揭露王敬罪恶，宪宗杀王臣，下王敬狱，戍其党十九人，释放被诬常州知府孙仁，由此人心大快。

成化二十年王恕改任南京兵部尚书，当时宦官钱能也守备南京，他心服王恕，对人说："王公，天人也，吾唯有敬事而已。"王恕坦怀待之，钱能也颇为敛迹。妖僧继晓以左道擅宠，迷惑宪宗化费白银数十万在西市建佛寺，又逼迁数百家居民。刑部员外郎林俊、都督经历张黻上书谏止被杖三十后谪居云南，王恕上疏论救，虽宪宗不悦也无所回避。王恕先后应诏陈言二十一次，提建议三十九次，天下倾心慕之，遇朝事有不可，必曰："王公何不言？"则又叹曰："王公疏且至矣。"过一会王恕奏书果然到达。当时流传歌谣曰："两京十二部，独有一王恕。"司礼监怀恩曰："天下忠义，斯人而已。"于是贵近皆侧目，宪宗也厌苦之。成化二十二年王恕终因忤旨被迫退休。

明孝宗即位，起复王恕为吏部尚书、太子太保，以选贤任能为急务，任用大批如彭韶、张悦、周经、耿裕、何乔新、仉岳、刘大夏等正直有为官吏。听说孝宗提升宦官并赐蟒衣给庄田，王恕具疏切谏。内阁大学士刘吉阴险奸佞，引用小人，王恕与之坚决斗争，终于在弘治五年将其罢去。王恕历仕四十余年，刚正清严，始终如一，忧国忧民之心，发于至诚；裁抑侥幸，褒崇名节。正德三年（1508年）去世，终年九十三岁。赠特进左柱国太师，谥端毅。

四　刘大夏

刘大夏字时雍，华容人，英宗天顺八年（1464年）中进士，改庶吉士。宪宗成化初除职方主事，再迁郎中。刘大夏明习兵事，革除曹中宿弊，尚书倚为左右手。太监汪直好边功，刘大夏藏匿永乐年间讨安南故牍。弘治六年（1493年）治理黄河水患有功，提为左副都御使。弘治十年兼左佥都御使，往理宣府兵饷。刘大夏革除宦官、武臣、权贵子弟买卖边境粮草，从中牟利弊端，使边境仓库储积增加。弘治十五年任命兵部尚书。刘大夏屡次辞谢后才领命。孝宗问其故，刘大夏说："臣见近年民穷财尽，恐怕调度不当，忧惧不敢任。"孝宗沉默良久，几天后又问："自祖宗以来，微科赋敛，具有定制，何以近年民穷财尽？"刘大夏回答说："以我巡抚地方所见言之，主要是不时苛敛太多，如广西取铎木，广东取香料等等。"孝宗听后表示要一一革除。弘治十七年二月刘大夏因江南江水灾伤条上十六事，主张蠲租节养，孝宗为此下旨停罢织造、斋醮，减省光禄寺侈费巨万，举朝欢悦。六月刘大夏再陈兵政十害，极言南北军转漕番上之苦及边军困敝、边将侵克之状。孝宗叹息久之。当时各边境有警，守臣求增兵饷，户部奏称钱粮不给。孝宗召刘大夏问道："太宗连年北征，又兴营造，费用甚多，为何未闻告乏。现今百用俱减省，何以反不足用？昔人云天下之财，不在官则在民，今安在哉？"刘大夏对曰："祖宗时民出一文，公家得一文之用。今取诸民者数倍，而实入官者或仅二三。"帝曰："归之何处？"刘大夏乃极言四方镇守中官大害。如两广省城中文武官俸给，赶不上某一中官镇守岁用，其烦费可知。孝宗为此特敕兵部侍郎同给事御使清理御马监、光禄寺，岁省费用银十余万，宦官权阉为之侧目。

武宗即位，刘大夏主张裁撤四方镇守中官，限制宦官专权，得罪权阉刘瑾，奸佞焦芳唆使刘瑾籍没刘大夏家，认为其家资可当边费十二三年。逮刘大夏入诏狱，官校检其囊，只有官俸银三十余两。在众大臣解救下，刘瑾看到刘大夏家中贫穷，无油水可榨，将他戍边甘肃。这年刘大夏已七十二岁，毡帽布袍，骑一小驴就道，观者叹息泣下，父老士女携筐送果食，所至为罢市，众人焚香祝刘尚书生还。到了戍所，有司害怕刘瑾淫威，断绝饮食。儒学生徒传食供应。遇团操，辄荷戈就伍，与诸卒无异。即便如此，刘瑾仍不解恨，犹借他事多次罚米输塞。正德五年（1510年）刘瑾诛除，刘大夏赦归复官致仕，归乡后教子孙力田谋食，稍有盈余即散之故旧宗族。有门生为巡抚者，往百里拜谒刘大夏，道遇扶犁者，问谁为尚书家，引之登尚，即刘大夏本人。朝鲜、安南使者入贡时经常问起他的情况。刘大夏为官公正廉明，不为奸佞势力所屈，从容和易，不喜奉承，经常讲："居官以正己为先，不独当戒利，亦当远名。"正德十一年去世，终年八十一岁，赠太保，谥忠宣。

五 沈錬

沈錬字钝直，浙江会稽人。少年读书，有异质，王伯安奇之，称之为"千里才也"。明世宗嘉靖十七年（1538年）进士，任溧阳知县，专以搏击豪强为务，因伉倨得罪御使，调茌平，父忧去。服除，补清丰令，后任锦衣卫经历。沈錬为人刚直，疾恶如仇，但颇疏狂。至严世番府第饮酒，严世番强迫客人饮酒，沈錬心中不平，即以灌严世番，曰："吾代客酬也。"严世番惮不敢较。喜好跟尚宝丞张逊业饮酒，醉则击缶鸣诵出师二表和赤壁赋，慷慨悲歌，泣数行下。当时严嵩擅权，贪污腐败，边臣争致贿赂，使南虏北倭危害日益严重。沈錬为此时时扼腕愤叹，一日在张逊业处饮酒，议及严嵩罪恶，悲愤流涕，遂上书揭露严嵩贪赃误国十大罪。明世宗览疏大怒，认为诋毁大臣，无人臣礼，廷杖数十，谪佃塞外保安。沈錬的忠义节操感动了当地百姓，商人为他提供房屋，里长父老为他提供薪米并派子弟就学。沈錬教以忠义大节，缚草人像李林甫、秦桧及严嵩状貌，率弟子射之。有时在居庸关口，南向戟手大骂严嵩奸党，之后痛哭而归。严嵩父子知道后，决意报复。遂指使其党巡抚御使路楷诬蔑沈錬与白莲教徒勾结，以谋叛罪斩沈錬于宣府市，严嵩私党杨顺为媚其主，又借故杖杀沈錬二子。明穆宗隆庆初，诏雪沈錬冤狱，赠光禄少卿，任一子为官。天启初年，谥忠愍。

六 杨继盛

杨继盛，字仲芳，直隶容城人。幼年家贫，七岁失母，庶母妒悍，使其牧牛。杨继盛要求读书，父亲遂其愿望。继盛一边读书一边放牛，后举乡试，入学国子监，徐阶甚为欣赏。嘉靖二十六年（1547年）中进士，授南京吏部主事，他剔除宿弊，建立章程，吏曹肃然，由此名声益著，召改为兵部员外郎。咸宁侯仇鸾畏怯蒙古俺答，为了与之媾和，主张互市，杨继盛上疏反对，被逮入诏狱，贬狄道典使。此地偏僻落后，不知读书，杨继盛革除弊端，兴修水利，挖掘煤炭，建立书院，卖掉自己的马匹和妻子的服装以资助学生。老百姓信服敬爱，称之为"杨父"，等到杨继盛离任，百姓哭送者千人。蒙古俺答多次背约入寇，仇鸾奸谋败露，疽发背死，夺官戮尸。明世宗感到杨继盛以前上疏有道理，故而将其迁升诸城知县，后任南京户部主事、刑部员外郎。严嵩与仇鸾不和，感念杨继盛首先揭露仇鸾罪恶，又提升其为兵部武选郎。杨继盛厌恶严嵩超过仇鸾，对此并不领情，上任一个月后即上疏弹劾严嵩，其妻张氏劝他说，一个仇鸾使你几死，严嵩父子相当于百个仇鸾，你将更加危险。杨继盛不听，列上其欺君、贪污、专擅等十罪五奸状。严嵩激世宗怒，下之诏狱，诘讯主使，继盛曰："尽忠在己，岂必人主使乎！"杖之一百后定为绞刑。审讯时内臣士庶夹道拥视，都指着杨继盛说："此天下义士也"，"为何不将奸臣严嵩定罪？"但世宗并未想杀杨继盛，将之关押三年。在狱中半夜苏醒，自己用碎瓷片将杖刑后的腐肉割去，肉尽，筋挂膜，再次用手截去。狱卒看得心惊胆战，手中灯几乎坠落，而杨继盛意气自若。后严嵩乘处决张经、李天宠将杨继盛名字附上，于嘉靖三十四年被害，年仅四十岁。穆宗隆庆初，诏雪杨继盛冤狱，赠太常少卿，谥忠愍，建祠保定，名旌忠。

七　海瑞

海瑞字汝坚，琼山人。四岁丧父，母亲谢氏矢志励节，教导幼子，口授《孝经》、《大学》、《中庸》。海瑞十四岁时就立志以圣贤为榜样。嘉靖二十八年（1549年）举乡试，其对治黎策，传诵一时。嘉靖三十二年授福建南平县教谕，制应兴应革教约十五条，学风一新。御使到县学巡视，令长以下皆伏谒堂下，只有海瑞长揖直立，两个训导夹海瑞跪，海瑞说："若是在台院，当以属僚礼迎见，但此地是师长教士之处，不能屈膝。"以此人称"笔架博士"。在南平四年多，以礼为教，实事求是，不为俗学所染，巡按监司交章荐之，嘉靖三十七年海瑞提升为浙江严州淳安县知县。他生活俭朴，粗食布袍，令老仆种菜自给，奉薪外丝毫不侵，里甲用银每丁只征二钱余，百凡用度，取足即可。抚按出巡，旧例应派吏书奉迎，不然要出祸端，海瑞说："宁肯受充军死罪，也不为之。"有人建议上京打点交际以升官，海瑞又不肯。之后清查六房积弊，革除一切陋规，劝赈贷，谕里老，禁馈送，止矿徒，雷厉风行，吏治肃清。总督胡宗宪曾对人讲："昨天听说海县令为母亲祝寿，买了二斤肉。"其子经过淳安县，对驿吏不满，倒悬吊之。海瑞说："以往胡总督按部，令所过供应不要铺张，今其行装盛，必非胡公子。"将胡公子以假冒罪逮捕，把其行李中的银数千两纳之县库，然后驰告胡宗宪，总督无可奈何，只好不了了之。都御使鄢懋卿总理盐政，行部所过，携妾巡视，还制五彩轿，让十二个女子抬行。监司郡邑诸吏膝行蒲伏，跪上食物，穷极淫糜。还有一天路程就要到严州，守令相戒，盛为供具以待。只有海瑞上禀帖云："伏读台下札付曰：素性俭朴，不喜承迎，所过供应俭朴为尚，不得过侈。但听说所过与乘舆宪牌不同，前路探听各处皆有酒席，每席费银三四百两，不知是听从宪牌还是按照传闻，下邑疲敝，未知所从。"鄢某无奈，只好说按宪牌行事，敛威绕严州而去。鄢某虽然愧屈，但怀恨在心，暗中嗾使巡盐御使袁淳以他事劾海瑞，将之由嘉兴通判贬为兴国州判官。当年冬天海瑞回京述职，朱镇山见他寒天仍穿一旧丝衣，说："即便再贫，还不能制一官服吗？"海瑞才换了一件黄石绢衣。嘉靖四十二年海瑞在兴国县发现弊在浮粮，乃上条陈十四事,皆言人所不敢言。又力主清丈田亩,均赋役,以苏贫民。嘉靖四十三年升为户部云南司主事。

明世宗在位日久,日益怠政,深居西苑,专意斋醮,督抚大吏争上符瑞,无敢言事者。嘉靖四十四年十月,海瑞独自上疏,指出当朝存在的各种问题,认为"吏贪将弱,民不聊生,水旱繁仍,盗贼滋炽,根源在于皇帝二十余年不视朝,纲纪弛矣;数行推广事例,名爵滥矣。服役增常,百姓穷困,嘉靖者,家家干净而无财用"。疏上,世宗大怒,将奏疏摔在地上,对左右说:"马上抓起来,别让他跑了!"宦官黄锦说:"此人素有痴名,听说他准备上疏时,自知触忤当死,买了一棺材,与妻子诀别,待罪于朝,童仆都奔散无留,他是不会逃路的。"世宗听后默然,过了一会又捡起奏疏再读,感动叹息曰:"此人可方比干,第朕非纣耳。"将奏疏留中数月。此时海瑞直名震天下,内外莫不知有海主事也。海瑞退朝后,谒同乡庶吉士王忠铭,拿出银二十两托以后事,然后仍待罪朝房。此时明世宗经过数月犹豫之后还是将海瑞逮入锦衣卫关押。不久世宗驾崩,海瑞被释放。当初外庭大多不知皇帝去世,提牢主事听说后认为海瑞将要起用,因而提着酒馔到狱中款待海瑞。牢中旧例,斩首前犯人要酒饭一顿,海瑞以为明日要被处决,神色自若,自顾吃酒;主事悄悄对海瑞说:"圣上晏驾,先生今即出大用矣。"海瑞听后大恸,隔绝于地,终夜痛哭。

穆宗隆庆元年(1567年)四月,提升海瑞为大理寺右丞,隆庆三年六月升为右佥都御使总督粮储巡抚应天十府。海瑞到任后即广布督抚宪约三十六款,又续颁条约九事,主要内容是要斥黜贪墨,搏击豪强,矫革浮淫,厘清宿弊。宪约公布后,雷厉风行,郡县官吏凛凛竞饬,贪污官吏望风辞职;权豪势官,敛迹屏息,转移外省躲避。有的势官宅院大门是红色油漆,听说海瑞来到,夜里将之涂成黑色,某中官监织造,素骄横侈纵,出入八人抬轿，此时减去一半。一个孝廉家屋极壮丽，听说海瑞来到，尽撤厅事所陈什物，换以旧敝桌椅。海瑞锐意兴革，请求疏浚吴淞、白茆一带，他乘轻舟往来江上，亲自到一线督察，不辞辛劳，三个月二工俱竣，从此旱涝有备，年谷丰登，当地百姓受益无穷。某按院惊讶叹息道："万世功被他成了。"海瑞又查江南富户利用投献等手段侵占贫民土地的诉讼，悉令受献者退还，或许赎回。徐阶罢相里居，按问其家无少贷。徐阶弟徐陟武断残民，海瑞按律逮治，尽夺还其侵田。从此士绅贪暴者，大多窜迹远郡以避，小民百姓则欢欣鼓舞。海瑞在三吴一带清丈土地，力行一条鞭法，免除额外征徭，以苏民困；又裁减邮传冗费，士大夫出境不再供应，为此权豪士绅怨谤。徐阶指使给事中戴凤翔劾奏海瑞庇护奸民，鱼肉缙绅，沽名敌政，大乖宽体。穆宗让海瑞改督南京粮储，吴地百姓听说海瑞离任，号泣载道，家绘像祀之。此时高拱掌吏部，仇恨海瑞，并其职于南京户部，海瑞只好上疏辞职。

神宗万历元年（1573年）张居正为内阁首辅，春天会试，张居正托子于总裁吕调阳，物议沸腾，海瑞也上书吕调阳，直言此事，张居正为此不乐海瑞。王篆等在南京招权纳贿，吏治大坏，人心思念海瑞。万历五年张居正父丧夺情，议论又起，吴中好事者暗中冒海瑞之名上疏劾张居正，布告江南，百姓以为海瑞复来，皆额首相庆。朝廷为此兴大狱，士有柱死者。张居正派巡按御使渡海到琼山按验，发现海瑞屋舍肃然，炊藜鸡犬，朝事一概不知。张居正虽然怒意稍解，但惮海瑞耿直，不召任职。万历十年张居正病死，在众多朝臣推荐下，海瑞被重新起用，时年已七十二岁。南京百姓听说海青天回来，争相一睹其风采，都说："海爷尚未老也。"海瑞到任，用事更锐。诸司素习偷惰，海瑞以身矫之。有御使偶陈戏乐，海瑞按明太祖法律责之杖。百司惴恐，自大僚至丞郎，无不懔懔奉法。诸官吏从市场买任何物品，都按市价给付，不敢有所欺诈；也不敢相聚大宴乐。南京雨花、牛首、燕矶等处，官舫、游履为之绝迹，城社豪猾屏息不敢出。士民感激海瑞，编了一些歌谣剧本，满街咏唱。提学御使房寰凌士纳贿，民愤极大，害怕海瑞揭发他，先发制人，上疏诋毁海瑞，海瑞为此乞休，神宗慰留不允。海瑞有病，兵部送柴薪银多耗七钱，仍旧退还，不肯丝毫有染。万历十三年海瑞去世，终年七十五岁。金都御使王用汲入视，葛帏敞荚，仅存奉银十余两，有寒士也不愿穿的旧袍数件，观者感动泣下，率诸御使捐金治具。南京百姓抆服悲号，若丧慈母，至罢市者数日。神宗闻之，辍朝悼伤。遣礼部左侍郎沈鲤谕祭，赠太子少保，谥忠介。遣行人司行人许子伟护丧归葬。白衣冠送者夹岸，官民哭而奠者百里不绝，家家绘像祭之。谕江浙琼州建海瑞专祠，春秋享祀。司寇王凤洲评价海端云："不怕死，不爱钱，不立党"，论者以为断尽海瑞平生。后人认为海瑞刚直自厉可比汲黯、包拯。

八　周顺昌

周顺昌字景文，吴县人。万历四十一年（1613年）进士。授福州推官，捕治税监高寀爪牙。天启中历文选员外郎，署选事，力杜请案，抑制侥幸，清操肃然。周顺昌为人刚方贞介，疾恶如仇。巡抚周起元忤触魏忠贤被削籍，顺昌为文送之，无所忌讳。吏科给事中魏大中弹劾魏忠贤被逮，顺昌为之饯行，相持恸哭，与通卧起三日，将女儿许配给魏大中孙子。缇骑屡次催促魏大中上路，周顺昌张目叱之，直呼魏忠贤名，骂不绝口。魏忠贤闻之大怒，遂指使其子御使倪文焕劾奏周顺昌与罪人婚姻，且诬其署选时受贿不可胜数，至张家湾舟为之沉。实际上周顺昌回家时行装仅二担而已。周顺昌因此被削籍，但魏忠贤仍不罢休，指使织造中官李实于天启六年（1626年）诬奏苏州巡抚周起元擅减龙被绸缎制造数目,又与东林邪党周顺昌、高攀龙、黄尊素等臭味亲密,大肆贪婪,吴民深恨切齿。周顺昌与周起元等一块被逮捕。由于周顺昌在乡中为民请命,士民甚为感恩,当缇骑至苏州时,周顺昌神色自若,意气浩然。刚出家门,百姓号冤聚送者已数百人。到军门后,士民越聚越多,巡抚毛一鹭檄有司多次转移周顺昌,但远近闻风相聚者愈多,都说:"周吏部清忠亮节,有什么罪而朝廷逮之?"相守至夜晚不散。至开读日,不期而集者数万人,都执香为周吏部乞命,号声震天,县官马不得行。诸生王节、刘曙等五百余人,穿公服立察院门外,等到巡抚毛一鹭及巡按徐吉至,痛哭而陈曰:"周吏部清忠亮节,因忤触权珰而下诏狱,百姓怨痛,你们为天子重臣,如何抚慰汹汹众人?"说完后诸生皆恸哭,百姓也号哭,声如奔雷泄川,轰轰不辨一语。毛一鹭汗流满面,惴惴不敢出声。旗尉文之炳骄恣横狠,执械击百姓,大骂:"东厂逮人,鼠辈敢尔!"百姓颜佩韦等不胜悲愤,群起痛殴旗尉缇骑,立毙从尉李国柱。巡抚巡按及缇骑等纷纷逃窜。知县陈文瑞、太守寇慎素得民心,再三劝说,到夜晚百姓才逐渐散去。周顺昌久立无所属,步行到了府署。与朋友商议,害怕因己激起民变,手书别亲友后于黑夜潜行赴京。吴县民变,吓坏了魏忠贤等阉党,从此东厂缇骑不敢出北京,由当地抚按起解。周顺昌到北京后被下诏狱,坐赃三千,五日一酷掠。每次酷刑周顺昌必大骂魏忠贤。主审许显纯用铜锤将其牙齿全部击落,问道:"还能骂魏上公否?"顺昌血唾其面,骂益厉;虽然被打得体无完肤,周顺昌誓死不屈,许显纯遂于夜中将之潜毙。周顺昌棺木到吴县后,被逮民变百姓颜佩韦等五人也被巡抚毛一鹭杀害,吴人将五人合葬于虎邱山旁,解元杨廷枢为题墓门额云:"义风千古。"张溥特为五人撰墓碑记,崇祯帝即位后,打击阉党,倪文焕、毛一鹭等受到惩罚,周顺昌赠太常卿,诏谥忠介。

九　郑成功

郑成功，初名森，字大木，福建南安人。父亲郑芝龙，明末赴日本，结识先此逃到日本避难的颜思齐，相与经略闽省沿海岛屿，贸易海上，郑芝龙娶日本长崎王族田川氏女，生郑成功。郑芝龙与颜思齐密谋反抗德川幕府，事泄后率众奔台湾，南安、漳州、泉州等地贫民纷纷移居台湾谋生，台湾由此得到开发。崇祯元年（1628年）郑芝龙归降福建巡抚，授游击将军。时年福建大旱，郑芝龙向巡抚建议移饥民数万到台湾，每人给银三两，三人给牛一头，令其垦荒定居。之后郑芝龙逐渐提升至总兵。崇祯十七年清兵入北京，五月，朱由崧即位南京，改元弘光。次年，清兵南下，灭福王政权。郑芝龙与弟郑鸿逵拥唐王朱聿键为帝，改元隆武。

郑成功少年聪颖，七岁回国后入南京国子监为诸生，拜钱谦益为师，听说钱谦益降清，极为愤怒。郑成功生性慷慨，心怀忠义。二十二岁时随父入觐唐王，与论大事，至为相得。唐王抚其背曰："朕可惜无女儿嫁给你，卿当尽忠于国。"遂赐国姓，更名成功，封忠孝伯，御营中军都督，仪同驸马都尉。从此"国姓爷"之名声远播，日本人这才准许其母回归福建。隆武二年（1646年）正月，清兵进攻建昌，守将郑彩逃遁，郑成功奉命驰援，招集散兵，又奉令救援南昌，规划江西，上言"治兵、筹饷、精器"三事，切中要害。清廷派大学士洪承畴利用乡里情谊拉拢郑芝龙，郑氏心怀二心。郑成功向唐王指出这种情况，并表示自己誓死报效明朝。八月清兵大举入闽，逼近仙霞岭，郑芝龙通敌撤兵，郑鸿逵不战而遁，唐王逃至汀州被清兵俘获，死于福州。九月郑芝龙决意降清，郑成功哭谏不听，遂夜返金门驻地。郑芝龙以书信招成功一起降清，成功复信道："从来父教子以忠，未闻教子以贰。今人人不听儿言，倘有不测，儿只有缟素而已。"郑芝龙遂率五百人降清，被遣送北京。郑成功、郑鸿逵、郑彩等各率所部扬帆入海，矢志抗清。十二月，清兵犯安平，郑成功、郑鸿逵还师驰救，清兵退回泉州。郑成功招集旧部会聚鼓浪屿誓师抗清复明，之后军声大振。1645年，桂王朱由榔即位肇庆，号永历，次年郑成功知道后，派人奉表朝贺。1647年，永历帝封郑成功威远侯，后晋升延平公，从此郑成功始终奉永历年号，力图恢复。

1650年，郑成功占据厦门、金门二岛，并郑联、郑彩军，军力大增，先后在漳浦、厦门大败清军。1651年正月收复海澄、长泰等地，1652年五月克潮州、惠来，永历帝晋升郑成功漳国公。清廷以郑成功终难力取，多次命郑芝龙派家人携书劝降，许以高官厚禄，郑成功或军事进攻，或回信痛斥，清廷无奈，囚禁郑芝龙。1656年五月郑成功统兵二十四镇，北进长江，攻下宁波、舟山，与清军南下军队激战。之后两年间郑军与清军在闽浙一带拉锯战。1659年五月郑成功率甲士十七万、战舰八千艘北伐，七月抵舟山与张煌言会师。1660年五月郑军入长江，克瓜州、破镇江，逼近南京；张煌言则攻下宁国等四府、广德等三州，大江南北分起响应，清廷震动。七月郑成功以八十三营聚围南京，清总督朗廷传等以"我朝有法，守城过三十日，罪不及妻孥，乞稍宽时日"诈降，郑成功未听甘辉等劝告，放松警惕，被清军突袭而失败。

郑成功自江南失利后，知道进取不易，而金门、厦门又难久守，因此规划收复台湾。台湾至明朝后期得到开发，沃野千里，横绝大海，是反清复明最理想的根据地，但被荷兰人于天启五年占据。1661年三月郑成功率将士二万五千余人，战舰数百艘，浩浩荡荡，直指台湾。军抵澎湖受阻大风雨，但郑成功决意进取，令冒雨逆风前进，半夜雨停，几天后又改顺风，三军欢呼，人人斗志昂扬，天亮后抵达台湾海岸。当时荷兰人筑赤嵌、王城二城作久战计，他们认为鹿耳门水浅港弯，船不易进，未作防守，不料那天海水骤涨丈余，郑军大小船只全部进入，荷人大惊，退守赤嵌、王城。台湾汉族、高山族百姓看到郑军来到，莫不欢欣鼓舞，纷举义旗迎接，壶浆迎者塞道，台南北各土社闻风前来，郑成功均以礼优遇，赠给土官袍帽靴带，各族人民为驱逐荷兰人，倾力相协。四月三日荷兰总督揆一派乌铳兵数反扑，前镇陈泽率众全歼敌兵，赤嵌城孤立无援，遂以城降。揆一在王城依仗炮多城坚负隅顽抗，只愿进贡而不欲降。七日郑成功督师攻王城，但敌炮火猛，士卒死伤较多，郑成功改为围而不攻。荷军弹尽粮竭，八月荷人自爪哇派援数百来犯，郑军大败之。王城援绝，水源又断，郑成功下令攻城，郑军无不奋勇争先，揆一见状挑出白旗投降。郑成功准许近千荷兰人携带私人财产安全撤走，至此台湾重入中国版籍。郑成功以赤嵌为东都，示将迎永历帝。然后设一府二县，改王城为安平镇。以陈永华为谋主，制法律、定职官、兴学校。仅留少数军士戍安平、承天，其余分派台南、台北，开垦屯田，不久野无旷土，军有余粮。郑成功收复台湾，清廷知其必不受抚，遂将郑芝龙及诸子杀害。为防郑成功反攻大陆，下"迁海令"，强迫沿海居民内迁，一时百姓流离失所，道路死亡枕藉。郑成功听说后，招漳、泉、惠、潮四州失所流民，渡海安置。广设城镇，奖励开垦，教之驾牛犁耙之法，播种五谷收割之方，台湾农业得到很大发展。与此同时整饬吏治，力革弊政。承天府尹杨朝栋、万年知县祝敬和勾结犯赃，克扣军粮，郑成功亲审属实，均立处死，虽有以杨朝栋功大请宥，成功不听，从此吏治为之一振。后来郑成功病重，仍时时扶病登将台，以镜远眺大陆，感念故土百姓，深以抗清复明未竟为憾，卒年仅三十九岁。郑成功长子郑经嗣位，全力经营台、澎，且不时反击清兵。康熙二十年（1681年）郑经卒，其子郑克塽即位，康熙二十二年清军攻克台湾，郑克塽投降。

十　阎应元

阎应元字丽亨，顺天通州人。起掾吏，任京仓大使。崇祯十四年（1641年），迁江阴县典史。崇祯十七年海盗顾三麻率船百艘入犯江阴，县令不在，县丞、主簿慌了手脚，满城男女惊惧不安。阎应元持刀跃马大呼于市，号召男子杀贼护家，一时从者千人。他带众从竹行取竹竿为武器，布列江岸，矛若林立，士若堵墙，阎应元则往来驰射，连毙三贼，海贼恐惧而去。阎应元因此而升职。清顺治二年（1645年）清军南下渡江，福王政权垮台，东南郡县守官或降或走，有抗拒者几天就被攻下，自京口以南，一月间清军攻下名城大县近百座。而江阴以弹丸小邑竟抗击清兵八十余天，这都是阎应元带领民众英勇奋战的结果。清军攻占南京后，认为大局已定，严申剃发令，从而激化了民族矛盾。阎应元在江阴人民推举下主持城守，但当时城中兵不满千，民户仅一万，饷无所出。阎应元采取紧急措施，整理户籍，修治城墙，令每户出一男子守城，余丁传餐。将火药、火器贮城上，劝城中富户捐粟菽帛等物品帮助抗清，捐者踊跃，由此城中饷械不乏。不久清军十万围城，城上石炮、机弩乘高射下，杀伤清军甚众。清军驾大炮击城，城墙被打裂。阎应元命用铁叶裹门板及空棺实土填护缺口。北城被打穿，又命每人运一大石块，于城内更筑坚垒。几天后城中箭矢渐少，阎应元又乘黑夜缚草为人立城上，像要缒城斫营，然后士兵鼓噪，清兵惊惶，矢发如雨，天亮获得大量箭矢。又派壮士缒城入敌营，顺风纵火，清军乱，自相残杀者数千，清军退后三里立营。

阎应元号令严明，犯法者鞭笞贯耳，但轻财仗义，伤者亲手裹创，死者厚棺殓；每战身先士卒，同甘共苦，故深得人心，大家誓与江阴城共存亡。清军先后派明降将刘良佐等来劝降，均被阎应元义正词严斥退，清人恼羞成怒，攻城愈急，炮声响彻昼夜，百里内地方为之震。城中死伤增多，日益艰苦。阎应元却意气百倍，坚守不懈。等到第八十二天时，江阴城被攻破，阎应元率死士百人，驰突巷战，杀敌以千数。投湖自杀未死为清军俘获，绑缚见清军贝勒，阎应元挺立不屈被杀。江阴人民抗击清军八十一天，或战死或自杀，全城无一投降，而清军围城二十四万，损失七万五千，是清军南下遇到的最顽强抵抗。

十一　于成龙

于成龙字北溟，山西永宁人。明崇祯年间副榜贡生。清顺治十八年（1661年）授广西罗城知县，该城居万山之中，多瘴疠，遍地榛莽，县中居民仅六家，没有城郭廨舍。于成龙到任后，洁己爱民，建立学宫，创养济院，申明保甲，悉除诸禁，百姓得以尽力耕耘，又请上官宽松徭役，由此罗县大治，得到总督卢兴祖等的赏识。康熙六年（1667年）迁四川合州知州。四川在明末清初战乱后，人口大量减少，合州遗民仅百余人，正赋仅十五两，但供役繁重。于成龙请革宿弊，招民垦田，贷以耕牛种子，户口增至千。康熙十三年二月，署武昌知府。时年吴三桂叛乱，兵犯湖南，于成龙因造浮桥被山水冲坏，被免职，但总督知他治得民心，让他平定湖北诸山寨叛乱，于成龙单骑直趋贼寨，在十里外止宿，榜示自首者免死，贼寨瓦解，日投降者以千计，从而擒斩黄金龙等贼首。于成龙以功升黄州知府。康熙十七年七月，于成龙迁福建按察使。当时泉、漳诸郡百姓以通郑成功获罪，株连数千人。于成龙致书康亲王，认为株连者多平民，应释放。康亲王素重于成龙，悉从其请，全活数千人。军中多掠良民子女没为奴婢，于成龙集资赎归之。康熙十八年九月巡抚吴兴祚上疏认为于成龙政绩卓著，性甘淡泊，吏畏民怀，为闽省廉能第一。由此迁升福建布政使。康熙十九年二月于成龙迁升直隶巡抚，到任后即戒州县不要私加火耗，馈上官礼节，不久根据道府揭报劾罢不称职知县数员。十月上疏请免宣府属县一千八百顷水冲沙压地的赋粮，从之。十二月又劾奏青县赵履谦贪墨，论如律。康熙二十年正月，于成龙进京入觐，康熙帝谕曰："尔为今时清官第一，殊属难得。"又对日讲官说："于成龙起家外吏，即以廉明著闻，存陟巡抚，益励清操，凡在亲戚交游相托者，概行峻拒，所属人员并戚友间有馈遗，一介不取，朕甚嘉之。知其家计凉薄，特资内帑银一千两，朕亲赠良马一匹，以示鼓励。"六天后特旨授于成龙江南江西总督。到任后革除加派，剔去积弊，事必躬亲，微行以察知民情，官吏望风改操。遇白髯伟貌者，相持震慑。于成龙自奉甚俭，日唯以粗粮蔬菜自给，早在广西罗城时不携家属，清介绝俗，百姓过意不去，硬给他一些钱，于成龙一壶酒钱而止。从仆不堪清苦，辄去之。一日听说于公家人来，罗县民众大喜奔譁，争进钱物，于成龙泣谢不收。等到迁金州时，罗民遮道呼号，追送数百里，哭而返。自江防迁闽臬，舟将出发，派人买萝卜数石，别人笑话道："此物便宜，为何买这么多？"于成龙回答说："我沿途供馔赖此。"总督两江时，不改其操，自北直赴江宁，与幼子赁驴车一辆，各袖钱数十文投旅舍，从不麻烦驿递公馆。在府署内每日仅食青菜，江南人呼为"于青菜"；年景歉收时以屑糠杂米为粥，客人来时也以此为食，说："这样可以留下米来赈饥民。"江南虽然风俗侈丽，但在于成龙带动下，相率换穿布衣，士大夫家为此减舆从、毁丹垩，婚嫁不用音乐，豪猾大多举家远避。上任数月，政化大行。权势豪门惧其不利，造谣诬蔑，明珠秉政，尤于忤。康熙二十二年十月副都御史马世济劾奏于成龙年衰，为中军副将田万侯所欺蔽。于成龙上疏自辩后留任，田万侯降调。康熙二十三年三月又兼摄江苏、安徽巡抚，不久卒于官，终年六十八。卒之日，将军、都统及僚吏入视，见床头敝笥中唯绨袍一袭，瓦瓮中粗米数斛，盐、豉数器而已。百姓罢市聚哭，每家绘成龙像祀之。此年康熙南巡至江宁，谕知府曰："尔务效前总督于成龙正直洁清，乃为不负。"又谕大学士等曰："朕博采与评，咸称于成龙实天下廉吏第一。"谥清端，加赠太子太保；雍正时，祀贤良祠。

十二　林则徐

林则徐字元抚，福建侯官人。父亲林宾日，在教馆教书，生计维艰。林则徐幼年聪慧，十三岁中秀才，二十四岁中举人，第二年参加会试不中，入聘为厦门海防同知房永清记室，大受福建巡抚张师诚赞赏，招入幕府四年，尽悉吏治兵刑典章制度。嘉庆十六年（1811年）考中进士，任翰林院庶吉士，潜心精研六部要政及其沿革。之后历任考官、监察御史，清查积案，抑制豪恶，决狱平恕，民颂之为"林青天"。这年江苏大水，林则徐赈灾缓赋，抑商平粜，体恤灾民，使社会生产很快恢复。此后历任江苏、河南布政使，两淮盐政，江苏巡抚等职。道光十三年（1833年）林则徐与陶澍合奏严禁鸦片，主张自铸银币，以抑洋钱。道光十八年四月，鸿胪寺卿黄爵滋奏请严禁鸦片，道光帝诏令中外各大臣分议禁烟章程具奏。时任湖广总督的林则徐当即上章程六条，指出："烟不禁绝，则国日贫，民日弱，数十年后，岂唯无可筹之饷，抑且无可用之兵。"道光帝对其奏疏嘉纳之，特诏林则徐进京，面授方略，任钦差大臣，驰赴广东，查办禁烟事务。将出发时传知沿途各驿站不必迎送靡费，随身人等不许索取收受。道光十九年（1839年）正月抵广州，随即宣谕辕门，不收地方供应，严禁随行人员擅离左右，杜绝打点、关说、在外招摇、泄密等风。内则与两广总督、巡抚、水师提督及名流包世臣等商议，外则聘任译员，翻译英商主办的《广州日报》，编辑四洲志，嘱魏源撰写《海国图志》，以了解西方情况。抵广州第八天，林则徐即传集十三洋行，令转谕各洋商，估报烟土存数。英国领事义律托言有事回澳门，各洋商观望推诿，迁延不复，林则徐下令传讯英国烟贩颠地，颠地躲匿商馆，拒不应传。义律则返回广州，密谋护颠地潜逃。林则徐听说后，以兵围商馆，且令停泊黄埔港之外商货轮封仓，停止贸易，撤出各船雇用的一切买办、工役，派兵巡船，加强远近关隘防守。英商被迫拿出1037箱鸦片搪塞，林则徐继续施压，切断英国人粮食供应，规定拿出1/4鸦片供给婢仆，出1/2给食物，出3/4准许贸易如旧，再次发兵包围英商馆。义律无奈，只好交出全部鸦片，共计20283箱，230万斤。然后驱逐英国烟贩出境，义律也率商馆英人赴澳门。四月，林则徐在虎门海岸凿方各五十丈的水塘两个，引入海水，投入石灰，将鸦片全部销毁。

　　林则徐为杜绝鸦片来源，重订罚例，规定凡商船入口，皆需具结。有夹带鸦片者，船货没收，人即正法。美、葡诸国皆具结，愿互市如旧，只有义律不肯。林则徐怒，遂与邓廷桢下令，驱逐英人，退出澳门，不许逗留境内。当时英国水手乘酒殴毙村民林维喜，义律庇护凶手，不许中国处置。林则徐大怒，立命断绝英船、英商薪蔬食物之供给，撤出英人所雇买办工人。义律调军舰炮击九龙，参将赖恩爵奉命迎击英舰，碎其双桅大船，毙敌多名，激战五时，英人死伤益重后逃遁。义律遂请葡人为转圜，除"人即正法"语外全部如约具结，林则徐坚持原说，毫不让步。九月义律又犯穿鼻洋、尖沙咀等地，皆受挫。道光帝迭接捷报，意气自恣，谕令停止贸易，尽驱英人出境。而京官排外者奏请封关禁海，尽停贸易。林则徐上奏反对，认为"各国不犯禁之人无故被禁，势必协而谋我；即令英商悔悟，亦应尽许回头，仍许其往来经商。"道光帝不听，下令即英国贸易停止，所有该国船只，尽行驱逐出口。十一月林则徐遵旨封港。至是诏以林则徐为两广总督，专办鸦片事。道光二十年正月（1840年），林则徐烧毁接济英船船只，断其供应。五月英政府决议对中国用兵，任命懿律和义律分任侵华正副全权公使，率军舰十五艘，汽船四艘，运送船二十五艘聚集澳门，鸦片战争开始。林则徐在广州大治军备，自虎门至横当两岛互以铁链木筏，守以钜绞战船，招新兵五千，练习攻战。购西洋炮二百余尊，列置两岸，又备战船六十，火舟二十，小舟百余，号令严明，声势甚壮，接连击毁载烟洋艇。英人见难以得逞，遂舍广州而改道北犯。六月英军攻陷浙江定海，七月逼近天津，投书清廷。道光帝大惊，改派主张弛烟大臣、直隶总督琦善为钦差大臣，赴粤查办，革除林则徐、邓廷桢职务，留粤听勘。

琦善至粤，尽反林则徐所为，屈意求和，媚颜事敌。林则徐屡次进谏，琦善置之不理。义律气焰嚣张，将议和条款增至十四条。道光二十一年正月（1841年），义律乘琦善不备，突袭虎门，攻陷沙角、大角两炮台，进围虎门靖远、威远炮台，林则徐、邓廷桢相请效力，又被琦善拒绝。关天培求援不得，差人向林则徐泣诉。而琦善竟与义律私签穿鼻条约，割让香港，赔偿烟价六百万两。林则徐义愤填膺，力劝广东巡抚怡良密奏揭露弹劾琦善，道光遂将琦善革职，锁拿进京，所有家产，查抄入官。以祁代为两广总督，奕山为靖逆将军，隆文、杨芳为参赞，驰往广东救援。这些人愚昧昏庸，畏敌如虎，广东的形势没有丝毫改善。二月五日，英军进攻虎门，关天培力战数日，以身殉国。林则徐闻讯悲痛欲绝。英军进攻广州，奕山竟投降。道光帝反以广东兵政废弛，临事全无实用，追论历任总督罪。五月革去林则徐官衔，与邓廷桢并谪戍伊犁。七月途次扬州时得旨往河南协助治理水患，道光二十二年三月完工后仍往伊犁。九月途经甘肃泾州，听到镇江被英军攻陷消息，忧心如焚，寝食俱废。十一月抵达戍地伊犁惠远城，伊犁将军布彦泰素敬重林则徐，居处诸多照护。道光二十三年，协助布彦泰办理阿齐乌苏废地垦务，兴修龙口水利工程，废垦地得以灌溉而民复屯。道光二十五年林则徐以六十岁高龄，疲病之躯，赴南疆查勘，谝行三万里，教民垦荒六

249

十余万亩。在吐鲁番推广"坎儿井",广教纺车,至今百姓称为"林公井"、"林公车"。十一月奉旨免戍,以三品顶戴署理陕甘总督,驻扎凉州,平息西宁藏民暴动。道光二十七年三月,调云贵总督,当时回汉矛盾较大,林则徐到任后一反前任杀回助汉政策,力主只分良莠,不分回汉,延请回汉士绅头人,议立靖化地方章程,整顿十三镇协营。道光二十八年相继剿平弥渡、云州等地各族暴动,诏加太子太保衔,并赏戴花翎。第二年九月疏请开缺回籍养病。道光三十年正月,道光驾崩,咸丰即位,九月重新起用林则徐为钦差大臣,驰赴广西镇压太平天国起义。诏至,林则徐方卧病,闻命束装,卧舆兼程,日行百余里,宿疴加重。其子徐汝舟随侍,劝以节劳暂息,林则徐慨然曰:"二万里冰天雪窖,只身荷戈,未尝言苦,此时反惮劳乎?"口吟一联云:"苟利国家生死以,岂因祸福避趋之。"仍带病赶路,到潮州时卒于广宁行馆,终年六十六岁。咸丰帝闻之,大震悼,赠太子太傅,赐谥文忠。陕西立专祠,云南、江苏入祀名宦祠。据史料记载,林则徐至广宁疾作,急请潮州名医诊治,大起色。三天后吃了新厨郑发所做鸡丝米粥后当晚大泻不止,第二天早晨去世。临终前伸手前指,三呼"星斗南",时人莫解其意。后人考证认为"星斗南"即广州街名新豆栏,闽南人发音相谐故也。此地原为洋商聚居地,郑发当为洋商所买而毒死林公,林公悟,未竟其言而殁。

十三 关天培

关天培字仲因,江南山阳人。嘉庆八年(1803年)由行伍考取武生,历升千总、步兵营守备。道光三年(1823年)迁苏松镇标左营游击,四年升川沙营参将,六年迁太湖营水师副将。十三年署江南提督。十四年授广东水师提督,当时英国人猖獗,兵船闯入内河,关天培为此亲历海洋要塞,增修虎门、南山、横档诸炮台，铸六千斤大炮四十座，请筹操练犒赏经费。十八年英国人马他伦托言稽查洋烟事务，私进澳门，关天培将之逐铜鼓外洋。道光十九年三月（1839年）会同钦差大臣林则徐，查禁销毁英人鸦片，倚之如左右手。常驻沙角，严海防，都率本标及阳江、碣石两镇师船排日操练。九月英国二舰至穿鼻洋挑战，关天培立出迎敌，挺身桅前，拔刀督阵，退者立斩；有击中敌船一炮者，立予重赏。发炮破敌船首，敌人纷纷落海，英人逃遁。北山梁官涌，地势较高，关天培在此增加炮营，英军从尖沙咀多次派大舰正面进攻，小舟载兵，从侧乘潮扑岸，关天培以大炮轰击，岸上水陆兵反击，英军屡败。关天培受赏"法福灵阿巴图鲁名号"。英舰不敢进攻，转而招奸民分路载烟私售，关天培沿海搜捕，一日数起，还让渔船小舟乘间焚毁敌船，英国人见广东备严，开始计划沿海北犯。

英国军舰北上攻陷定海，逼近天津，道光帝主和，罢免林则徐，派琦善代之。琦善一意主抚，先撤沿海防御，仅留水师制兵三分之一，尽散募勇，而英国人索要甚高，久无定议，战争再起。道光二十年十二月，英舰进攻虎门外沙角炮台，副将陈连升战死，大角炮台陷落，虎门危急。当时广州驻军万人，客兵团练乡勇民兵又数万，关天培与总兵李廷钰分守靖远、威远两炮台，请求增援，琦善仅派兵二百人。二十二年正月英军大举进攻，守炮台兵仅数百人。关天培再次遣将恸哭请增兵，琦善抂不与增。天培知道寡不敌众，乃决心死守，出私财饷将士，率游击麦廷章昼夜督战，杀伤相当。关天培亲自操纵大炮，但火门透水，炮不得发，英军自炮台后上，天培格杀数人，身被数十创，血满衣甲尽湿。在情况紧急下，将水师提督印交与仆人孙长庆，让他突围走，孙长庆涕泣不欲独全，关天培怒曰："吾上负天子，下负老母，死犹晚，今不去，吾斩汝！"孙长庆号哭而去，行未远，回头看时，关天培已壮烈牺牲，麦廷章也为国捐躯，炮台遂陷。孙

251

长庆缒崖逃出，交印于总督，回去寻找天培尸体，发现已半体焦烂，遂背负以出。清廷谥关天培忠节，入祀昭忠祠，建立专祠。老母吴氏年逾八十，命地方官存问，给银米以养余年。儿子关从龙袭世职，官安徽候补同知。

十四　谭嗣同

谭嗣同字复生，又号壮飞，湖南浏阳县人，父谭继洵，任湖北巡抚。嗣同幼年丧母，为父妾所虐，备极孤苦。十岁就学名儒欧阳中鹄，博览群籍，能文章，倜傥有大志。少从幽燕大侠王五习武，善剑术，好任侠，故以天下安危为己任。弱冠之年随其父去甘肃，曾游新疆巡抚刘锦棠府，刘大奇其才，将荐之于朝，后刘锦棠去官而未果。此后十年间谭嗣同往来于直隶、甘肃、湖南、陕西、河南、湖北、江苏、安徽、浙江、台湾等地，足迹遍十省，行程八万里，察视风土，物色豪杰。光绪二十年（1894年）甲午战争爆发，清廷战败，割地赔款，二十九岁的谭嗣同痛心疾首，赋诗云："世间无物抵春愁，合向苍冥一哭休。四万万人齐下泪，天涯何处是神州！"乃发愤提倡新学，在浏阳设学会，召集同志，讲求磨砺，刊印《明夷待访录》、《扬州十日记》密为传布，奔走呼号，期以唤醒国人。当时康有为在北京、上海成立强学会，天下志士响应者近千人，谭嗣同听说后，奔赴北京、上海，正好康有为返粤未能见到，遂与梁启超议论天下事，甚相得。梁启超讲了康有为讲学之宗旨，经世之条理，嗣同感动喜悦，自称"私淑弟子"。当时和议初定，国人对《马关条约》丧权辱国无不愤慨羞耻，谭嗣同慷慨激昂，大声疾呼，提倡变法，主张向西方学习。海内有志之士，见其风采闻其言论，莫不知其为非常人也。不久以父命就官苏州候补知府，在金陵待了一年。他闭门读书，冥探孔佛之精奥，会通群哲之心法，衍绎康有为之宗旨，写成《仁学》一书。又经常到上海与同志商研学术，讨论天下事，未偿与俗吏一相接。

当时陈宝箴为湖南巡抚，慨然以开化为己任。光绪二十三年六月黄遵宪拜湖南按察使，八月徐仁铸来督湘学，三人并力经营，推行新政，为诸省之倡。于时聘梁启超、唐才常等为学堂教习，向学子灌输民权思想。谭嗣同应陈宝箴之邀，在长沙办新政。倡议筹划有关内河小轮船、商办矿务、湘粤铁路、时务学堂、武备学堂、保卫局、南学会等事宜。其中尤以南学会为最盛，先后入会者过千人。南学会宗旨是集合南部诸省志士，相与讲爱国之理，求救亡之法。地方有事，公议而行，类似西方议会。在会中谭嗣同任学长，演讲中国形势及西学中学比较，每论事辄慷慨激昂，闻者无不感动。又办湘报，与唐才常等撰稿，鼓吹维新变法，斥责清朝暴政。因此湖南讲求新学之风气大开，为他省先，嗣同居功最多。但湖广总督张之洞则视他们为寇仇，派人殴打湘报主笔，驱散南学会，暴虐维新人士。致使其被迫纷纷离湘。只有谭嗣同不惧怕，他以耶稣传教精神自励，凛然豪气，溢于言表。

光绪二十四年（1898年）四月，光绪下定国是之诏，谭嗣同奏对称旨，被起擢为四品卿衔军机章京，与杨锐、林旭、刘光第参与新政，犹如唐宋时的参知政事。光绪想大用康有为，但畏于西太后，不敢行其志。数月间有所询问，即令总理衙门传旨，康有为陈奏呈书而已。四卿入军机后，光绪与康有为之意始能稍通，锐意欲行大改革，西太后及保守派更加仇视革新派，双方矛盾日益激化。慈禧为打击帝党，将光绪师傅重臣翁同龢开缺回籍，以荣禄为直隶总督，节制北洋三军，阴谋于是年九月在天津阅兵时将光绪废掉。七月二十九日光绪听说这一阴谋后密谕康有为"妥速密筹，设法相救"。谭嗣同与康有为等奉诏恸哭，而光绪手无寸柄，计无所出。诸将中只有袁世凯手握重兵，主张变法。谭嗣同为此密奏光绪破格擢升袁世凯以为救助。八月初一日光绪召见袁世凯，特赏侍郎，责专练兵事务。三日谭嗣同造访袁世凯，将形势公开讲明，逼袁表态，袁世凯则假惺惺地表示忠于光绪，诛荣禄如杀一狗耳。事后袁反复忖度，感觉帝党势弱必败，于是向荣禄告密，荣禄进京上奏于西太后，慈禧大怒，翌日晨入城，收光绪印信文书，将之囚于南海瀛台，重新垂帘训政，诏各省督抚逮捕康有为等，是为"戊戌政变"。八月六日事变时，梁启超正造访谭嗣同寓所有所谋划，嗣同闻讯后从容劝梁启超入日本使馆避难，自己却不出家门以待捕者。七日至日本使馆与梁启超见面，将所携著书诗文相托，然后一直到九日与大刀王五谋夺门救光绪，但事不成。王五力劝嗣同出奔，愿以身护之行，不听。日本志士多次劝其东游，不听，说："各国变法，无不从流血而成，今日中国未闻有因变法而流血者，此国之所以不昌也。有之，请自嗣同始！"十日遂被捕于寓所。

谭嗣同被关入刑部北监，意气自若，终日拾地上煤屑于墙上作书，现仅留绝句一首："往门投宿思张俭，忍死须臾待杜根。我自横刀向天笑，去留肝胆两昆仑。"与之一起被捕的还有杨锐、林旭、杨深秀、康广仁。十三日谭嗣同等六人被害于北京宣武门外菜市口，时人呼为"六君子"。赴刑时，嗣同慷慨昂然，神色不变，口诵道："有心杀贼，无力回天；死得其所，快哉快哉！"视死如归，从容就义，时年三十三岁。

十五　秋瑾

秋瑾字璿卿，号鉴湖女侠。原籍浙江绍兴府山阴县。幼承家学，通经史，喜为诗词，酷嗜习武，闻鸡起舞不辍，骑剑枪棒俱能。十六岁时其父仕湖南湘潭，秋瑾随至湘，与王廷钧结婚。王为富家子弟，纳赀为户部主事，秋瑾随之入京，与桐城硕儒吴汝伦之女吴芝瑛相邻，二人一见如故，结为盟姊妹。吴芝瑛丈夫开设书局，广有维新书刊，芝瑛又是革新派人物，读书讨论，秋瑾爱国激情大为高涨,其赋《宝剑歌》云:"世无平权只强权,话到兴亡眦欲裂。"反映了她强烈的爱国情怀。光绪三十年(1904年)四月,她毅然变卖簪珥为学费,寄子女于外家,孑然一身东渡日本。临行作《东渡歌》以表其志。到日本后入青山实践女校求学。秋天赶往横滨参加秘密反清团体三合会,被推为白纸扇,即俗谓军师也。参与创办白话报,连续发表《演说的好处》、《警告我国同胞》、《敬告中国二万万女同胞》等警世文章。积极参加演说练习会,每会必讲,指斥时弊,鼓吹革命,激愤时至于流泪,听者莫不动容。光绪三十一年春回国筹措经费,行前填《鹧鸪天》一词,其中有:"金瓯已缺总须补,为国牺牲敢惜身!""休言女子非英物,夜夜龙泉壁上鸣!"表明了其武装反抗满清政权不惜牺牲的决心。归国后结识蔡元培、徐锡麟,加入光复会。夏天再次赴日,九月同盟会成立,被推举为评议部之评议员兼浙江支部负责人,同志莫不视为传奇女杰。清廷为遏制留日学生的革命活动,颁布《取缔清国留日学生规则》,对留日学生的政治活动及人身自由诸多限制。留日学生对此极为愤慨,陈天华蹈海以死相抗,秋瑾组织敢死队,自任指挥,带领留日学生与日本当局展开针锋相对的斗争,迫使其承诺不施行清廷的"规则"。光绪三十二年回国,准备发动更多民众,施展"我欲双手搅祖国","频倾赤血救同胞"的大抱负。

秋瑾路过吴芝瑛寓居西湖小万柳堂,叙述留学艰苦情况,既出倭刀相示,曰:"吾以弱女子只身走万里,所赖此自卫者,惟此耳。"顾盼自豪,冷气袭人衣袖。酒罢后拔刀起舞,激越悲壮,声动四座。不久应绍兴明道女学之聘,任教职。这年冬与徐锡麟、王金发、周昌华等会党首领,集会于上海北四川路祥庆里,谋于皖、浙两地发动反清武装斗争。会后,徐锡麟赴安庆,秋瑾返绍兴任大通学堂督办,整饬校纪,团结教工,组织"体育会",自任教练,锻炼学生体魄,灌输军事知识,遂以会党骨干为主组成光复军。为广结会党，秋瑾日夜奔波于金华、处州、绍兴三府之间，有时背黄袋、拿佛珠扮作香客，有时着男装，乘篷船，装作客商，山水丛林，风餐露宿，为筹武装起义，不遗余力。光复军原定5月26日同时举义，但因台州、武义等地会党先后泄密，有的被捕杀，有的被迫逃亡，徐锡麟也在安庆起义失败后殉难。安徽巡抚冯煦密电浙巡张曾敏，令搜捕党人，于是秋瑾处境危急。师生中有劝秋瑾起义，攻打绍兴，秋瑾以时值暑假，以留校十余学生起义，徒然牺牲而不准；有的劝秋瑾离开避难，她以同志在而婉谢。夜阑更深，万籁俱寂，秋瑾想到起义计划失败，徐锡麟、陈伯平诸同志殉难，祖国与民族的命运多艰，不禁怆然涕下，自斟醇酒，仰而命笔，疾书绝命诗一首："虽死犹生，牺牲尽我责任；即此永别，风潮取彼头颅。"绍兴士绅胡道南告密知府贵福，谓秋瑾密藏军火于校中，谋为变。浙江巡抚张曾敏派兵包围大通学校，秋瑾即命部分师生于前门抗击，另命其余人由后门泅水溃围，秋瑾则从容焚毁党人名籍、书文。清兵冲入校园，秋瑾与教员程毅等十多人持枪执剑，与敌拼死搏杀于操场中，终因众寡悬殊，为敌所获。绍兴知府贵福严刑酷讯，秋瑾坚不吐一字，逼她在供词上签押，仅书"秋风秋雨愁煞人"七个字而已。光绪三十三年（1907年）六月六日晨遇害。临刑前推开狱卒，昂首自行，至轩亭口留恋地四顾张望一番；监刑者问她有何话要说，秋瑾怒视敌人吼道："你们可以砍我的头，不能夺我的志！"遂英勇就义。秋瑾遇难，海内外愤怒，通电、著文声讨清政府，悼唁女侠者不绝，浙越会党相继起义，为秋瑾报仇。秋瑾被害后，徐自华、吴芝瑛将之葬于西湖畔西泠桥下，清廷看到凭吊者络绎不绝，甚为恐惧，将墓拆毁。辛亥革命后，重建新墓，曰："风雨亭。"1913年孙中山途经杭州，亲临秋瑾墓祭奠并题匾额"巾帼英雄"。1939年3月周恩来赴绍兴发动抗日，亲笔题词："勿忘鉴湖女侠之遗风，望为我浙东儿女争光。"

以赠当时在绍兴之表妹。鲁迅小说《药》中所述夏瑜者,即隐喻秋瑾。

（本章资料来源参见胡国珍辑著《历朝四百五十人传记》上、下,北京燕山出版社 1991 年版）

第四章　守节与失节、矛盾与困惑

第一节　义与利、荣与辱

一　道义与欲望的定义

"君子喻于义，小人喻于利"（《论语·里仁》）。孔子的这句话成为划分正人君子和势利小人的标准。君子不是不讲欲望，而是要把它控制在合理的范围之内，所谓"君子爱财，取之有道"，不义之财视同浮云等等。因此，划分君子与小人就看其是否把义放在利之前，"君子义以为上"（《论语·阳货》），"君子无终食之间违仁，造次必于是，颠沛必于是。"（《论语·里人》）君子要内心以"仁"为主导而外在举动符合"礼"。君子不但品德高尚、以义为上，而且要淡漠物质欲求，追求精神快乐，所谓"君子谋道不谋食"，"君子忧道不忧贫"（《论语·卫灵公》）。即使是吃粗粮，喝冷水，曲肱而枕，也乐在其中。这就是儒家提倡的孔颜乐处，是以精神追求为最大满足，物质需求仅有最基本条件即可。而小人则是唯利是图，狭隘自私，互相利用，结党营私，没有志向，素养很差，因而与君子相比则是"君子坦荡荡，小人常戚戚"（《论语·述而》）。"君子泰而不骄，小人骄而不泰"（《论语·子路》）。由此可见，君子与小人在物质追求和精神素养方面相差很大，两者可以说是清浊分明，势同水火。

人对物质追求的欲望是天生和自然的，孔子对此也予以肯定，"富与贵，人之欲也"（《论语·里仁》）。要战胜自己的欲求需要极大的克制力，连颜回这样的君子也只能三个月不违仁，孔子的其他弟子只能以天计算。因此求仁要自律与他律相结合，既要有社会制度的约束，又要有自我修养。孔子更加重视自律原则，强调修己中发挥主观能动性，"为仁由己，而由人乎哉？"（《论语·颜渊》）"君子求诸己，小人求诸人。"（《论语·卫灵公》）他为自省提供了一些方法，诸如"躬自厚而薄责于人"（同上）。"见贤思齐焉，见不贤而内省也。"（《论语·里仁》）孔子修己自律思想经过曾子、孟子的发扬光大，成为先秦儒家道德观念中的重要部分。秦汉以降，自律思想逐渐向禁欲方向发展，因为人的欲望包含必要的生理需求和奢侈欲望，如何界定和把握这个限度变得日益困难。入仕和在野不一样，社会繁荣与末世衰微又不一样。因此宋代理学家就把"存天理，灭人欲"作为尊奉的教条，这在现实中既是不可能，也是极为荒谬的，就是二程本人也难以做到。于是朱熹作了一点调整，将人的必要生理欲求划归合理部分。即便如此，以后儒家修身自律仍以禁欲作为主要方法，因而理论与现实始终存在着矛盾。自唐宋以来，科举制成为选官的主要途径，儒家经典又成为中举仕进的主要教科书，于是读经科举做官成为士大夫终生追求的目标，他们皓首穷经，心无旁骛，一旦金榜题名，高官厚禄美妻接踵而来，诸如"积财千万，无过读书"（颜之推《颜氏家训·勉学篇》）；"富贵必从勤苦得，男儿须读五车书"（杜甫《柏学士茅居》）；"书中自有黄金屋，书中自有颜如玉"（《三字经》）；就极为形象地揭示了这一点。这样士大夫仕进求官就与儒家修齐治平思想发生了矛盾，读书仕进然后高官厚禄成为第一需求，实现政治理想，治国平天下成为第二目的，退居次位的理想抱负也在宦海浮沉中消磨殆尽，剩下的只有日益增加的欲望和浑浑噩噩的躯体。失去理想的欲望变成了贪婪，混世消磨变成了贪官恶吏，中国官僚政治制度由此形成循环往复、难以治愈的痼疾。

孔子提倡安贫乐道，赞扬颜回居住陋巷，人不堪其忧，颜回却不改其乐。曾参不入仕途，生活艰难，但仍非常快乐。这些都是在身处逆境之时，故而需要泰然处之，追求道义，锲而不舍。但是如果身处顺境，官居高位，肥马轻裘，锦衣玉食，又该如何把握对物质的追求呢？孔、孟、荀等没有说，后来的程、朱、陆王也没有讲。他们仅能做的就是在中下层官吏的职位上洁身自好，尽其所能为民众办些实事而已。至于理学家们提倡的"存天理，灭人欲"则陷于空谈。因为居官要有俸禄，要有排场，要有最基本的需求，如饮食起居，车马行程等。这些已超出了必要的生理需求，更不用说官场的潜规则，诸如送往迎来，年考打点等，这些都远远超过微薄的官俸收入。于是做官要贪，所谓"三年清知府，十万雪花银"，身在官场又如何免俗呢？无非两种结果：一是入乡随俗，成为众多贪官中的一员；二是坚持儒家节操观念，被排挤出去。第三种可能微乎其微，就是当一名清官。历数中国古代历史，这种清官少之又少，一朝一代也出不了几个。这样深受儒家教育信奉儒家思想的官员又会处于两难境地。于是理学家们的"禁欲"主张就变成了一纸空谈，几乎没有人去遵奉，也无法遵奉。

如此说来，当官的欲望似乎没有止境了，其实考之史实，情况也并非如此。像严嵩、和珅那样的巨贪属于少数，而随波逐流，一般性聚敛的还是属于大多数，正所谓两头小，中间大。这与孔子的"性善"，孟子的"四善端"，二程的"天理"，朱熹的"正心"，王守仁的"良知"有关。因为人毕竟不同于动物，有很强的社会属性。人做事要从阶级属性、社会环境去考虑，其所作所为要受条件限制，环境制约；人作为社会化的高级动物确实也有"善心"、"良知"，也知道愧疚不安，悔过认错，因此，道德教化不能说没有一点作用，只是自律与他律要结合而已，两者要找到一个合适的契合点，使之在礼仪法律面前认识到自己的错误。

二 善恶、荣辱的价值取向

如前所述，儒家对耻感有许多论述，如孔子说："行己有耻"、"君子耻其言而过其行"（《论语·子路》、《宪问》），这是对个人来说。对国家政务、治理民众则要使之有羞耻之心，以自觉改过向善，即"道之以政，齐之以刑，民免而无耻。道之以德，齐之以礼，有耻且格。"（《论语·为政》）孟子将之进一步发展，认为"耻之于人大矣！""人不可以无耻，无耻之耻，无耻矣。"（《孟子·尽心上》）朱熹总结说："知耻是由内心以生，人须知耻方能过而改。"（《朱子语类》卷97）龚自珍在《明良论》中认为："士皆知有耻，则国家永无耻矣，士不知耻，为国之大耻。"除儒家外，先秦其他诸家也有大量耻感的议论。如《管子》中将礼、义、廉、耻作为维护国家存亡的四维，"四维不张，国乃灭亡"。老子则提倡"知足不辱，知止不殆，可以长久"。商鞅根据民众的羞耻之心，用刑罚禁止奸邪，用官爵劝励功业。因此，从殷周以来形成的耻感文化，经过诸子百家尤其是儒家的宣扬提倡，逐渐深入到中国社会各阶级和阶层之中，成为一种普遍的文化现象和价值取向。

先秦时期，在人们的行为中已能看出耻感文化的影响。管仲在公子纠和公子小白的夺位斗争中支持前者，当公子纠失败而死时管仲并未殉死，后来又做了公子小白即齐桓公的辅臣，时人对他是否知耻颇有议论，但孔子认为管仲辅佐齐桓公首霸中原，治理齐国很有贡献，他的行为符合"仁"的道德规范。秦国地处西陲，经济落后，被东方诸国所瞧不起，秦穆公深以为耻，他东进受阻后，向西发展，益国十二，开地千里，称霸西戎，为秦国日后的发展打下了基础。除国家事务和交往外，耻感文化对个人行为也有很大影响。如齐国晏婴身居高位，却以骄奢淫逸背叛不忠为耻，他吃粗粮青菜，住临闹市敝房，谢绝君主所赐新宅和艳妇，生活俭朴，忠诚廉洁，令人感动。赵国蔺相如以大智大勇大功被拜为上卿，位在将军廉颇之上，廉颇为此多次羞辱蔺相如，但蔺相如以国家利益为重，对此不以为意，终于使廉颇为自己的狭隘自私而羞愧，负荆请罪，将相和解，巩固了赵国的地位。对蔺相如来讲是为顾全大局忍辱负重，对廉颇来说是幡然悔悟，羞愧难当，两人的耻辱感从正反两方面得到了诠释。

　　秦汉到明清时期，以遵守五常、忠于社稷为荣，以不忠不孝、贪污受贿为耻，史不绝书。如西汉苏武被匈奴扣押十九年，忠贞不屈，遭受到常人难以忍受的痛苦和折磨。汉降将李陵劝说苏武，认为人生短暂，何必自苦，归期遥遥，信义何在？苏武以忠义自勉，使李陵无言以对，羞愧难当。苏武高尚节操感天动地，流芳千古。东汉杨震为官清廉，夜却赠金，传为美谈。他官居太尉，不置产业，反对阉宦专权，终于被迫害致死。东晋吴隐之任广州刺史，为肃清吏治，遏制贪污，他上任伊始，有意饮"贪泉"之水，然后为官更加清廉，使当地风化大治。吴隐之为官四十年，家住茅屋，布衣粗食，嫁女还要卖狗为资，令人感佩。唐代魏征以国家利益为重，多次劝谏唐太宗李世民，君臣携手，造就了中国历史上著名的"贞观之治"。张巡在安史之乱中守睢阳抗击叛军一年，前后四百余战，杀敌十二万，城陷不屈而死。张巡的死守为唐朝保住了东南财赋之地，为平叛作出了杰出的贡献。北宋杨业骁勇善战，屡立边功，在与辽作战中兵败被俘，为报效国家，保持气节，不食三日而死。其子杨延玉也随之战死。之后杨业之子杨延昭子承父业，保护边关二十年，后人以杨家将传诵，堪称满门忠烈。号称"包青天"的包拯性格耿直，为人敦厚，疾恶如仇，不畏权贵，铁面无私，他立下家规，规定子孙后代有犯赃者不得归宗，包拯事迹古今流传，百姓奉若神明。岳飞尽忠报国，大破金兵，不仅保住南宋小朝廷，中原恢复也指日可待。无奈赵构、秦桧卖国奸贼，竟以杀害忠良换取偏安，岳飞壮怀激烈，一心报国，未战死沙场，却断送在卖国贼手中，实千古奇冤，可悲可叹。文天祥从小仰慕家乡忠烈，入仕后发誓报效国家。当元军南下，宋廷崩溃时，他奋然而起，召集义兵抗元，当寡不敌众被俘后，文天祥大义凛然，忠贞不屈，被关押三年，受尽折磨，元世祖知其终不为屈，将他杀害。文天祥以自己的行动实现了"人生自古谁无死，留取丹心照汗青"的誓言。与包青天齐名的海瑞刚正不阿，廉洁奉公，不畏权贵，他冒死上书嘉靖皇帝，大胆指斥当朝弊端，名震天下。晚年任职都御使巡抚应天，斥黜贪墨，搏击豪强，矫革浮淫，厘清宿弊。海瑞去世后仅留奉银十余两，旧袍数件，观者无不泣下。百姓闻之如丧考妣，家家绘像祭之。号称清朝廉吏第一的于成龙自奉甚俭，每日唯以粗粮蔬菜自给，江南人呼为"于青菜"。他洁己爱民，严惩贪污，百姓拥戴怀念。林则徐为了国家和民族利益，坚决抵制英国输入鸦片，在广州与英国侵略者进行了英勇的斗争，虎门销烟成为中国乃至世界反毒品的光辉典范。鸦片战争失败后，林则徐被流放新疆，他以病弱高龄之躯，查勘南疆，行程三万里，教民垦荒，推广"坎儿井"，为边疆的发展作出了贡献。谭嗣同愤清廷丧权辱国，提倡新学，主张变法，与康有为、梁启超等推行戊戌新政，遭顽固派镇压后，毅然以死殉之，留下震撼人心的诗句："我自横刀向天笑，去留肝胆两昆仑"，"有心杀贼，无力回天，死得其所，快哉快哉。"成为近代为变法革新捐躯的第一人。至于辛亥革命之后的忠贞英烈则数不胜数。

中国古代各派思想家尤其是儒家对荣辱观有非常明确的定位，历朝历代忠孝节义之士也以此作为自己行为的准则，但与此相反的却有一些不忠不孝、缺少廉耻之徒。如春秋时齐桓公近臣易牙烹其子讨好君王，竖刁自宫以接近桓公，管仲看出他们居心叵测，违反常理，劝齐桓公将其驱逐，但桓公未听劝告，终于酿成祸乱。西汉苏武英勇不屈，坚守气节，流芳千古，李陵却贪生怕死，羡慕荣华富贵，投降匈奴，做出了有损节操、愧对祖国的事情。他面对坚贞不屈的苏武，虽然有所愧疚，但终于不能自拔。东汉李膺、陈蕃等"党人"刚正不阿，为国为民，外戚梁冀、宦官侯览等奸佞却贪残害民，荼毒海内，使东汉朝廷纲纪废弛，终致灭亡。当颜真卿独自坚守河北平原城时，河朔二十四郡除平原外全部投降安史叛军，许多州县更是望风归降，大唐两京失陷，风雨飘摇。有为国尽忠的岳飞、文天祥，也有出卖国家民族利益的卖国奸贼秦桧、贾似道，他们为一己私利，残害忠良，自毁长城，留下千古骂名。同样有著名廉吏吴隐之、于成龙，就有著名贪王严嵩、和珅，他们侵吞国家资财，破坏朝廷法度，致使王朝中道衰微。有刚正廉明的包青天、海青天，也有贪污受贿、阿谀媚上、残酷剥削，一心当官发财，不管百姓死活的俗官恶吏。他们不是不知道投降卖国、贪污受贿可耻，但在生死关头、物质利诱面前，往往丧失气节、抛弃原则，儒家圣贤提倡的仁义弃之不顾，周围舆论的谴责置若罔闻，更不管所谓身后骂名之事。之所以出现这种差别，就是对荣辱观的不同看法。前者以忠孝节义为荣，以不忠不孝贪污受贿为耻，认为一个正人君子应该忠于自己的信念，所谓"杀身成仁"、"舍生取义"是其高度概括；不顾大义唯利是图是小人之举，君子不为；并且儒家提倡修齐治平，干好本职工作，为国为民是其入仕的根本目的。后者虽然也有做人的基本良心，也受到中国传统耻感文化的影响，但在生命与仁义相取舍，满足还是克制物欲时，发生动摇、犹豫，最终私心战胜了仁义，物欲战胜了良心，于是就出现了一批恬不知耻、卖身投靠、疯狂聚敛之徒。他们以人生短暂、何必自苦为借口，以纵情享乐为人生目标，终于良心泯灭，如同禽兽，叛变屈节以为是识时务，贪污受贿认为是理所当然，什么国家民族利益，什么民众百姓疾苦，在他们眼里统统不在话下。于是历史上有大仁大义大忠之士，就有大奸大滑之徒，对善恶、荣辱的认识成为他们的分水岭。

第二节 人格的关键作用

一 家庭与社会环境的影响

秦汉以后，儒家的独尊地位确立，因而对人们思想意识的影响是以儒家为主导。儒家提倡耻感，主张修身、齐家、治国、平天下，在家孝顺父母，出门忠于国家。这些思想通过经典的学习，官府的宣扬，家庭的教导，深深渗透到每一个中国人心中。无论是出身贫寒还是生在豪门，都不可避免地接受这种影响。另外，扬善惩恶也是一种普遍的社会观念，儒家的"性善"论、仁义观，佛家的轮回说，道家的太平济世说等，都表明了一种劝善弃恶的观念。在这种氛围中，上至皇帝下至庶民，都努力教育劝导下一代，使之成为圣贤英杰、国家社会可用之才。即使达不到这一目标，也要成为一个善良的老实人，决没有人愿意把孩子培养成祸害社会、千夫所指的坏蛋。像皇宫中对太子或皇帝亲自教诲或派名师大臣训导辅佐，选取一些儒家经典进行有针对性的教育，以历史上的明君如尧舜禹汤文武周公等作为比附，希望他从思想品德和处政上都和圣贤一样，做一个有为明君。如诸葛亮辅佐刘禅，尽心竭力，经常劝导，忠贞不贰，刘禅虽然少不更事，才能有限，但对诸葛亮信任有加，视之如父，使蜀汉政权在刘备死后稳定并有所发展。唐太宗李世民立晋王李治为太子，遇见事务就进行教诲，如见到食物就说："你知道稼穑之艰难，则常有此饭矣。"见其乘舟则曰："水所以载舟，亦所以覆舟，民犹水也，君犹舟也。"见其息于木下，则曰："木从绳则正，后从谏则圣"。唐高宗李治即位后，基本遵循唐太宗教诲，使唐王朝继续繁荣昌盛。明神宗朱翊钧即位年方十岁，张居正作为内阁首辅亲自辅佐训导，他编写有关典籍作为教材，处政之余亲自讲授。当万历帝因年幼不懂事而闯祸时，他就告诉李太后，让她责罚幼君，跪地思过，或下罪己诏检讨。当万历帝宫中用度过多时，张居正以明君生活宜俭朴，天下百姓尚不富裕为理由，上书进谏。使大明王朝在万历初年吏治整肃，国库充裕，颇有中兴之景象。

对于成年皇帝臣下经常书面或当面用历史经验和典籍进行劝谏，宋代以后则定期举办经筵，由名儒大臣宣讲经典名篇，以此学习和借鉴。有时皇帝经筵懈怠，坐姿不端正，讲经大臣立刻借古喻今，予以指出，更不用说皇帝处事不周，遭到群臣纷起谏诤，从而出现许多冒死谏臣。如陆贾劝刘邦总结秦亡教训，认为马上得天下而不能马上治之，即不能专用刑罚暴力，要用儒家的仁义道德，从而长治久安。刘邦原来不用儒生，相信武力，至此幡然悔悟，从而使汉朝绵延数百年。唐代魏征是有名的谏臣，他在贞观二年（628年）就谏陈二百余事。而唐太宗又是中国历史上最著名的虚心纳谏之君，他以隋亡为鉴、从善如流鼓励了诸如魏征一样的谏诤之士。唐太宗下诏蠲免赋税但又复征，魏征以失信于民而劝阻；唐太宗自以功高德厚要封禅泰山，魏征以户口未复，仓廪尚虚，车驾东巡，必然劳民伤财为由劝阻；唐太宗作飞山宫和明德宫，魏征以隋炀帝恃其富强，役使百姓为例谏止。贞观十三年，魏征给唐太宗总结轻役民力、玩好奢靡、近小人远君子、骄傲拒谏等不克终者十条，唐太宗得疏曰："朕今闻过矣，愿改之，以终善道。"赐魏征黄金十斤，马二匹。唐太宗虚心纳谏，臣下踊跃谏诤，几乎每次都采纳正确意见，赏赐谏者。魏征对唐太宗分析忠良之区别说："稷、契是良臣，龙逄、比干是忠臣；良臣身荷美名，君受显号，子孙传承，流祚无疆；忠臣已婴祸诛，君陷昏恶，丧国夷家，只取空名。"魏征认为人主兼听则明，偏信则暗，举例尧舜清问下民，百事上达不蔽；秦二世、隋炀帝偏听偏信，致使亡国夷族。唐太宗听后深以为然。唐初君臣以史为鉴，居安思危，创造出著名的"贞观之治"和盛唐王朝，故而魏征去世，唐太宗思念不已，认为亡失一人镜。①

又如宋代讲经论史的经筵成为定制，规定自大学士、翰林学士、翰林侍讲学士或其他官员充任讲官，至崇政殿为皇帝讲解经传史鉴；以每年二月至端午节，八月至冬至节为讲期，逢单日入侍，轮流讲读（见《宋史·职官制二》）。后为元明清各朝继承。明代经筵主要是讲四书五经，另有《资治通鉴》、《贞观政要》、《历朝实录》、《太极图》等。经筵是作为一项重要的国事活动来进行的，故而礼仪甚隆，从礼部择吉期，皇帝御经筵前行礼先圣先师，至讲官进讲、知经筵及侍班官员等程序都有严格的规定。讲章内容一般是有关治国、施政、立身、正心等先圣先贤精粹之言、典范之事，由内阁根据情况而定。明代经筵一月有三次，即每月二、十二、二十二日，万历时又定二月十二日至五月二日为春讲，八月十二日至十月二日为秋讲。皇帝的讲学除经筵外还有日讲，只有讲读官与内阁学士侍班，礼仪逊于经筵。清朝基本上继承了明代经筵制度，但略有变化。康熙时将经筵改为春秋两次，其余日讲。另外经筵根据具体情况灵活而定。如康熙帝于康熙二十一年（1682年）南巡路经曲阜，除举行祭孔大典外，还请孔子后裔孔尚任担任经筵主讲，进讲《大学》首节和《易经》首节，康熙对孔尚任的讲解非常满意，笑对侍臣说："经筵讲官不及也。"（孔尚任《出山异数记》）之后康熙将孔尚任"不拘定例，额外议用。"（同上）使他由一名捐纳监生破格升为国子监博士。这虽然是康熙帝笼络人心的手法，但也可以看出清代经筵的便宜灵活。

---

① 以上所引资料均见胡国珍辑著《历朝四百五十人传记》上、下册，北京燕山出版社1991年版。

对于普通百姓来说，开蒙读小学类，继而四书五经，然后投考科举，入仕做官，父母老师均希望他有所成就，或成为国家栋梁，或为百姓谋福，上对得起国家朝廷，下对得起列祖列宗，从而光耀门楣。如西汉人贾谊十八岁以诵诗属文称于郡中，被汉文帝召为博士，他年龄最小却才思敏捷，每诏令议下，诸老先生未能言，贾谊尽为之对，诸生于是以为自己才能不及贾谊。汉文帝爱其辞博，一岁中超迁至太中大夫。汉武帝宠臣东方朔十三岁学书，十五岁学击剑，十六岁学诗书，诵二十二万言；十九岁学孙吴兵法，战阵之具，钲鼓之教，也诵二十二万言。东方朔苦读十年，诗书兵法无所不能，又善诙谐劝导之术，因而受到汉武帝宠信。东汉末诸葛亮更是读书仕进的典型。他志存高远，隐居苦读，除经史等书外，于诸子百家、兵农医卜无所不读，因而上知天文下知地理，具备了安邦治国的渊博学识和文韬武略，从而成就了一番事业。隋朝开科取士，科举制成为中国古代选取人才的主要途径，因而读书应举成为士大夫毕生追求的事业，唐宋两朝的一些著名人物大多都是通过科举而入仕的，如唐代狄仁杰、宋璟、张巡、颜真卿、郭子仪（武举）、白居易、韩愈等；宋代李沆、吕蒙正、包拯、范仲淹、欧阳修、王安石、宗泽、文天祥等。明清时期，朱熹注释的四书五经成为科举的官方定本，唐宋时的唯才是举变为机械的八股取士，除明初和清初因百废待兴特殊原因，任用了一些科举外的人做官，其余则是非科举不用，中央级的官吏则是非进士不用。于是读书做官更成为全社会认可的人生正途，社会各阶层都弥漫在通经入仕的氛围中。

除家庭与社会的正面影响外，还有不可忽视的负面影响。生在豪门或官宦家庭，锦衣玉食，仆妾成群。耳濡目染的是如何精于计算，扩大财富，投机钻营，宦海浮沉；入仕后面临官场的潜规则：不是适应环境，就是被罢官免职。因此刻剥百姓，逢迎上司，出卖原则，贪污受贿，种种秽行做得是脸不红，心不跳，理所当然。什么救民济世，什么治国平天下，统统被抛到脑后。于是在治世时成为社会蛀虫和硕鼠，乱世时就卖身投靠、祸国殃民。总之，客观环境对一个人的成长和变化影响是非常大的。

二 人格的差异

环境和后天虽然对人的思想和行为有巨大影响，但人性是先天的，孔子所谓"性相近也，习相远也"（《论语·阳货》）指的就是这个意思。不论人性是善也好，恶也好，都是先天具有的，人性不是人的本质，人的本质不是人性；人性是先天的，人的本质是后天形成的。因此，孔子特别重视修己求人的方法，他要求分三步走，一是学礼，二是约之以礼，三是自觉循礼，使人从一个礼仪规范的被动接受者转化为循礼而行的自在者，由对人的约束变成人的自我约束。这种思想与现代伦理学有关道德理性和观念的形成原因不谋而合。因此在同样的社会环境中，却有不同的人格表现，就是因为有的人能按照儒家传统思想，不辜负家庭社会的殷切希望，克制自己的各种欲望；有的人在物质利诱和官场潜规则面前则不能把握自己，轻则随波逐流，重则越陷越深，万劫不复，所谓的人性善恶在这里就展露无遗。中国历史上的英烈如苏武、张巡、文天祥、谭嗣同，廉吏如晏婴、魏征、包拯、海瑞等，他们面临生死存亡关头、高官厚禄引诱，却能保持节操，不为威胁利诱而背叛，不为物质引诱而丧失人格。他们能忍受难以想象的精神折磨，遭受巨大的皮肉之苦。像苏武在漠北十九年，过着茹毛饮血的原始人生活，前途渺茫，归期无望，按说只要回头归降，高官厚禄、锦衣玉食立刻就会有，但他意志如钢、坚贞不屈，匈奴人许给的荣华富贵在他看来如同粪土，一钱不值，所以他能坚持下来，赢得这场意志较量的胜利。文天祥被俘后，蒙古人为使其投降，将他囚禁三年，囚室中的折磨自不待言，关键是此时南宋已亡，蒙元作为新的统治王朝已成大势所趋。文天祥如果在故国恢复希望破灭时归降新朝，也情有可原，但他却坚守气节，忠贞不渝。这时文天祥已经不是忠于一个王朝，而是忠于国家，忠于民族，决不背叛。因为他知道虽然人的生命只有一次，最多百年，但是，是苟且偷生，还是宁为玉碎、不为瓦全则可以选择。儒家所强调的"杀身成仁"、"舍生取义"、"富贵不能淫，贫贱不能移，威武不能屈"的大丈夫气概在文天祥身上有最集中的体现。坚持操守的廉吏虽然没有死亡威胁、皮肉之苦，但抵御金钱利诱的艰难丝毫不亚于生死存亡给人的考验。像杨震、吴隐之、海瑞、于成龙等人，如果入乡随俗、随波逐流，按照官场一般性贪污受贿几年而腰缠万贯、衣锦还乡是完全可能的，但他们却夜却赠金，为官清廉，布衣粗食，两袖清风，身无余财，从而同僚感泣，百姓怀念。他们牢记儒家的义利观、荣辱观，认为正人君子以义为上，淡漠物质利益，以廉洁奉公、恪尽职守为荣，以贪污受贿、丧失人格为耻，因此包拯立下家规，规定子孙后代有犯赃者不得归宗。这就表示他们做人的原则，即上对得起朝廷和祖宗，下对得起百姓和子孙。因为他们知道历史的记载是真实而无情的，无论是英雄豪杰还是奸佞坏蛋，无论是贵族官僚还是平民百姓，都会留下自己的历史记录，这其中可能是书写的，也可能是口传的。所以受过儒家思想教育，稍有历史常识的人都很顾及自己的名节，唯恐留下骂名，子孙也为此受牵连而抬不起头。如秦桧奸贼，残害忠良，后人赋诗云："忠良事迹感天地，岳飞坟前愧姓秦"，"青山有幸埋忠骨，白铁无辜铸佞臣。"

和忠臣廉吏相反，奸佞贪官虽然从小也接受儒家教育，父祖家庭也希望他成为有用之才，但他生性奸诈贪残，一旦有权有势必然贪污受贿，残害忠良。且看史料记载：东汉大将军梁冀为人鸢肩豹目，性嗜酒，少为贵戚，逸游自恣，居职多纵暴非法。唐代酷吏来俊臣天资凶险，不事生产，反复残害，举无与比。唐朝宰相李林甫口蜜腹剑，柔佞狡诈，城府深密，好以甘言哄人，而阴中伤之，不露辞色。北宋宰相丁谓机诈有智谋，险狡过人，且多希合上旨，天下目为奸邪。北宋奸相蔡京天资险谲，舞智以御人主。在人主前，左狙右伺，专为固位之计。南宋奸相秦桧阴险如崖穽，沉阻竟叵测。喜谀佞，不避形迹，而鲜廉无耻之辈，竟为吮疽舐痔。晚年残忍尤甚，屡兴大狱，闻有言其奸恶者，即捕送大理狱杀之；上书言朝政者，例贬万里之外。士人稍有政声名誉者，必斥逐之，谏官略无敢言其非者。秦桧喜赃吏，恶廉士，一朝当国，妄缪恣睢。明代奸相严嵩无他才略，唯一意媚上，窃权罔利。明世宗自信，果刑戮，颇忌己短，严嵩以故得因事激帝怒，戕害人以成其私。窃政二十年，赎货嗜利，家富敌国，溺信恶子，流恶天下。明代宦官魏忠贤少无赖，目不识丁，猜狠自用，喜事善谀。嗜酒善诣喜赌，与诸恶少博，不胜，匿市肆中，诸恶少迫窘之，恚而自宫。得势后内控皇帝，外拥奸臣，有十狗、十孩、四十孙等走狗，自内阁六部遍置死党。魏阉残害东林，刻剥百姓，流毒海内，加速了明朝的灭亡。清代奸臣和珅生性阴险狡诈，善伺上意，奉迎顺旨，被乾隆帝宠信二十多年，祸乱朝政，贪污受贿，被赐死后抄有家财二亿多两白银，号称第一贪王，大清帝国自此由盛而衰。① 这种生性贪残有时并不是祖上基因遗传，如梁冀父亲梁商虽然位居大将军，但行为做派并不过分。当梁商亲客洛阳令吕放，颇与梁商言及梁冀之短，其父并未护犊掩过，而是以此批评梁冀，梁冀怀恨在心，将吕放杀死并尽灭其宗亲、宾客百余人。又如严嵩祖上严孟衡，永乐十年（1412年）进士，官至四川布政使，为官刚正清廉，僚属惊其风采。其父严淮虽布衣百姓，但务农习儒，性格严毅。严嵩外曾祖

---

① 参见胡国珍辑著《历朝四百五十人传记》上、下册，北京燕山出版社1991年版。

晏大常曾出粟赈济饥民，朝廷玺书旌表其门，乡里称善士。如此家教环境，却出了严嵩这样一个奸诈贪残的败类。当然，无论是忠良还是奸佞，都要有适合其表现的环境才能一览无遗地展现其人格特点。像苏武如果不是出使匈奴被扣留，就不会有其惊天地、泣鬼神的忠贞之举；同样，严嵩在正德年间隐居家乡十余年，如果不是嘉靖初重返仕途，他俨然是一个不与朝廷腐败势力同流合污的诗坛一秀。因此客观条件与人格差异的结合就出现了在改朝换代、生死关头的忠贞之士与贪生变节之徒，在官场因循中的清官廉吏与贪官污吏。历史总是浓重墨笔地记载这些极具个性特色的人物，虽然他们在历史的长河中居于少数。而大多数人性格中既有本性善良的四端，也有各种自然生理欲望，他们在生死关头可能会动摇，但在有权势时也不会太过于贪残。前述两种极端品格，则是或善性居多或恶性充盈，他们在相同的环境中作出截然相反的表现，就丝毫不令人奇怪了。

第五章 节操观念的现代意义

第一节 节操观念的现代诠释

一 伦理化的中国传统法律

所谓"伦理",根据《说文解字注》段玉裁解释:"伦,道也,理也。"① 伦理就是人的道理,简称人道、人理、人义,即通常所说的人伦道德。这种中国传统的人伦道德通常指儒家的礼教,即从周礼到孔孟等形成的伦理思想,包括忠孝以及演变形成的三纲五常,它影响并支配着中国传统法律的发展和形成。夏商时期法律与宗教伦理的混合,突出表现为神权政治与宗法家族政治的融合,即神权与王权和族权的合一。这种源于对天命和鬼神的莫名恐惧与崇敬的神权观念从属并服务于奴隶制的王权,其目的在于使王权神圣化。夏商神权是假借天和神的意志实施司法制裁,即所谓"天罚神判",这在甲骨文和金文中均有实例记载。西周时期,神权政治日益动摇,神权法和天命思想逐渐消逝。春秋战国至秦统一,随着神权政治和天命思想的彻底崩溃,法家思想和法家系统的法律制度占据此段时间的意识形态和上层建筑。法家崇尚"严刑峻法",轻视和排斥儒家及西周遗留下来的礼制,将本于人说的道德训条"礼"从法治中剔除出去,以期达

---

① 许慎撰,段玉裁注:《说文解字注》,上海古籍出版社1981年版,第371页。

到"以刑去刑","以杀去杀"的政治效果。这样,西周时期伦理(礼)和法律(刑)混合的局面被打破,法律有了独立的发展。

中国古代法律独立发展运动从汉武帝时开始停止并转向,推动其向伦理化发展的关键人物就是汉代大儒董仲舒。从汉武帝开始到唐律的诞生,经过了七百多年的时间,其间大体可分为三个阶段。汉武帝至东汉末年是中国法律伦理化的初级阶段,礼教对法律的影响和改造只能通过"引经决狱"和研习律学、解释法律这种侧面迂回的方式来实现。在汉代史籍中我们经常能读到循吏引用儒家经书尤其是《春秋》来剖析疑案的记载。董仲舒以老病退休在家,朝廷每有政议,还多次派遣廷尉张汤亲至陋巷向他请教,"问其得失,于是作《春秋决狱》二百三十二事,动以经对,言之祥矣。"(《后汉书·应劭传》)东汉时则有马融、郑玄等几十家解释汉律,每家都著有几十万言。虽然他们声势较大,收效可观,但对汉律只是施加了深刻的影响和零碎的修改,远未达到全面彻底改造的境界。三国两晋南北朝时期,地方豪强并起,地主庄园经济大为发展,中央权威遭到威胁,门阀士族控制了政权。他们大多经受过儒家礼教的熏陶,聚集和重用了大批饱读经书的儒生,他们共同参与立法,借机将儒家礼教直接而全面地贯彻、渗透到法律中去。如从曹魏的"八议"入律,到《晋律》确立"准五服以制罪"的原则;从《北魏律》的"官当"法律化,到《北齐律》的"重罪十条"等,都十分清晰地显示出伦理化在持续不断地深入和扩大。第三阶段隋唐时期,承前旧制,总汇大成,至此伦理化最终完成,这一价值体系把礼奉为最高的价值评判标准,凡礼所认可的,即是法所赞同的;反之,礼之所去,亦是法之所禁。《唐律》及其《疏议》是标准的伦理化的法典,经它所确定的原则、制度、篇目,甚至具体的律文、术语和概念,都为宋元明清诸律所继承。

中国古代法（以刑为中心）最早是随着部族之间的征战而逐渐成长起来的，这个过程实际上便是其不断地对同一血缘（同族）的认定和对不同血缘（异族）的否定过程。血缘关系始终是当时法律区分敌我、确定罪与非罪的主要标志，这就意味着上古法律具有强烈的血缘性。中国原始部族由于洪水和战争原因，使其在转变为国家组织时氏族血缘纽带没有断裂，固有的血缘关系没有解体，而是直接转化为新的宗法血缘关系，在春秋战国以后又转化为新的宗族（家）血缘关系。由此可见，古代中国的社会组织虽然经历了几次变化，由于没有受到古代希腊那样的由航海和商品经济所引发出来的外部和内部力量的冲击与瓦解，所变不离其宗，血缘纽带一直未受到根本性的触动。这正是中国法律愈益伦理化的历史渊源所在。无论是青铜时代的氏族、宗族还是封建时代的家族和国家，都以个体血缘家庭为核心，离开了个体血缘家庭，上述各种组织都是难以存在和发展的。因此，个体血缘家庭是中国传统法律集团本位的核心，也是传统伦理的社会载体。它所赖以存在的物质基础是中国数千年的宗法小农经济。这种经济的好坏除了难以预测的天灾人祸外，主要依靠生产的经验技术和劳力。这就决定了富有生产经验的长者和拥有体力的男子在生产中的重要地位，也自然形成了长辈对下辈、父亲对子女、丈夫对妻子的领导和指挥。这种在农业中形成的关系反过来又使个体血缘家庭更加强化和稳固。儒家把这种独特而又普遍存在于中国社会的现象加以伦理化和系统化，创制了源于现实而又高于现实的传统伦理。这种已成为意识形态的伦理一旦和社会现实中孕育它的母体结合，又会释放出新的能量，促使家庭内原有的那种血缘关系向神圣化、规范化和社会化的方向发展。

中国传统法律的伦理化自隋唐确立后日趋强化，不仅是由于物质条件发挥了根本性的作用，还因为得到了政治权力的有力支持和社会大文化背景的强烈衬托。因为儒家礼教的精神，特别是

"君为臣纲"的戒条符合了中国传统的现实，有利于维护封建统治者对社会的控制，因此当政者利用行政权力来积极推进法律的伦理化，以便将刑法镇压的锋芒掩藏到温柔的伦理面纱之中，融霸道于王道之中。这就是中国古代法律典籍中所谓"德主刑辅"、"礼刑并用"。而社会大文化背景则是指法律以外的一般伦理、哲学和文学艺术以及社会氛围。由于传统中国是一个泛道德的伦理社会，特别是在理学兴起之后，上至国家的政治、经济、军事、外交和社会的哲学、文学、艺术，下至普遍平民的衣食住行、处身立世和言谈喜恶，无不弥漫和浸透着伦理的色彩。诸如"刑有三千，罪莫大于不孝"，"不孝有三，无后为大"，"忠君报国，伦之纲常"，"五刑之中，十恶尤切"，"万恶淫为首"等伦理教条，构成了一个穿透不了的社会氛围，规范和影响着人们对事务的评价，造成了一个看不见摸不着而又无比巨大的伦理化的社会心理态势。①

正因为如此，具有仁、义、忠、信等内涵的节操观念就成为人们信奉遵守的教条，丧失气节、背叛投敌是不忠不孝、大逆不道，家属亲戚要受到惩处，如李陵投降匈奴，汉武帝收系其老母，杀其全家。玩忽职守、贪污受贿，更要受到法律的制裁。即便在国破家亡、朝代更替时，人们也是受节操观念的约束，怀念故国，为其守节殉身。伦理化的法律和伦理化的社会氛围，支配着人们的行动和观念。尤其是历史的记载，更是对丧失气节和操守者大加挞伐，使之永远钉在历史的耻辱柱上。有的统治者为提倡忠义，褒扬为前朝死节的义士，贬黜投降本朝的功臣。如赵匡胤褒扬为后周死难的将领韩通，重赏被俘不降的北汉宰相卫融。明朝降将洪承畴为清兵入主中原立下不世

---

① 参见张中秋《中西法律文化比较研究》第四章第一节，南京大学出版社1999年版。

之功，乾隆下令修纂《贰臣传》时却将他列入其中，其立场极为明显。历史上的那些佞臣贪官无一例外地都被记录在册，受到后人责骂。

二 中西伦理和法律思想比较

欧美伦理和法律思想是以个人为本体，具有民主性、宗教性、法制性特点。和中国不同，古代希腊雅典和罗马国家是通过氏族内部及平民与贵族的斗争，在炸毁旧的血缘氏族基础上建立起来的，在此基础上逐渐形成了独具特色的西方个人本位法。雅典法经过提修斯、德拉古、梭伦和克利斯提尼改革，由氏族法转变为"城邦本位法"，也就是一种雅典公民本位法。它规定雅典的一切事务皆由雅典公民来决定，法律全面维护公民的权益，法律以公民个人为中心。雅典政治兼具了主权在民和轮番为治两个特色。古罗马法在塞维阿·塔里阿改革以前基本上是一种氏族法，改革后氏族制度逐渐遭到破坏，家和家族的地位相应提高。《十二铜表法》制定后到共和国中期，罗马法一直是一种家本位法；到共和国晚期，随着经济发展和军事扩张，家本位逐渐瓦解，个人本位的法律观和法律制度在否定了家本位的基础上发展起来，从而为近代欧洲个人主义法律思想和制度提供了历史渊源。罗马帝国灭亡后，日耳曼人以氏族为本位的原始习惯法代替了"保护私有制、个人意志自由"的罗马法，与此同时，也接受了罗马的国教——罗马天主教，从此基督教成了西欧政治、经济和文化生活的主题。8世纪骑士制度的兴起，开始对传统的日耳曼社会进行冲击，新的阶级臣属关系取代氏族血缘关系，氏族集团本位随之瓦解，基督教（上帝）本位思想则日益扩张。西欧商业的兴起，地理大发现和宗教改革使文艺复兴运动蓬勃而起，孟德斯鸠、卢梭、伏尔泰、康德等思想家以古典自然法学说为武器，批判和反对当时占统治地位的法律制度，提倡反封建、反神权的个人本位法，主张人权天赋、人人生而自由平等、所有权不可侵犯、契约自由、主权在民等。至此，西欧中世纪法律中的氏族集团本位和上帝本位分别在"封建制"、"文艺复兴"和"商业革命"等历史潮流的冲击下破裂，个人本位的法律观和法律制度从废墟下的罗马法中脱颖而出，重新放射出炫目的光彩。从最早的英国《权利请愿书》（1628年）到美国的《独立宣言》（1776年）、法国的《人权宣言》（1789年），个人本位得到了法律的正式确认。之后这些维护基本人权的宪法在西方国家日益普遍。

西方个人本位法虽然在形成中受到宗教的阻碍，但教会法的许多方面也为近代西方法所接受，这种影响主要体现在五个方面：第一，它对自然法的理论产生了影响；第二，直接提供经过整理、并已付诸实施的行为规则；第三，强化伦理原则和提出一些基本依据，以支持国家制定法或普遍法的规则；第四，在人道主义方面影响法律，包括强调个人的价值、对家庭成员及儿童的保护、生命的神圣性等；第五，证明和强调对道德标准、诚实观念、良好的信仰、公正及其他方面的维持。[①] 此外，西方法还具有传统的法治精神。早在雅典城邦政治逐步确立过程中，就具备了近代法治国的重要特征。之后古罗马接受了希腊理性法思想，包含了他们对法治精神的摄取。罗马从王政到共和至帝国初期，不仅建立了一个庞大的法律体系，而且将法治的精神贯彻于体系之中。其中体现平等、民主和权利的私法是希腊法治精神在罗马法律实践中的新发展。罗马进入帝国以后，皇权对法律的影响日益增大，人治与法治处于对立并存的状态。尽管如此，法治的传统仍有巨大力量，罗马皇帝狄奥多西和东罗马查士丁尼大帝都认为君王必须受法律约束，其权威和容光不但依靠兵器，还须用法

---

① 见［英］沃可编著《牛津法律大辞典》，第522页。

律来巩固。[①] 在中世纪,理性的思想和法治精神虽然笼罩在宗教帷幕之下,但掩不住传统的光彩,法律仍然具有神圣不可侵犯性。因为上帝代表人类又超越人类,其意志是人类普遍意志的指导,决不等同于君王的专横意志。因此,来源于上帝理性的法律体现是一种神化了的抽象的普遍意志,而不是特殊的个人的专横意志。文艺复兴运动中,启蒙思想家对教权专横和世俗专制进行了激烈批评,他们认为专制、人治是人世间一切不幸的根源。他们继承古希腊哲学家的法治思想,提出三权分立、人权和人民主权思想。经过17—18世纪欧美的社会革命,终于确立资产阶级法治统治模式,体现了人权神圣不可侵犯,法律至上,法律面前人人平等,三权分立的原则。

与西方思想意识及法律相比较,中国传统意识及法律则有专制性、伦理化、人治性特点。

首先我们来看专制性。西周建立宗法制度,将政治的统治关系与宗族的血缘关系合而为一,宗族成了国家政治法律制度的基础。这种宗族本位通过层层分封,从天子到庶民的阶梯式结构而体现。春秋战国之际,天下大乱,礼崩乐坏,宗族统治没落,中小地主和官僚兴起,家国一体、君父一体的政治局面被打破。分裂割据战乱的状态使人们盼望一统,而一统的思想则源远流长,在《尚书》、《诗经》以及金文等资料中可以看到相关内容,《诗经·北山》的"普天之下莫非王土,率土之滨莫非王臣"就是其典型代表。儒、墨、道、法都鼓吹和希望政治一统,法家竭力鼓吹君主专制,严格君臣上下之分,排斥儒家宗族理论,"多贤不可以多君,无贤不可以无君"(《慎子·佚文》)。"使天下两天子,天下不可理也"(《管子·霸言》)。他们主张通过权、术、

[①] 见张中秋《中西法律文化比较研究》,南京大学出版社1999年版,第301—302页。

势来使君主至尊，是典型的国家本位或皇权主义。孔子通过对宗法制的两个基本原则"忠"与"孝"的沟通性解释，重新弥合了家与国的分离，在同姓血缘君父一体制崩溃时，为非同姓血缘君父一体制奠定了理论基础。孔子之后的儒家诸子对其理论进一步发挥和解释，终于形成一条完整的"修身、齐家、治国、平天下"的家族政治理论纲领。经过西汉儒法的合流，家族本位与国家本位结合，成为统治中国两千多年的主流思想和法律意识。在这个统治模式中，家国一体，皇帝即代表国家，代表社稷，国家本位的实质就是皇权本位。《唐律疏议》的十恶中有关"谋反"、"谋大逆"、"谋叛"、"大不敬"的严厉惩处，都是对封建皇权的极力维护。

其次是伦理化特点。如前所述，中国古代的伦理思想从西周时开始萌发，经过春秋战国孔子、孟子、荀子等儒学大师的创制和发展，形成了以忠、孝、仁、义为核心内容的伦理思想。到了西汉时期，经过董仲舒的改造，将之归纳成三纲五常，集中代表了具有血缘宗法小农社会思想意识的特点。由于儒释道三家的斗争和融合，到宋明时期，理学家吸收佛道思辨成分，将儒家伦理思想更加理论化、系统化。在这个过程中，中国传统法律日益伦理化，法律与伦理观念形成一个巨大的社会氛围，将社会各阶层的人置于其中。

再次是人治特点。中国古代政治的人治特点是相对于西方现代法治政治而言的。现代意义上的法治是民主政治的产物，其发源于古希腊和古罗马；法治和宪政紧密相连，没有宪政就没有法治；法治的核心是国家不仅仅通过法进行统治，而且它本身也为法所支配，即"法律制约权力"；法治的直接目标是取消专横和特权，实现"法律面前人人平等"；法权既是一种统治方式和手段，又是一种价值目标，在文化哲学和法观念中，后者先于前者。作为与人治相对立的法治之法不是一般所言的法律，而是指具有民主政治背景、体现大众意志的法。而中国传统不存在这种意义上的法。中国传统未曾出现和存在过法治，是因为中国传统没有民主政治，先秦以前的政治即使不能与秦汉以后的专制等同视之，但决不是民主政治，至少也是一种贵族专制。中国古代无宪政。在1911年晚清政府颁布《宪法重大信条十九条》以前，作为国家最高权力的皇权从来也不可能为法律所支配，相反，皇权在根本上支配着法权；作为官僚的一般职权自然应遵循法律，但不必对法律负责，因为他们的权利乃是皇上的赐予，法律最多只是其权力的限制，而不是权利的基础。中国传统法不是取消特权，而是予特权以法律化、制度化，"八议"、"上请"、"减免"、"官当"等即是明证。法律在中国传统只是道德（礼）的器具，它的价值在道德体系内。人治从法的精神来理解，是指法在本质上所体现的拥有极权的个人或极少数人的意志。蕴涵这种意志的法既是极权的一部分，又是维护极权的工具，从而在政治上构成一种专制的治理模式。据此，我们可以获得这样一些认识：人治和法治是两个相互对立的概念，人治意味着不存在近代意义上的民主和宪政，在政治上表现为专制；人治不是没有或取消法律，只有极端的人治才是如此，普遍的人治是通过法律实现专制；人治通过法律控制社会，但法律在根本上不是社会（统治与秩序）和权利的基础，而是国家最高权利的工具，权终究大于法；大于法的权不是一般的职权，而是指极权，在古代社会，通常为王权或皇权以及少数贵族特权。依据现代法学，国家政务和权利可以划分为立法、司法与行政三部分，传统中国自秦汉以后，上述主权最终均臣服于皇权。从秦皇到清帝，立法权被牢牢控制在君主手中，皇帝以律令格式、诏诰、敕谕等方式发布具有法律性质的命令。这种法律首先反映的是皇帝的意志，其次是以皇帝为代表的极少数人组成的统治集团的意志，最后才是获得他们认可的社会一般意志。这在根本上是一种与民主性的大众意志相背离的专制意志（法）。而古代中国司法和行政难以严格区别。在中央虽然有专职的司法机构，如秦汉时期的廷尉，秦汉以后的大理寺、刑部、御使台（都察院），但这些机构都要受行政的限制和领导。秦汉时期的宰相或丞相、隋唐时期的"三省"以及明清时期的"内阁"、"六部"等既是行政机构，又可参与或主持审判，并有权监督司法机构的活动。因为所有的专职司法机构并没有获得独立于行政的权利，只是相对的职能分工有所不同，所以机构和职官建置都归属于行政系统。如唐代刑部归尚书省管辖，大理寺归刑部管辖，御使台归皇帝直接领导；明清时刑部和大理寺归"内阁"掌管，都察院直接由皇帝掌控。地方上历来实行司法与行政合一。依据国家法律，刑、名、钱、粮是地方行政长官的四大职能，其中维持地方治安和负责司法审判是首要之务。皇帝通过高居权利结构的顶端，成为国家最高的行政首脑兼最高审判官，一切都要由皇帝最终裁决；在皇权以下，行政包容了一切，皇权是诸权的总和与代表，它通过立法将专制的意志贯彻于法中，又通过控制行政和司法，确保体现专制意志的法得以实施，而它本身却不受任何法律和制度的约束，相反，任何法律和制度都要以它的意志为转移。[①]

三　节操观念的现代诠释

概括来说，节操观念是具有仁、义、忠、信、廉、耻内容的儒家伦理范畴，它形成于先秦秦汉时期，贯穿于整个传统社会。无论是治世还是乱世，这种观念都能得到充分体现，其凝聚着中华民族思想意识的精华，包含了传统文化最重要的核心内容。节操观念虽然是一种伦理范畴，但在中国古代法律伦理化的过程

[①] 参见张中秋《中西法律文化比较研究》，南京大学出版社1999年版，第277—291页。

中，它被吸收入许多法律规定中，如有人叛国投敌，亲属要受到惩处，贪污犯赃，最高可处于死刑，朱元璋甚至用剥皮等酷刑惩治贪污。最重要的是在中国传统中，利用伦理道德氛围和有关法律规定，使人们不自觉地受到节操观念的影响，保持气节操守光荣、失节贪赃可耻的观念深入人心；有的奸佞如秦桧、严嵩、和珅等虽得意猖狂于一时，日后必将受到历史的谴责。因此人们尤其是士大夫对于自己的名节特别爱护，把它看得比生命还要可贵，因为这不仅关乎个人，还会影响到后代。通观中国历史人物传记，除帝王不好完全套用外，几乎所有入仕者都可以用节操观念进行划分评判，正邪忠奸一目了然。

中国自汉代儒法合流，霸王道杂之，刑罚与伦理互相渗透，交互使用，残酷的刑法蒙上了一层温情脉脉的道德面纱，所谓"教之不从，行以督之，惩一人而天下之所劝诫。所谓辟以止辟，虽曰杀之，而仁爱之实已行乎其中。"[①] 仁义（礼教）与杀戮一镜两面，融为一体。伦理与刑罚的结合对中国传统社会的稳定起了极为关键的作用，所以有人称中国古代为礼治社会，或德治社会，自然不无道理。鸦片战争以后，中国日益受到西方列强政治、经济、文化的影响，中西文明面临剧烈的碰撞，中国传统文化虽然在古代创造过灿烂的文明，但随着西方工业革命和科技兴起，古老的东方文明黯然失色，逐渐衰落并被日益同化。最明显的标志就是晚清政府实行的一系列改革，如政府机构设置模仿欧美，实行立宪（虽然不彻底），文化教育实行废科举兴学校，经济上发展现代工商业。辛亥革命的爆发，民国政府的成立，更是使古老的中国告别了两千多年的帝制时代，迈进了共和的新时期。之后新文化运动的兴起，使得中国传统文化受到更沉重的打击，人们激于中国贫弱、落后挨打的义愤，将之归罪于传统文

[①] 朱熹：《朱子语类》卷78，中华书局1988年版。

化，认为只有全面学习欧美，才能使中国富强，于是以儒家为代表的传统文化被抛入了历史的垃圾箱。而马克思主义在中国的传播和兴盛，使传统文化更成了罪恶之源。鲁迅偏激的语言："吃人"的仁义道德，成了儒家文化的代表，大量文化遗产被当成"四旧"扫荡殆尽。中国人的心理经历了疾风暴雨般的涤荡，传统的伦理道德自然失去了昔日的影响。改革开放后，随着经济的发展和对外交流的增加，西方文化更是大量涌入；我们的政治制度也好，经济发展也好，无不打上西方文明的烙印。如健全法制社会，实行民主政治；实行市场经济，减少行政干预等，都是现代西方文明的翻版。"文革"的教训使大量中国人失去了对马列主义的信仰，年轻一代既少有传统文化的教育，意识形态领域内又缺乏令人信服、能统摄人心的思想理论，于是西方文化自然几乎成为中国的主流文化。

　　包括节操观念在内的伦理道德是在古代中国人治化、伦理化的环境中统摄人心的，它适应了以宗族式小农经济为基础的传统社会，成为联结社会各阶层的精神纽带。近代中国之后，伦理道德随着传统社会的瓦解而丧失了精神主导作用，一切行为规范都以欧美为标准，即以个人为本位，法治化、民主化，即使某些方面远远没有做到，但西方的科学与民主也始终是中国人追求的目标。尤其是近二十年以来，西方的价值观念日益影响着每一个中国人，西方文明统治全球并代表着最先进的文化似乎已成为不争的事实。在这种情况下，怎样利用中国古老的传统文化为现实服务呢？包括节操观念在内的中国传统伦理道德是否还能适应今天的需要？这些都需要我们认真加以思考。日本、韩国及东南亚是历史上受儒家文化影响比较大的国家和地区，在新旧社会转型过渡时期，它们都很成功地完成了传统与现代文明的结合，从而成为亚洲发展先进的典型。但是这些模式与中国确实不相符合。像日本与韩国，它们在古代历史上都是单一民族，没有经历过异族的入侵和统治，思想意识比较单纯，民族的凝聚力也比较强。其中，日本虽然受中国文化的影响很深，但儒释道等传到日本后就变了味，像尊崇儒学却不讲仁义，尊崇佛教却不守教规（五戒等），尊崇道教不以自然为本，一切以实用为根本目的，因而日本形成了以天皇为神圣的武士道文化，服从与野蛮、整体性强成为其国民特点。这与中国的儒文化是大相径庭的。中国的传统文化虽然以儒学为核心代代传承，但随着异族的入侵和历史的变迁，形成了许多大的断裂带。第一个断裂带是魏晋南北朝隋唐时期，佛道兴盛，儒学式微，大量的传统被打破，许多少数民族风俗文化被吸收，思想道德意识显现出与两汉迥然不同的特点。第二个断裂带是辽金元时期，虽然汉文化很快将其融合，但异域文化仍然留下明显特征。第三个断裂带是清末至20世纪70年代，传统文化受到西方文明的猛烈冲击，几乎处于断绝状态。前两次断裂后儒学吸收佛道，创立理学，或将异族同化，显示了中国传统文化顽强的生命力。第三次断裂却是致命的，因为儒学存在的基础开始动摇并日趋瓦解。由于这一次次的民族融合造成的文化更新，中国社会显现了一种与日本、韩国不同的特点，即民族混融，思想复杂，缺乏整体性，凝聚力相对较弱；尤其是中国具有除旧布新、否定前朝的传统，除了以儒学为代表的文化能被后朝接受外，其余诸如宫阙、宗庙、制度等一切带有前朝特征的东西统统被除掉，所谓改正朔、易服色、变制度，以示改朝换代；或曰不破不立，不塞不流，不打碎一个旧世界，就不能建设一个新世界。这都造成了文化传承的困难，给中国人造成了一个弃旧换新的心理定势。鸦片战争以后中国民族危机的加深，更强化了这种历史倾向。

包括节操观念在内的古代中国传统伦理道德是建立在家族小农经济基础之上的思想意识，家族系统是封建统治网络中的重要一环，尤其在社会基层如乡村之中，家族的影响更为重要。封建统治机构在县一级除了正官县令，佐贰县丞、主簿、县尉（或典史）及几十个属吏外，统治力量非常薄弱，因而亲民官县令要大力依靠宗族乡里的教化力量维持统治。族长和乡绅成为官府在乡村没有品级和俸禄的统治代表，他们利用家规、族规、乡规来制约不守礼法者，用儒家的伦理道德和习惯势力"惩恶扬善"，对于不孝、有伤风化等犯者，他们可以直接将其处置，而不受法律的制约。如通奸犯沉塘，侵害父母者处死等。中国从秦代的三老到清代的族长，两千多年的乡里教化网络经过几十年猛烈而残酷的现代革命被彻底摧毁，农村中农民与地主的阶级对立代替了传统的家族血缘关系，通过暴力没收地主土地，实现了现代意义上的土地改革，中国共产党因此获得农民的支持而夺取了政权。共产党对乡村的管理直接插到村一级，控制的力度大为增强。20世纪50年代的农业合作化和一系列政治运动以及乡村干部的腐化，使农民的不满情绪日益增加。1978年的联产承包责任制解放了农村的生产力，使农民的生活大为改善，与政府的关系也有所缓和，但政府对乡村的控制力却大为下降。中国古代城市中主要居住官员、军队、商人及普通市民，由于封建官府在城市中的控制力量比较强，因而除了用传统的伦理道德进行教化外，行政干预是其主要控制方式。20世纪50年代后，政府对城市的控制是思想意识和行政管理相结合，前者似乎比后者更为强化。经过"文革"等政治运动后，马列主义的信仰日益淡化，西方思想意识更是汹涌而来，因此用什么理论来统摄中国人心成为当今最紧迫的问题。

针对这一情况，学术界恢复了中国传统文化尤其是儒学的研究，力图寻找儒学与现代社会的契合点。他们发现了日本、韩国及东南亚传统与现代成功结合的诸多范例，因而欢欣鼓舞。党中央近年来进一步提出了"以德治国"的方针，加大了对人文社会科学和传统文化研究的支持力度；似乎我们把过去找回来，就能立刻灵验。正如前文所述，中国与日韩诸国不同，中国已在近代化过程中将传统文化抛弃殆尽，人们的思想意识出现了巨大的断裂带。而传统伦理道德是建立在家族小农经济之上的思想意识，它与封建刑法互为补充，故而能影响很大。当这一切前提都不存在时，又能将它嫁接在何处？有人可能认为既然它是中国原来固有的东西，现仍然有潜移默化的巨大影响，拿来使用应该没有问题。但中国现在的情况是，我们逐渐与世界接轨，政治上日益民主化、法制化，经济上以市场调节为主，传统社会中的专制性、人治性、伦理化残余正在逐渐肃清。再把适用于传统社会的伦理道德不加改造重新设计而拿到今天，在西方文明强调以个人为本位，以民主法制为治国之本的巨大影响下，恐怕其作用微乎其微。从近些年在商品经济影响下人们唯利是图、道德沦丧、世风日下，而提倡无私与奉献竟然被视为不识时务甚至作为笑柄，就可见一斑。

第二节　节操观念在现代的培养与发扬

一　节操观念的制度化和规范化

节操观念曾在传统社会有巨大影响，但随着儒家文化体制的解体和封建帝国的消亡，这种影响已在西方文明的侵蚀下日益减少，尤其是近二十年来商品经济的高速发展，更使残存的节操观念受到动摇，于是出现了许多崇洋媚外、丧失气节、贪污受贿、寡礼鲜耻的现象。最让人触目惊心的是，有的人不以道德沦丧为耻，反以品行恶劣为荣，尤其是社会精英阶层（包括行政管理人员和知识分子等）丧失了传统社会的名节思想，既不管现在，又不顾身后，正是当今社会流行的急功近利和浮躁风气的反映。虽然传统思想因社会基础的改变减弱了其作用，但其合理的精神内核仍然存在，如节操观念包含的爱国主义精神、廉洁奉公、勤政爱民思想等在当今社会中仍具有重大现实意义，因此挖掘传统文化中优秀的内容为现实服务就成为当今刻不容缓的任务。中国文化的最大特点是吸收并同化外来文化，形成具有中国本土特色的文化。历史上的儒释道斗争融合，佛教的中国化，马克思主义的中国化等，就表明了这一点。所以中国的传统文化虽然受到西方文明的强烈冲击，但相信它会在烈火中得到重生，既不会全盘西化，又不会是传统的翻版，这就需要政府、社会（单位和学校）、家庭和个人联合作出努力。

在这四者中，家庭是核心，因为任何人从出生到走向社会，都离不开家庭，家庭通过其成员与社会、政府发生关系；而政府又是这四者的终端。因此家庭和政府是培养人最关键的两个环节。从家庭来说，它与社会和政府配合，把需要遵循的法律法规灌输给下一代，在家言传身教、耳濡目染；在学校尊敬师长，团结同学，接受德智体教育；在单位遵纪守法，完成各种任务。从政府来说，制定适合国情并日益完善的法律法规。在道德建设方面，要制定详细的奖惩条例。如在中学要有宣传节操观念的教材和课程，或在历史和社会课中设专章讲述，教室中张贴有关节操人物的图像以营造气氛；大学中则开设节操观念公选课。在政府机关和企事业单位，要进行岗前节操观念培训，宣传廉洁奉公思想，制定详细的法律法规，防止权力机构和有关负责人贪污受贿；借鉴外国反贪的成功经验，使有关的职能部门互相制衡，使财务部门相对独立，直接对上级计审部门负责。对于具有气节和操守的人员，要利用媒体大力向社会宣传，另外要进行重奖，单位中的遵纪守法、廉洁奉公者要根据他经手的国有财产按比例奖励，加薪提职，使之逐渐养成良好的职业道德。制定法律法规固然重要，但良好的社会氛围更为重要。2004年笔者去香港旅游时发现，香港经过一百多年的法制建设，具有很好的社会氛围和条件。香港特区政府规定公共场所吐痰罚款1500港元，吸烟罚款3000港元，执法人员认真执行公共场所卫生条例。香港街道由此变得非常干净，居住环境大为改善。相反，同为特区的澳门，由于相关法规的松懈，则卫生环境比香港差很多。在进入香港时导游反复告诫我们注意公共场所卫生，避免受罚，我们似乎没有痰要吐了，烟也不想吸了。到了澳门，一看管理不严，环境较差，因而故态复萌，各随其便了。由此可见，孔子所说的自律与他律的关系，在现代社会中应该首先是他律，政府根据实际情况制定有关法律法规作为尺度，通过各种途径加以宣传，从蒙童开始到进入社会，在思想中牢固树立正确的法制观念和道德意识，经过数十年的教育灌输及自我遵守，使之内化为一种自觉，自律由此转化成为关键因素，人的道德意识不断地纠正自我的各种不良行为和欲望，从而由自由之人变成自在之人。当然，这种理想道德意识和人格在传统社会也是相当难以形成的，在传统向现代转型之时，则更加困难。如前所述，当今社会受西方文明影响，家族及社会制约力减弱，他律性的法律法规作用提升；但由于制度的不完备和传统观念的影响，和香港等相比，就存在着有法不依或执法不严的情况，职能部门视情况而定，如遇熟人、亲戚、朋友、权要等，则法律的尺度有所变化，同人同事不同法，传统社会人治、伦理的特点支配了执法人员的头脑，从而构成当今建设法制社会的最大危害。自律是以他律作为标准和尺度的，如果他律可以因人而异，缺乏公正，自律就很难把握，各种所谓劝世良方和伦理道德也就无法施加影响，从而形成对人严对己宽，人前一套人后一套，上有政策下有对策，甚至"满口仁义道德，一肚子男盗女娼"，社会风气急剧恶化。这显然是我们最不愿意看到的。

二 节操观念在现代社会的作用

节操观念包括气节和操守两方面的内容，与仁、义、忠、信、廉、耻有密切的联系，前者体现不向恶势力及异族侵略者低头，具有高尚品德和爱国主义情怀，后者体现廉洁奉公、勤政爱民，具有以国家人民为重的职业道德精神。这两者又具有兼容和渗透性，在不同的环境互为表现，在客观需要时有所侧重，所以气节和操守可以并为一个内涵与范畴进行论述。经过制度化和规范化，节操观念在当今社会可以发挥巨大作用。其作用可以分为两个方面，一是舆论作用，让人人都感到丧失气节、缺乏职业道德可耻，坚持爱国主义，高扬民族气节，廉洁奉公可敬，并由此形成浓厚的社会氛围，让那些没有节操的人遭到民众的唾弃，具有高尚节操的人受到全社会的崇敬和爱戴。就像传统社会中仁义忠孝之士永远被后世褒扬怀念，叛逆奸佞之徒则被永远被钉在历史的耻辱柱上。二是强制作用。在制定了详细的法律法规后，如有违犯，则按律处罚。如崇洋媚外、有损国格，则实行罚款或行政处分；为金钱出卖国家利益，更要按刑法处置。在职业道德方面，要提倡敬业精神，建立健全评价机制，实行民主选举上岗制，发挥集体团队的作用，一旦不称职，立刻由所在人民大会罢免。涉及经济领域的主管要经办透明，财务公开，审计独立。任何地区和单位的经费流向都要由本处各界组成的委员会协商决定，不能一把手说了算。这样可以从根本上杜绝贪污腐败及渎职等行为。要将节操作为公职人员必备的一种品德和精神，既是为人民服务，又是为纳税人负责。要对得起自己的薪俸，这样才能形成良性循环。在这方面欧美的公务员制为我们提供了借鉴。这些国家无论是执法人员还是政府工作人员，都能尽职尽责，具有良好的职业道德和敬业精神，他们之所以习惯成自然，就是因为长期法律法规的督则作用。当遇到需要处理的事务时，能自觉依法办事，相反，则要受到严厉惩罚。有违法违纪前科者，其他单位就很难再聘用他，所以说违法是要冒很大风险的。当然这是与长期的法制环境和优裕的物质生活条件分不开的，当环境条件改变时，同样一个人，就有可能不遵循法律法规。例如有关闯红灯问题，欧美人士在他们国家严密的交通管制下（重罚、摄像监管等），非常遵守交通规则，半夜街道口无其他车辆时，照样不闯红灯；可是他们到中国后，由于交管的松懈，竟然也闯红灯，由此可见他律性的重要。

三 节操观念的历史地位

中国传统伦理范畴包括仁、义、礼、智、信、忠、孝、中、和、节操等，这些伦理范畴既是中国传统小农社会的产物，又对当时的社会产生了巨大而持久的影响，所谓儒家文化就是以这些范畴作为基本内容。随着历史的变迁和向现代社会的转型，伦理范畴中的大部分内容需要更新，有的甚至要完全抛弃，如封建的愚忠愚孝等。而节操观念则是能贯穿古今，跨越时空，不受客观环境变化影响的极少数范畴之一。节操观念讲求气节和操守，是维系一个社会正常运转的必不可少的条件。当统治黑暗或民族危亡时，坚持气节就能弘扬爱国主义和民族精神，抗击外来侵略，保家卫国，不向黑暗腐朽势力屈服。在和平稳定时期，具有良好的操守就能较完整地贯彻王朝的政策和法规，治理好所在地方和部门，协调好官府与民众以及各职能部门之间的关系，从而使社会安定发展。传统社会如此，现代社会更是如此。坚持节操观念，能使我们增强具有现代意识和认知的爱国主义与民族精神，在国际化及全球一体化的同时，保持我们中华民族的文化精髓与特点，反对盲目崇洋媚外，抵制有些人的妄自菲薄，抗击国际上的霸权主义、单边主义，维护祖国的安全和独立。另外，坚持节操观念，可以使公职人员具有名节思想，认识到廉洁奉公的光荣，贪污腐化的可耻，了解到荣辱不仅影响到本人的现在，还有将来和子孙后代。古代一门忠烈可以惠及子孙，甚至邻里，而叛逆奸佞则遗臭万年，子孙受累。当然现在不能搞古代的株连，但传统的影响仍然是很大的,如林则徐虎门销烟,是中国乃至世界禁毒第一人,其孙子就曾任中国驻联合国代表,也可以做当今禁毒的形象大使。邓世昌甲午海战中抗击日寇侵略,英勇牺牲,他的孙女曾在1994年甲午战争一百周年纪念时露面,给人们以极好的爱国主义教育。至于秦桧、严嵩、和珅以及汪精卫等败类,他们的后人大多销声匿迹,不敢公开表明身份,原因就是名声太臭,遭人唾骂。而为中华民族作出贡献的有功之士,人们则千方百计、辛苦寻踪。例如郑和,虽然是一名太监,但七下西洋壮举令国人骄傲、民族振奋,人们在纪念他远航六百周年时,自然寻找其后代传人。据说郑和过继其兄长的儿子作为后代,现在已在福建一带找到。人们通过这一行动,满足了群众对民族英雄或著名历史人物的崇敬和爱戴的要求,释放出追根溯源的历史情怀。

伦理范畴中的仁、义、忠、孝、礼需要用现代内容加以改造和诠释,智、信、中和则要与现代社会的法则相协调,唯有节操观念,从古至今,绵延不绝,依然是中华民族精神的瑰宝。虽然它需要用法律法规去改善和巩固,虽然它还不完全放之四海而皆准、具有世界意义,但誓死不屈的精神和廉洁奉公的准则则是各国人民所尊敬和推崇的。

主要参考文献

1. 《十三经注疏》，中华书局1980年影印阮元校刻本。
2. 段玉裁：《说文解字注》，上海古籍出版社1981年版。
3. 黄怀信注训：《尚书注训》，齐鲁书社2000年版。
4. 《诸子集成》，中华书局1954年版。
5. 《国语》，上海古籍出版社1988年版。
6. 王肃注：《孔子家语》，上海古籍出版社1990年版。
7. 董仲舒：《春秋繁露义证》，苏舆义证，中华书局1992年版。
8. 《二十五史》，中华书局标点本。
9. 司马光：《资治通鉴》，中华书局1956年版。
10. 陈立：《白虎通疏证》，中华书局1994年版。
11. 楼宇烈：《王弼集校注》，中华书局1980年版。
12. 韩愈：《韩昌黎文集校注》，上海古籍出版社1986年版。
13. 周敦颐：《周子全书》，四部备要本。
14. 《二程集》，中华书局1981年版。
15. 《陆九渊集》，中华书局1980年版。
16. 朱熹：《朱子语类》，中华书局1988年版。
17. 朱熹：《四书集注》，中华书局新编诸子集成本1983年版。
18. 王守仁：《王文成公全书》，四部丛刊影印明隆庆本。
19. 顾炎武：《日知录集释》，黄汝成集释，中州古籍出版社1990年版。
20. 王夫之：《读通鉴论》，中华书局1975年版。

21. 黄宗羲：《黄宗羲全集》，浙江古籍出版社1984年版。

22. 赵翼：《廿十二史札记》，中国书店1987年版。

23. 齐涛：《中国古代经济史》，山东大学出版社1999年版。

24. 朱贻庭：《中国传统伦理思想史》，华东师范大学出版社1989年版。

25. 邓思平：《经验主义的孔子道德思想及其历史演变》，巴蜀书社2000年版。

26. 郭沫若：《青铜时代》，科学出版社1957年版。

27. 王国维：《殷周制度论》，载《观堂集林》，卷十，中华书局1959年版。

28. 马振铎：《仁·人道——孔子哲学思想》，中国社会科学出版社1993年版。

29. 郭静晃：《心理学》，台湾杨智文化事业股份有限公司1994年版。

30. 《中国哲学》，第八辑，三联书店1982年版。

31. 刘宗贤：《儒家伦理——秩序与活力》，齐鲁书社2002年版。

32. 朱义禄：《儒家理想人格与中国文化》，辽宁教育出版社1991年版。

33. 深圳大学国学研究所编：《中国文化与中国哲学》，东方出版社1986年版。

34. 唐凯麟：《重释传统——儒家思想的现代价值评估》，华东师范大学出版社2000年版。

35. 翟廷进：《孟子思想评析与探源》，上海社会科学出版社1992年版。

36. 谢祥皓：《孟子思想研究》，山东大学出版社1986年版。

37. 杨国荣：《孟子评传》，广西教育出版社1994年版。

38. 南怀瑾：《孟子旁通》，国际文化出版公司1991年版。

39. 刘蔚华：《儒学与未来》，齐鲁书社2002年版。

40. 姜国柱等：《中国历史上的人性论》，中国社会科学出版社1989年版。

41. 马秋高：《荀学源流》，上海古籍出版社2000年版。

42. 唐文明：《与命与仁》，河北大学出版社2002年版。

43. 张知寒：《墨子研究论丛》（二），山东大学出版社1993年版。

44. 胡发贵：《儒家文化与爱国传统》，上海社会科学院出版社1998年版。

45. 张显清：《严嵩传》，黄山书社1992年版。

46. 胡国珍：《历朝四百五十人传记》上、下册，北京燕山出版社1991年版。

47. 张立文：《宋明理学研究》，中国人民大学出版社1985年版。

48. 漆侠：《宋学的发展和演变》，河北人民出版社2002年版。

49. 金寿峰：《汉代思想史》，中国社会科学出版社1987年版。

50. 沈善洪等：《中国伦理学说史》上、下册，浙江人民出版社1985年版。

51. 张中秋：《中西法律文化比较研究》，南京大学出版社1999年版。

52. 干春松：《制度化儒家及其解体》，中国人民大学出版社2003年版。

53. 胡凡：《论中国传统耻感文化的形成》，《学习探索》1997年第1期。

54. 田居俭《论中国古代的气节与信念》，《光明日报·理论周刊》2003年12月30日。